21世纪高等院校教材

数 学 分 析

（下册）

王 政　宋元平　主编

U0262505

科 学 出 版 社

北 京

内 容 简 介

本书是根据近年普通高等院校的教学情况,结合教学实践的经验,并对传统的数学分析教材体系做出较大变化的基础上编写而成的.本书分上、下两册,上册内容是函数、极限与连续、一元函数的微分学、一元函数的积分学、多元函数的微分学、隐函数定理及应用,共 6 章;下册内容是重积分、曲线积分与曲面积分、无穷级数、极限与实数理论、积分学理论与广义积分、级数理论、含参变量积分,共 7 章.

本书可作为高等院校数学专业的教材,也可作为相关教师或研究生的参考书.

图书在版编目(CIP)数据

数学分析.下册/王政,宋元平主编.—北京:科学出版社,2008
21 世纪高等院校教材
ISBN 978-7-03-022541-2

Ⅰ.数… Ⅱ.①王…②宋… Ⅲ.数学分析-高等学校-教材 Ⅳ.O17

中国版本图书馆 CIP 数据核字(2008)第 106845 号

责任编辑:王 静 房 阳/责任校对:郭瑞芝
责任印制:徐晓晨/封面设计:耕者设计工作室

科 学 出 版 社 出版
北京东黄城根北街 16 号
邮政编码:100717
http://www.sciencep.com

北京京华虎彩印刷有限公司 印刷
科学出版社发行 各地新华书店经销

*

2008 年 9 月第 一 版 开本:B5(720×1000)
2016 年 1 月第五次印刷 印张:15 1/4
字数:291 000

定价:59.00 元(上、下册)
(如有印装质量问题,我社负责调换)

前　　言

　　近年来,随着高等教育招生规模的不断扩大以及社会对人才需求的不断变化,为适应培养宽口径、厚基础、高素质、知识型与能力型并举的数学人才的发展需要,数学专业的各类选修课剧增,传统数学分析课程无论在学时上还是在教学内容的编排上都受到严峻挑战.结合普通高等院校理科专业课程体系的特点和数学分析的教学体系的改革,总结山东理工大学理学院三十多年来从事数学分析教学的经验与体会,精心编写了这套教材.

　　本书分上、下两册,上册内容主要有函数、极限与连续、一元函数的微分学、一元函数的积分学、多元函数的微分学、隐函数定理及应用,共 6 章;下册内容主要有重积分、曲线积分与曲面积分、无穷级数、极限与实数理论、积分学理论与广义积分、级数理论、含参变量积分,共 7 章.

　　本书需 3 个学期合计约 260 学时讲授,3 个学期的周学时依次按 6,6,4 安排.

　　在本书的编写过程中,我们注意了以下几个方面:

　　(1) 本书与目前国内通用的数学分析教材最大的不同之处是在涵盖数学分析基本内容的基础上,注重概念的深入理解与基础训练的强化;同时在传统内容的编排上作了较大的调整,将知识难点的重心后移,这样可使大一新生尽快适应数学分析的学习,提高学生的学习兴趣.

　　(2) 为了使难点分散和便于理解,本书把微积分的极限与实数理论分两阶段完成.第一阶段在一元函数微积分部分,把极限理论的有关定理不加证明而直接据此展开一系列讨论,给出它们的应用,以期解释这些定理并使读者易于理解掌握.第二阶段在下册的实数理论部分,集中论证极限理论有关定理的等价性及其典型方法,以供报考研究生和以后从事数学教学与研究工作的读者进一步学习.

　　(3) 由于章节顺序的变化及篇幅等原因,本书在内容的处理上与国内通用教材有所不同,如考虑到计算机的应用与普及,本书明显淡化了函数作图、求导计算、求不定积分计算、近似计算以及定积分在几何及物理方面的应用等.另外,书中突出并加大了重难点内容的例题,尤其是大量引用了近年考研试题,力求通过一些典型例子使读者初步掌握分析问题与解决问题的方法.各章节习题的难度有所降低,给教师和学生留有一定的空间,有利于培养学生创新性学习的能力.

　　本书上册编写组由周运明、尚德生、李亿民、王豫鲁、王政组成;下册编写组由王政、宋元平、尚德生、王豫鲁、李亿民组成.全书由尚德生和王政修改、统稿.

　　本书在编写过程中参考了华东师范大学数学系等重点院校的《数学分析》教材

和习题集,得到了山东理工大学教务处的支持和理学院院长孟昭为教授的具体指导、帮助,在此深表感谢.同时真诚感谢试用本讲义并提出宝贵意见的周翠莲博士、潘丽丽老师、王玉田老师以及 06 级与 07 级数学专业全体同学.我们要特别感谢科学出版社的领导与编辑对本书的及时出版所给予的大力支持.

　　编写本书过程中,虽然我们尽了很大努力,但由于知识与能力所限,深感难度很大,疏漏之处在所难免,诚恳希望广大读者给予批评指正.

编　者

2008 年 7 月于山东理工大学

目　　录

第7章 重 积 分

解决许多几何、物理及其他实际问题,不仅需要一元函数的积分(定积分),还需要各种不同的多元函数的积分.本章主要讨论二元函数在平面有界区域上的积分和三元函数在空间有界区域上的积分,即**二重积分**和**三重积分**,统称为**重积分**.重积分定义的方法和步骤与定积分类似,即按照"**分割、近似求和、取极限**"给出的,因此本章有的结论述而不证.

7.1 二 重 积 分

7.1.1 二重积分的概念

1. 曲顶柱体的体积

设有一立体,它的底是 xOy 平面上的闭区域 D,它的侧面是以 D 的边界曲线为准线而母线平行于 z 轴的柱面,它的顶是曲面 S: $z=f(x,y)$,其中 $f(x,y)$ 是定义在 D 上的正值连续函数.这种立体叫做**曲顶柱体**(图 7.1).

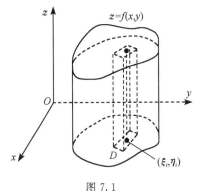

图 7.1

注 7.1 为简便起见,本书除特别说明外,都假定平面闭区域和空间闭区域是有界的,且平面闭区域有有限面积,空间闭区域有有限体积.

现在来讨论如何计算曲顶柱体的体积 V.

类似于求曲边梯形的面积,仍采用"分割、近似求和、取极限"这几个步骤来求曲顶柱体的体积 V.

首先,用任意的曲线网格对 D 作分割 T,将区域 D 分成 n 个小区域 $\Delta\sigma_1$, $\Delta\sigma_2$, $\cdots$, $\Delta\sigma_n$(仍以 $\Delta\sigma_1$, $\Delta\sigma_2$, $\cdots$, $\Delta\sigma_n$ 表示它们的面积).以每个小区域 $\Delta\sigma_i$ 的边界曲线为准线,作母线平行于 z 轴的柱面,这些柱面将曲顶柱体相应地分成 n 个小的曲顶柱体,其体积记为 $\Delta V_i(i=1,2,\cdots,n)$.当小区域 $\Delta\sigma_i$ 很小时,对应的小曲顶柱体可近似看成平顶柱体,因此任取 $(\xi_i,\eta_i)\in\Delta\sigma_i$,则有

$$\Delta V_i \approx f(\xi_i,\eta_i) \cdot \Delta\sigma_i, \quad i=1,2,\cdots,n.$$

在每个小曲顶柱体上都实施这一步骤,再把它们累加起来,就得到整个曲顶柱

体体积的近似值,即

$$V = \sum_{i=1}^{n} \Delta V_i \approx \sum_{i=1}^{n} f(\xi_i, \eta_i) \cdot \Delta \sigma_i.$$

很明显,当对区域 D 的分割越来越细密时,上式的近似程度就越好. 记 $\|T\|$ 为 $\Delta \sigma_i$ 的直径(一个**闭区域的直径**是指区域上任意两点间的距离的最大值)中的最大者($\|T\|$ 也称为分割 T 的**模**或**细度**),则 $\|T\| \to 0$ 就刻画了区域 D 无限细分的过程,因此所求曲顶柱体的体积为

$$V = \lim_{\|T\| \to 0} \sum_{i=1}^{n} f(\xi_i, \eta_i) \cdot \Delta \sigma_i.$$

2. 平面薄片的质量

设有一平面薄片占有 xOy 平面上的闭区域 D,它在点 (x,y) 处的面密度为 $\rho(x,y)$,假设 $\rho(x,y)$ 为 D 上的非负连续函数. 下面计算该薄片的质量 M.

如果薄片是均匀的,即 $\rho(x,y)$ 恒为常数,则薄片的质量为

质量 = 面密度 × 面积.

现在面密度 $\rho(x,y)$ 是变化的,薄片质量就不能直接用上述公式来计算. 但是处理曲顶柱体体积的思想方法完全可以移植过来.

由于 $\rho(x,y)$ 连续,当把薄片分成若干小片后,只要每片所占的小闭区域 $\Delta \sigma_i$ 的直径充分小,这些小片就可以近似地看成均匀薄片,在 $\Delta \sigma_i$ 上任取一点 (ξ_i, η_i),则

$$\rho(\xi_i, \eta_i) \cdot \Delta \sigma_i$$

就是第 i 个小片的质量的近似值(图 7.2),通过求和,取极限,得到

$$M = \lim_{\|T\| \to 0} \sum_{i=1}^{n} \rho(\xi_i, \eta_i) \cdot \Delta \sigma_i.$$

上面两个问题的实际意义虽然不同,但所求的量都归结为同一形式的和式的极限,很多实际应用问题都可归结为求上述和式的极限. 对以上现象抽去问题的具体含义而加以概括,就得到二重积分的概念.

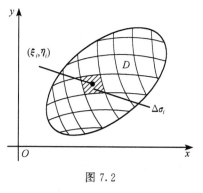

图 7.2

定义 7.1　设 $f(x,y)$ 是闭区域 D 上的有界函数,将闭区域 D 任意分成 n 个小区域 $\Delta \sigma_i (i = 1, 2, \cdots, n)$,小区域的面积仍记为 $\Delta \sigma_i$. 在每个小区域 $\Delta \sigma_i$ 上任取一点 (ξ_i, η_i)(也称为**介点**),作和式

$$\sum_{i=1}^{n} f(\xi_i, \eta_i) \cdot \Delta \sigma_i.$$

若当 $\|T\| \to 0$ 时,上述和式的极限

$$\lim_{\|T\| \to 0} \sum_{i=1}^{n} f(\xi_i, \eta_i) \cdot \Delta\sigma_i$$

总存在,且极限值与区域 D 的分法及介点 (ξ_i, η_i) 的取法均无关,则称 $f(x,y)$ 在 D 上**可积**,且此极限值称为 $f(x,y)$ 在 D 上的**二重积分**,记为

$$\iint\limits_{D} f(x,y) \mathrm{d}\sigma \ \text{或} \iint\limits_{D} f(x,y) \mathrm{d}x\mathrm{d}y,$$

即

$$\iint\limits_{D} f(x,y) \mathrm{d}\sigma = \iint\limits_{D} f(x,y) \mathrm{d}x\mathrm{d}y = \lim_{\|T\| \to 0} \sum_{i=1}^{n} f(\xi_i, \eta_i) \Delta\sigma_i,$$

其中 x,y 称为**积分变量**,$f(x,y)$ 称为**被积函数**,D 称为**积分区域**,$\mathrm{d}\sigma$ 或 $\mathrm{d}x\mathrm{d}y$ 称为**面积元素**.

定义 7.1 的**等价形式**为

存在常数 I,对 $\forall \varepsilon > 0$,$\exists \delta > 0$,对 D 的任意分法及任取介点 $(\xi_i, \eta_i) \in \Delta\sigma_i$,当 $\|T\| < \delta$ 时,恒有

$$\left| \sum_{i=1}^{n} f(\xi_i, \eta_i) \Delta\sigma_i - I \right| < \varepsilon,$$

则称 I 为 $f(x,y)$ 在区域 D 上的**二重积分**,记为

$$\iint\limits_{D} f(x,y) \mathrm{d}x\mathrm{d}y = I.$$

注 7.2 当 $f(x,y) \geqslant 0$ 时,$\iint\limits_{D} f(x,y) \mathrm{d}x\mathrm{d}y$ 的**几何意义**是以区域 D 为底面,以曲面 $z = f(x,y)$ 为顶的曲顶柱体的体积,即

$$V = \iint\limits_{D} f(x,y) \mathrm{d}x\mathrm{d}y.$$

特别地,当 $f(x,y) \equiv 1$ 时,$\iint\limits_{D} \mathrm{d}x\mathrm{d}y = \Delta D$($\Delta D$ 表示区域 D 的面积).

7.1.2 二重积分的可积条件

类似于一元函数定积分的情形,可以证明:函数 $f(x,y)$ 在区域 D 上可积的必要条件是 $f(x,y)$ 在 D 上有界.

设 $f(x,y)$ 是闭区域 D 上的有界函数,分割 T 将区域 D 分成 n 个小区域:

$$\Delta\sigma_1, \Delta\sigma_2, \cdots, \Delta\sigma_n.$$

记

$$M_i = \sup_{(x,y) \in \Delta\sigma_i} f(x,y), \quad m_i = \inf_{(x,y) \in \Delta\sigma_i} f(x,y).$$

仍记小区域 $\Delta\sigma_i$ 的面积为 $\Delta\sigma_i$，作和式

$$S(T) = \sum_{i=1}^{n} M_i \Delta\sigma_i, \quad s(T) = \sum_{i=1}^{n} m_i \Delta\sigma_i,$$

称 $S(T)$ 和 $s(T)$ 分别为 $f(x,y)$ 在 D 上关于分割 T 的**上和**与**下和**.

类似于一元函数的情形，有下述定理成立.

定理 7.1　设 $f(x,y)$ 是闭区域 D 上的有界函数，则 $f(x,y)$ 在 D 上可积的充要条件是

$$\lim_{\|T\|\to 0} \big[S(T) - s(T)\big] = \lim_{\|T\|\to 0} \sum_{i=1}^{n} \omega_i \Delta\sigma_i = 0,$$

其中 $\omega_i = M_i - m_i$ 称为 $f(x,y)$ 在 $\Delta\sigma_i$ 上的**振幅**.

7.1.3　可积函数类

定理 7.2　若 $f(x,y)$ 在闭区域 D 上连续，则 $f(x,y)$ 在 D 上可积.

证明　由 $f(x,y)$ 在有界闭区域 D 上连续，则 $f(x,y)$ 在 D 上一致连续，即对 $\forall \varepsilon > 0, \exists \delta > 0$，对 $\forall P_1(x_1, y_1), P_2(x_2, y_2) \in D$，当 $\rho(P_1, P_2) < \delta$ 时，有

$$\big| f(x_1, y_1) - f(x_2, y_2) \big| < \frac{\varepsilon}{\Delta D},$$

其中 ΔD 表示区域 D 的面积.

任取 D 的分割 T，且使 $\|T\| < \delta$，分割 T 把 D 分成 n 个小区域 $\Delta\sigma_i (i=1,2,\cdots, n)$，于是在每个小区域 $\Delta\sigma_i$ 上，有

$$\omega_i = M_i - m_i = \sup_{\Delta\sigma_i} \big| f(x_1, y_1) - f(x_2, y_2) \big| \leqslant \frac{\varepsilon}{\Delta D}.$$

所以

$$\sum_{i=1}^{n} \omega_i \Delta\sigma_i \leqslant \frac{\varepsilon}{\Delta D} \cdot \sum_{i=1}^{n} \Delta\sigma_i = \frac{\varepsilon}{\Delta D} \cdot \Delta D = \varepsilon,$$

即 $f(x,y)$ 在 D 上可积.

定理 7.3　设 $f(x,y)$ 是闭区域 D 上的有界函数，若 $f(x,y)$ 的全体不连续点仅分布在 D 上的有限条光滑曲线上，则 $f(x,y)$ 在 D 上可积.

证明略.

推论 7.1　设 $f(x,y)$ 是闭区域 D 上的有界函数，且只有有限个不连续点，则 $f(x,y)$ 在 D 上可积.

定理 7.3 及推论 7.1 表明，若 $f(x,y)$ 在 D 上可积，改变其在有限个点处的函数值，或改变其在有限条光滑曲线上的函数值，则 $f(x,y)$ 的可积性不变，且还可进一步证明其积分值也不变.

7.1.4　二重积分的性质

二重积分有类似于一元函数定积分的性质，下面只给出中值定理的证明，其余

性质的证明留给读者.

性质 7.1 若 $f(x,y)$ 在区域 D 上可积,k 为常数,则 $kf(x,y)$ 在 D 上也可积,且

$$\iint\limits_{D} kf(x,y)\mathrm{d}x\mathrm{d}y = k\iint\limits_{D} f(x,y)\mathrm{d}x\mathrm{d}y.$$

性质 7.2 若 $f(x,y)$,$g(x,y)$ 均在区域 D 上可积,则 $f(x,y)\pm g(x,y)$ 在 D 上也可积,且

$$\iint\limits_{D}[f(x,y)\pm g(x,y)]\mathrm{d}x\mathrm{d}y = \iint\limits_{D} f(x,y)\mathrm{d}x\mathrm{d}y \pm \iint\limits_{D} g(x,y)\mathrm{d}x\mathrm{d}y.$$

性质 7.3 若 $f(x,y)$,$g(x,y)$ 在区域 D 上可积,则 $f(x,y)\cdot g(x,y)$ 在 D 上也可积.

性质 7.4 若 $D=D_1\bigcup D_2$,且 D_1 与 D_2 无公共内点,则 $f(x,y)$ 在 D 上可积的充要条件是:$f(x,y)$ 在 D_1 和 D_2 上都可积,且

$$\iint\limits_{D} f(x,y)\mathrm{d}x\mathrm{d}y = \iint\limits_{D_1} f(x,y)\mathrm{d}x\mathrm{d}y + \iint\limits_{D_2} f(x,y)\mathrm{d}x\mathrm{d}y.$$

性质 7.5 若 $f(x,y)$,$g(x,y)$ 在区域 D 上可积,且

$$f(x,y)\leqslant g(x,y),\quad (x,y)\in D,$$

则

$$\iint\limits_{D} f(x,y)\mathrm{d}x\mathrm{d}y \leqslant \iint\limits_{D} g(x,y)\mathrm{d}x\mathrm{d}y.$$

特别地,

(1) 当 $f(x,y)\geqslant 0$ 时,有

$$\iint\limits_{D} f(x,y)\mathrm{d}x\mathrm{d}y \geqslant 0.$$

(2) 当 $m\leqslant f(x,y)\leqslant M$ 时,有

$$m\cdot\Delta D \leqslant \iint\limits_{D} f(x,y)\mathrm{d}x\mathrm{d}y \leqslant M\cdot\Delta D,$$

其中 ΔD 表示区域 D 的面积.

性质 7.6 若 $f(x,y)$ 在 D 上可积,则 $|f(x,y)|$ 在 D 上也可积,且

$$\left|\iint\limits_{D} f(x,y)\mathrm{d}x\mathrm{d}y\right| \leqslant \iint\limits_{D} |f(x,y)|\mathrm{d}x\mathrm{d}y.$$

性质 7.7(积分中值定理) 若 $f(x,y)$ 在闭区域 D 上连续,$g(x,y)$ 在 D 上可积且不变号,则 $\exists(\xi,\eta)\in D$,使得

$$\iint\limits_{D} f(x,y)\cdot g(x,y)\mathrm{d}x\mathrm{d}y = f(\xi,\eta)\iint\limits_{D} g(x,y)\mathrm{d}x\mathrm{d}y.$$

证明 不妨设 $g(x,y)\geqslant 0$,由于 $f(x,y)$ 在闭区域 D 上连续,故 $f(x,y)$ 在 D

上存在最大值和最小值,分别记为 M 和 m,于是

$$mg(x,y) \leqslant f(x,y) \cdot g(x,y) \leqslant Mg(x,y),$$

$$m\iint\limits_{D} g(x,y)\mathrm{d}x\mathrm{d}y \leqslant \iint\limits_{D} f(x,y) \cdot g(x,y)\mathrm{d}x\mathrm{d}y \leqslant M\iint\limits_{D} g(x,y)\mathrm{d}x\mathrm{d}y.$$

当 $\iint\limits_{D} g(x,y)\mathrm{d}x\mathrm{d}y = 0$ 时,结论显然成立.

当 $\iint\limits_{D} g(x,y)\mathrm{d}x\mathrm{d}y > 0$ 时,有 $m \leqslant \dfrac{\iint\limits_{D} f(x,y) \cdot g(x,y)\mathrm{d}x\mathrm{d}y}{\iint\limits_{D} g(x,y)\mathrm{d}x\mathrm{d}y} \leqslant M.$

由二元连续函数的介值性定理,$\exists (\xi,\eta) \in D$,使得

$$f(\xi,\eta) = \frac{\iint\limits_{D} f(x,y) \cdot g(x,y)\mathrm{d}x\mathrm{d}y}{\iint\limits_{D} g(x,y)\mathrm{d}x\mathrm{d}y},$$

即

$$\iint\limits_{D} f(x,y) \cdot g(x,y)\mathrm{d}x\mathrm{d}y = f(\xi,\eta)\iint\limits_{D} g(x,y)\mathrm{d}x\mathrm{d}y.$$

推论 7.2　若 $f(x,y)$ 在闭区域 D 上连续,则 $\exists (\xi,\eta) \in D$,使得

$$\iint\limits_{D} f(x,y)\mathrm{d}x\mathrm{d}y = f(\xi,\eta) \cdot \Delta D,$$

其中 ΔD 表示区域 D 的面积.

习　题　7.1

1. 利用二重积分的性质,比较下列二重积分的大小:

(1) $\iint\limits_{D} (x+y)^2\mathrm{d}x\mathrm{d}y$ 与 $\iint\limits_{D} (x+y)^3\mathrm{d}x\mathrm{d}y$,其中 D 是由坐标轴与直线 $x+y=1$ 所围成的区域.

(2) $\iint\limits_{D} \ln(x+y)\mathrm{d}x\mathrm{d}y$ 与 $\iint\limits_{D} \ln^2(x+y)\mathrm{d}x\mathrm{d}y$,其中 D 是由点 $(1,0)$,$(1,1)$ 与 $(2,0)$ 所围成的三角形区域.

2. 若函数 $f(x,y)$ 在闭区域 D 上连续,且对 D 内任一子区域 D' 都有 $\iint\limits_{D'} f(x,y)\mathrm{d}x\mathrm{d}y = 0$,证明:$f(x,y) \equiv 0, (x,y) \in D.$

3. 若函数 $f(x,y)$ 在闭区域 D 上非负连续,且 $f(x,y) \not\equiv 0$,证明:

$$\iint\limits_{D} f(x,y)\mathrm{d}x\mathrm{d}y > 0.$$

4. 设函数 $f(x,y)$ 为连续函数,求 $\lim\limits_{r \to 0} \dfrac{1}{\pi r^2}\iint\limits_{D} f(x,y)\mathrm{d}x\mathrm{d}y$,其中 $D:(x-a)^2+(y-b)^2 \leqslant r^2$.

7.2 二重积分的计算

7.2.1 化二重积分为累次积分

二重积分的定义给出了计算二重积分的方法,但定义中的和式极限往往是很复杂的,因此通过定义计算二重积分是不太实际的.下面将区域 D 上的二重积分的计算化为求两次定积分,此方法也称为**化二重积分为累次积分**.

1. 矩形区域的情形

定理 7.4 设函数 $f(x,y)$ 在矩形区域 $D=[a,b]\times[c,d]$ 上可积,且对任意固定的 $x\in[a,b]$,积分 $\int_c^d f(x,y)\mathrm{d}y$ 存在,则先对 y 后对 x 的累次积分 $\int_a^b\left[\int_c^d f(x,y)\mathrm{d}y\right]\mathrm{d}x$ 也存在,且

$$\iint\limits_D f(x,y)\mathrm{d}x\mathrm{d}y = \int_a^b\left[\int_c^d f(x,y)\mathrm{d}y\right]\mathrm{d}x.$$

也简记为

$$\iint\limits_D f(x,y)\mathrm{d}x\mathrm{d}y = \int_a^b \mathrm{d}x\int_c^d f(x,y)\mathrm{d}y.$$

证明 令 $F(x) = \int_c^d f(x,y)\mathrm{d}y$,则 $F(x)$ 为 $[a,b]$ 上的函数.对区间 $[a,b]$ 和 $[c,d]$ 分别作任意分割:

$$T_1 : a = x_0 < x_1 < x_2 < \cdots < x_n = b,$$
$$T_2 : c = y_0 < y_1 < y_2 < \cdots < y_m = d.$$

再作两组直线 $x=x_i, y=y_j$,记这个分割为 $T=T_1\times T_2$. 则 T 把矩形区域 D 分成 $n\times m$ 个小矩形 $\Delta\sigma_{ij}$($i=1,2,\cdots,n,j=1,2,\cdots,m$)(图 7.3). 设在每个 $\Delta\sigma_{ij}$ 上 $f(x,y)$ 的上确界和下确界分别为 M_{ij} 和 m_{ij}. 任取 $\xi_i\in[x_{i-1},x_i]$,并记 $\Delta x_i = x_i - x_{i-1}$ 及 $\Delta y_j = y_j - y_{j-1}$,则

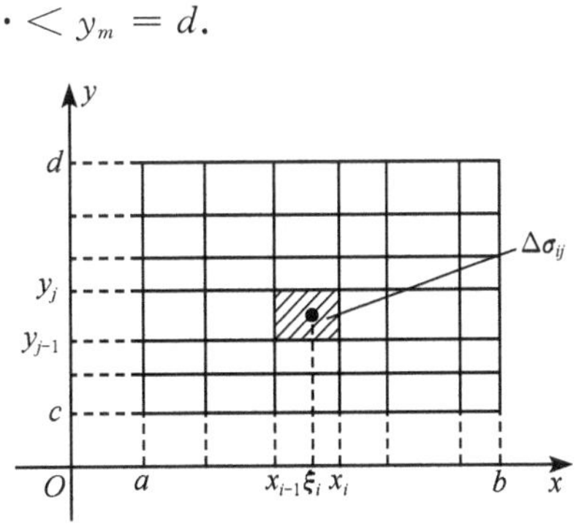

$$m_{ij}\Delta y_j \leqslant \int_{y_{j-1}}^{y_j} f(\xi_i,y)\mathrm{d}y \leqslant M_{ij}\Delta y_j.$$

对 $j=1,2,\cdots,m$ 求和,得

图 7.3

$$\sum_{j=1}^m m_{ij}\Delta y_j \leqslant \int_c^d f(\xi_i,y)\mathrm{d}y \leqslant \sum_{j=1}^m M_{ij}\Delta y_j$$

或

$$\sum_{j=1}^{m} m_{ij} \Delta y_j \leqslant F(\xi_i) \leqslant \sum_{j=1}^{m} M_{ij} \Delta y_j.$$

从而

$$\sum_{i=1}^{n} \sum_{j=1}^{m} m_{ij} \Delta x_i \Delta y_j \leqslant \sum_{i=1}^{n} F(\xi_i) \Delta x_i \leqslant \sum_{i=1}^{n} \sum_{j=1}^{m} M_{ij} \Delta x_i \Delta y_j,$$

即

$$s(T) \leqslant \sum_{i=1}^{n} F(\xi_i) \Delta x_i \leqslant S(T),$$

其中 $s(T), S(T)$ 分别表示 $f(x,y)$ 关于分割 T 的下和与上和.

由于 $f(x,y)$ 在 D 上可积,所以当 $\|T\| \to 0$ 时,有

$$\lim_{\|T\| \to 0} s(T) = \lim_{\|T\| \to 0} S(T) = \iint\limits_{D} f(x,y) \mathrm{d}x \mathrm{d}y.$$

由迫敛性知

$$\lim_{\|T_1\| \to 0} \sum_{i=1}^{n} F(\xi_i) \Delta x_i = \iint\limits_{D} f(x,y) \mathrm{d}x \mathrm{d}y,$$

即

$$\int_a^b F(x) \mathrm{d}x = \iint\limits_{D} f(x,y) \mathrm{d}x \mathrm{d}y.$$

所以

$$\iint\limits_{D} f(x,y) \mathrm{d}x \mathrm{d}y = \int_a^b F(x) \mathrm{d}x = \int_a^b \mathrm{d}x \int_c^d f(x,y) \mathrm{d}y.$$

推论 7.3　若 $f(x,y)$ 在矩形区域 $D=[a,b] \times [c,d]$ 上连续,则

$$\iint\limits_{D} f(x,y) \mathrm{d}x \mathrm{d}y = \int_a^b \mathrm{d}x \int_c^d f(x,y) \mathrm{d}y = \int_c^d \mathrm{d}y \int_a^b f(x,y) \mathrm{d}x.$$

推论 7.4　若 $f(x)$ 在 $[a,b]$ 上可积, $g(y)$ 在 $[c,d]$ 上可积,则 $f(x) \cdot g(y)$ 在 $D=[a,b] \times [c,d]$ 上可积,且

$$\iint\limits_{D} f(x) \cdot g(y) \mathrm{d}x \mathrm{d}y = \int_a^b f(x) \mathrm{d}x \cdot \int_c^d g(y) \mathrm{d}y.$$

2. 一般区域的情形

如果平面区域是由两条连续曲线 $y=\varphi(x)$ 和 $y=\psi(x)$ 及两条直线 $x=a, y=b$ 所围成,其中 $\varphi(x) \leqslant y \leqslant \psi(x)(a \leqslant x \leqslant b)$,即

$$D = \{(x,y) \mid \varphi(x) \leqslant y \leqslant \psi(x), a \leqslant x \leqslant b\},$$

则称区域 D 为 x **型区域**(图 7.4).

如果平面区域 D 是由两条连续曲线 $x=g(y)$ 和 $x=h(y)$ 及两条直线 $y=c,$

$y=d$ 所围成,其中 $g(y) \leqslant x \leqslant h(y)(c \leqslant y \leqslant d)$,即

$$D = \{(x,y) \mid g(y) \leqslant x \leqslant h(y), c \leqslant y \leqslant d\},$$

则称区域 D 为 y **型区域**(图 7.5).

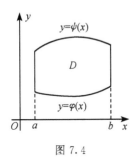
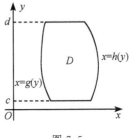

图 7.4　　　　　　　　　　　　　　图 7.5

　　x 型区域和 y 型区域统称为**平面简单区域**.当区域 D 不是简单区域时,一般总可用平行于 x 轴或 y 轴的有限条直线段,把它分成有限个简单区域.

　　定理 7.5　设函数 $f(x,y)$ 在 x **型区域**

$$D = \{(x,y) \mid \varphi(x) \leqslant y \leqslant \psi(x), a \leqslant x \leqslant b\}$$

上可积,$\varphi(x)$、$\psi(x)$ 在 $[a,b]$ 上连续,若对每个固定的 $x \in [a,b]$,积分 $\int_{\varphi(x)}^{\psi(x)} f(x,y)\mathrm{d}y$ 存在,则先对 y 后对 x 的累次积分 $\int_a^b \mathrm{d}x \int_{\varphi(x)}^{\psi(x)} f(x,y)\mathrm{d}y$ 也存在,且

$$\iint\limits_{D} f(x,y)\mathrm{d}x\mathrm{d}y = \int_a^b \mathrm{d}x \int_{\varphi(x)}^{\psi(x)} f(x,y)\mathrm{d}y.$$

　　证明　作矩形区域 $G=[a,b]\times[c,d]$,使 $D \subset G$ (图 7.6).在 G 上定义函数

$$F(x,y) = \begin{cases} f(x,y), & (x,y) \in D, \\ 0, & (x,y) \in G \backslash D, \end{cases}$$

则 $F(x,y)$ 在 G 上可积.由定理 7.4,得

$$\iint\limits_{G} F(x,y)\mathrm{d}x\mathrm{d}y = \int_a^b \mathrm{d}x \int_c^d F(x,y)\mathrm{d}y.$$

图 7.6

又

$$\int_c^d F(x,y)\mathrm{d}y = \int_c^{\varphi(x)} F(x,y)\mathrm{d}y + \int_{\varphi(x)}^{\psi(x)} F(x,y)\mathrm{d}y + \int_{\psi(x)}^d F(x,y)\mathrm{d}y$$

$$= \int_{\varphi(x)}^{\psi(x)} F(x,y)\mathrm{d}y = \int_{\varphi(x)}^{\psi(x)} f(x,y)\mathrm{d}y.$$

所以

$$\iint\limits_{G} F(x,y)\mathrm{d}x\mathrm{d}y = \int_a^b \mathrm{d}x \int_{\varphi(x)}^{\psi(x)} f(x,y)\mathrm{d}y.$$

又由 $F(x,y)$ 的定义知

$$\iint\limits_{G} F(x,y)\mathrm{d}x\mathrm{d}y = \iint\limits_{D} F(x,y)\mathrm{d}x\mathrm{d}y + \iint\limits_{G\backslash D} F(x,y)\mathrm{d}x\mathrm{d}y$$

$$= \iint\limits_{D} F(x,y)\mathrm{d}x\mathrm{d}y = \iint\limits_{D} f(x,y)\mathrm{d}x\mathrm{d}y.$$

所以

$$\iint\limits_{D} f(x,y)\mathrm{d}x\mathrm{d}y = \int_a^b \mathrm{d}x \int_{\varphi(x)}^{\psi(x)} f(x,y)\mathrm{d}y.$$

类似地，若函数 $f(x,y)$ 在 y 型区域

$$D = \{(x,y) \mid g(y) \leqslant x \leqslant h(y), c \leqslant y \leqslant d\}$$

上可积，$g(y), h(y)$ 在 $[c,d]$ 上连续，且对每个固定 $y \in [c,d]$，积分 $\int_{g(y)}^{h(y)} f(x,y)\mathrm{d}x$

存在，则累次积分 $\int_c^d \mathrm{d}y \int_{g(y)}^{h(y)} f(x,y)\mathrm{d}x$ 也存在，且

$$\iint\limits_{D} f(x,y)\mathrm{d}x\mathrm{d}y = \int_c^d \mathrm{d}y \int_{g(y)}^{h(y)} f(x,y)\mathrm{d}x.$$

例 7.1　将二重积分 $\iint\limits_{D} f(x,y)\mathrm{d}x\mathrm{d}y$ 化为两种不同次序的累次积分，其中区域

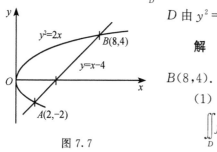

图 7.7

D 由 $y^2 = 2x$ 与 $y = x - 4$ 所围成（图 7.7）.

解　解方程组 $\begin{cases} y^2 = 2x, \\ y = x-4 \end{cases}$ 得交点为 $A(2,-2)$，

$B(8,4)$.

（1）先对 x 后对 y 的累次积分为

$$\iint\limits_{D} f(x,y)\mathrm{d}x\mathrm{d}y = \int_{-2}^4 \mathrm{d}y \int_{\frac{y^2}{2}}^{y+4} f(x,y)\mathrm{d}x.$$

（2）先对 y 后对 x 的累次积分为

$$\iint\limits_{D} f(x,y)\mathrm{d}x\mathrm{d}y = \int_0^2 \mathrm{d}x \int_{-\sqrt{2x}}^{\sqrt{2x}} f(x,y)\mathrm{d}y + \int_2^8 \mathrm{d}x \int_{x-4}^{\sqrt{2x}} f(x,y)\mathrm{d}y.$$

例 7.2　计算 $\iint\limits_{D} x^2 e^{-y^2}\mathrm{d}x\mathrm{d}y$，其中 D 是由 $x = 0, y = 1$ 及 $y = x$ 所围成的区域

（图 7.8）.

解　由于 $\int e^{-y^2}\mathrm{d}y$ 不能用初等函数表示出来，所以用先对 y 后对 x 的累次积分无法进行计算. 现利用先对 x 后对 y 的累次积分计算.

$$\iint\limits_{D} x^2 e^{-y^2}\mathrm{d}x\mathrm{d}y = \int_0^1 e^{-y^2}\mathrm{d}y \int_0^y x^2 \mathrm{d}x = \frac{1}{3}\int_0^1 y^3 e^{-y^2}\mathrm{d}y$$

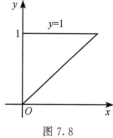

图 7.8

$$= \frac{1}{6} \int_0^1 y^2 e^{-y^2} d(y^2) = \frac{1}{6} - \frac{1}{3e}.$$

例 7.3 计算 $I = \iint\limits_{D} \sqrt{|y - x^2|} \, dxdy$,其中

$$D: |x| \leqslant 1, \quad 0 \leqslant y \leqslant 2.$$

解 由于 $|y - x^2| = \begin{cases} y - x^2, & y \geqslant x^2, \\ x^2 - y, & y < x^2. \end{cases}$

曲线 $y = x^2$ 将区域 D 分为 D_1 和 D_2 两部分(图
7.9).于是

$$I = \iint\limits_{D} \sqrt{|y - x^2|} \, dxdy$$

$$= \iint\limits_{D_1} \sqrt{y - x^2} \, dxdy + \iint\limits_{D_2} \sqrt{x^2 - y} \, dxdy$$

$$= \int_{-1}^1 dx \int_{x^2}^2 \sqrt{y - x^2} \, dy + \int_{-1}^1 dx \int_0^{x^2} \sqrt{x^2 - y} \, dy$$

$$= \frac{2}{3} \int_{-1}^1 (2 - x^2)^{\frac{3}{2}} \, dx + \frac{2}{3} \int_{-1}^1 |x|^3 \, dx = \frac{\pi}{2} + \frac{5}{3}.$$

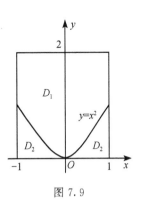

图 7.9

例 7.4 设 $f(x)$ 在 $[0,1]$ 上连续,证明

$$\int_0^1 dx \int_{x^2}^{\sqrt{x}} f(y) dy = \int_0^1 (\sqrt{x} - x^2) f(x) dx.$$

证明 先根据等式左端的累次积分上下限画出积
分区域(图 7.10):

$$D: x^2 \leqslant y \leqslant \sqrt{x}, \quad 0 \leqslant x \leqslant 1.$$

再改变积分次序,得

$$\int_0^1 dx \int_{x^2}^{\sqrt{x}} f(y) dy = \iint\limits_{D} f(y) dxdy = \int_0^1 dy \int_{y^2}^{\sqrt{y}} f(y) dx$$

$$= \int_0^1 (\sqrt{y} - y^2) f(y) dy$$

$$= \int_0^1 (\sqrt{x} - x^2) f(x) dx.$$

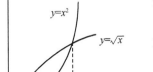

图 7.10

例 7.5 证明施瓦茨(Schwarz)不等式.

$$\left(\int_a^b f(x) g(x) dx \right)^2 \leqslant \left(\int_a^b f^2(x) dx \right) \left(\int_a^b g^2(x) dx \right).$$

证明 记 $D = [a,b] \times [a,b]$,则

$$I = \left(\int_a^b f^2(x) dx \right) \left(\int_a^b g^2(x) dx \right) = \left(\int_a^b f^2(x) dx \right) \left(\int_a^b g^2(y) dy \right)$$

$$= \iint\limits_{D} f^2(x)g^2(y)\mathrm{d}x\mathrm{d}y.$$

同理

$$I = \iint\limits_{D} f^2(y)g^2(x)\mathrm{d}x\mathrm{d}y.$$

所以

$$I = \frac{1}{2}\iint\limits_{D}\left[f^2(x)g^2(y) + f^2(y)g^2(x)\right]\mathrm{d}x\mathrm{d}y$$

$$\geqslant \iint\limits_{D} f(x)g(y) \cdot f(y)g(x)\mathrm{d}x\mathrm{d}y$$

$$= \left(\int_a^b f(x)g(x)\mathrm{d}x\right)\left(\int_a^b f(y)g(y)\mathrm{d}y\right)$$

$$= \left[\int_a^b f(x)g(x)\mathrm{d}x\right]^2.$$

例 7.6   设函数 $f(x)$ 在 $[0,1]$ 上连续,且 $\int_0^1 f(x)\mathrm{d}x = A$,求

$$\int_0^1 \mathrm{d}x\int_x^1 f(x)f(y)\mathrm{d}y.$$

解   记 $D:x\leqslant y\leqslant 1,0\leqslant x\leqslant 1$(积分区域见图 7.8).

解法一   设 $F(x)$ 为 $f(x)$ 的一个原函数,则

$$\int_0^1 f(x)\mathrm{d}x = F(1) - F(0) = A.$$

所以

$$\int_0^1 \mathrm{d}x\int_x^1 f(x)f(y)\mathrm{d}y = \int_0^1 f(x)[F(1) - F(x)]\mathrm{d}x$$

$$= AF(1) - \int_0^1 F(x)\mathrm{d}F(x)$$

$$= AF(1) - \frac{1}{2}F^2(x)\Big|_0^1$$

$$= AF(1) - \frac{1}{2}[F(1) - F(0)][F(1) + F(0)]$$

$$= \frac{A}{2}[F(1) - F(0)] = \frac{A^2}{2}.$$

解法二   交换积分次序,得

$$\int_0^1 \mathrm{d}x\int_x^1 f(x)f(y)\mathrm{d}y = \int_0^1 \mathrm{d}y\int_0^y f(x)f(y)\mathrm{d}x.$$

又被积函数 $f(x)f(y)$ 关于直线 $y=x$ 对称,故

$$\int_0^1 \mathrm{d}y\int_0^y f(x)f(y)\mathrm{d}x = \int_0^1 \mathrm{d}x\int_0^x f(x)f(y)\mathrm{d}y.$$

所以

$$2\int_0^1 \mathrm{d}x \int_x^1 f(x)f(y)\mathrm{d}y = \int_0^1 \mathrm{d}x \int_0^x f(x)f(y)\mathrm{d}y + \int_0^1 \mathrm{d}x \int_x^1 f(x)f(y)\mathrm{d}y$$

$$= \int_0^1 \mathrm{d}x \int_0^1 f(x)f(y)\mathrm{d}y = \int_0^1 f(x)\mathrm{d}x \cdot \int_0^1 f(y)\mathrm{d}y = A^2.$$

故

$$\int_0^1 \mathrm{d}x \int_x^1 f(x)f(y)\mathrm{d}y = \frac{A^2}{2}.$$

例 7.7 若 $f(x)$ 在 $[0,1]$ 上连续且单调递增,$f(x) \neq 0$,试证:

$$\frac{\int_0^1 f^3(x)\mathrm{d}x}{\int_0^1 f^2(x)\mathrm{d}x} \leqslant \frac{\int_0^1 xf^3(x)\mathrm{d}x}{\int_0^1 xf^2(x)\mathrm{d}x}.$$

证明 记 $D = [0,1] \times [0,1]$,则

$$I = \left(\int_0^1 f^3(y)\mathrm{d}y \right) \left(\int_0^1 xf^2(x)\mathrm{d}x \right) - \left(\int_0^1 yf^3(y)\mathrm{d}y \right) \left(\int_0^1 f^2(x)\mathrm{d}x \right)$$

$$= \iint_D xf^2(x)f^3(y)\mathrm{d}x\mathrm{d}y - \iint_D yf^2(x)f^3(y)\mathrm{d}x\mathrm{d}y$$

$$= \iint_D f^2(x)f^3(y)(x-y)\mathrm{d}x\mathrm{d}y.$$

同理

$$I = \iint_D f^3(x)f^2(y)(y-x)\mathrm{d}x\mathrm{d}y.$$

所以

$$I = \frac{1}{2}\iint_D f^2(x)f^2(y)(x-y)(f(y)-f(x))\mathrm{d}x\mathrm{d}y.$$

又由 $f(x)$ 单调递增性,恒有

$$f^2(x)f^2(y)(x-y)(f(y)-f(x)) \leqslant 0.$$

所以 $I \leqslant 0$,故命题成立.

7.2.2 二重积分的极坐标变换

有些二重积分的积分区域 D 的边界曲线用极坐标方程来表示比较方便,且被积函数用极坐标变量 r, θ 表示也比较简单. 这时就可以考虑用极坐标变换来计算二重积分.

设函数 $f(x,y)$ 在闭区域 D 上连续,作极坐标变换

$$\begin{cases} x = r\cos\theta, \\ y = r\sin\theta, \end{cases} \quad r \geqslant 0, 0 \leqslant \theta \leqslant 2\pi.$$

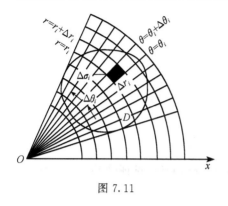

图 7.11

假定从极点 O 出发且穿过闭区域 D 内部的射线与 D 的边界曲线相交不超过两点. 用以极点为中心的一组同心圆与从极点出发的一组射线, 将闭区域 D 分成 n 个小闭区域 (图 7.11). 除了包含边界点的一些小闭区域外, 小闭区域的面积 $\Delta\sigma_i$ 为

$$\Delta\sigma_i = \frac{1}{2}(r_i + \Delta r_i)^2 \cdot \Delta\theta_i - \frac{1}{2}r_i{}^2 \cdot \Delta\theta_i$$

$$= r_i\Delta\theta_i \cdot \Delta r_i + \frac{1}{2}(\Delta r_i)^2 \cdot \Delta\theta_i.$$

当 $\Delta\theta_i, \Delta r_i$ 充分小时, 略去高阶无穷小量 $\frac{1}{2}(\Delta r_i)^2 \cdot \Delta\theta_i$, 有

$$\Delta\sigma_i \approx r_i \cdot \Delta\theta_i \cdot \Delta r_i,$$

则得到在极坐标系下的**面积元素**为

$$\mathrm{d}\sigma = r \cdot \mathrm{d}r\mathrm{d}\theta.$$

被积函数 $f(x,y)$ 可化为 $f(r\cos\theta, r\sin\theta)$, 这样就得到了二重积分 $\iint\limits_D f(x,y)\mathrm{d}\sigma$ 在极坐标系下的表达式:

$$\iint\limits_D f(x,y)\mathrm{d}\sigma = \iint\limits_D f(r\cos\theta, r\sin\theta)r\mathrm{d}r\mathrm{d}\theta \tag{7.1}$$

或

$$\iint\limits_D f(x,y)\mathrm{d}x\mathrm{d}y = \iint\limits_D f(r\cos\theta, r\sin\theta)r\mathrm{d}r\mathrm{d}\theta.$$

这就是二重积分的极坐标变换公式.

式 (7.1) 表明, 要把二重积分中的变量从直角坐标变换为极坐标, 只要把被积函数中的 x, y 分别换成 $r\cos\theta, r\sin\theta$, 并把直角坐标系中的面积元素 $\mathrm{d}x\mathrm{d}y$ 换成极坐标系中的面积元素 $r\mathrm{d}r\mathrm{d}\theta$.

极坐标系中的二重积分, 同样可以化为累次积分来计算:

(1) 若积分区域 D 可以用不等式 (图 7.12)

$$r_1(\theta) \leqslant r \leqslant r_2(\theta), \quad \alpha \leqslant \theta \leqslant \beta$$

来表示, 则有

$$\iint\limits_D f(x,y)\mathrm{d}x\mathrm{d}y = \int_\alpha^\beta \mathrm{d}\theta \int_{r_1(\theta)}^{r_2(\theta)} f(r\cos\theta, r\sin\theta)r\mathrm{d}r.$$

(2) 若积分区域 D 是如图 7.13 所示的扇形, 则可视为 (1) 中 $r_1(\theta) \equiv 0, r_2(\theta) = r(\theta)$ 的特例, 这时 D 可以用不等式

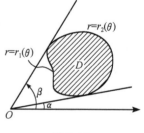

图 7.12

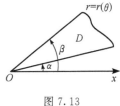

图 7.13

$$0 \leqslant r \leqslant r(\theta), \quad \alpha \leqslant \theta \leqslant \beta$$

来表示,则有

$$\iint\limits_{D} f(x,y)\mathrm{d}x\mathrm{d}y = \int_{\alpha}^{\beta}\mathrm{d}\theta\int_{0}^{r(\theta)}f(r\cos\theta,r\sin\theta)r\mathrm{d}r.$$

（3）若积分区域 D 是如图 7.14 所示,极点含于 D 的内部,则可视为(2)中 $\alpha = 0, \beta = 2\pi$ 的特例,这时 D 可以用不等式

$$0 \leqslant r \leqslant r(\theta), \quad 0 \leqslant \theta \leqslant 2\pi$$

来表示,则有

$$\iint\limits_{D} f(x,y)\mathrm{d}x\mathrm{d}y = \int_{0}^{2\pi}\mathrm{d}\theta\int_{0}^{r(\theta)}f(r\cos\theta,r\sin\theta)r\mathrm{d}r.$$

（4）以上 3 种情形都是将极坐标下的二重积分化为先对 r 后对 θ 的累次积分,当然也可以化为先对 θ 后对 r 的累次积分.例如,若 D 可以用不等式

$$\theta_1(r) \leqslant \theta \leqslant \theta_2(r), \quad r_1 \leqslant r \leqslant r_2$$

来表示(图 7.15),则有

$$\iint\limits_{D} f(x,y)\mathrm{d}x\mathrm{d}y = \iint\limits_{D} f(r\cos\theta,r\sin\theta)r\mathrm{d}r\mathrm{d}\theta$$

$$= \int_{r_1}^{r_2} r\mathrm{d}r\int_{\theta_1(r)}^{\theta_2(r)}f(r\cos\theta,r\sin\theta)\mathrm{d}\theta.$$

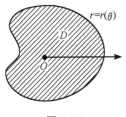

图 7.14

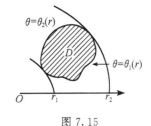

图 7.15

注 7.3 当积分区域 D 是圆域、圆环域、扇形域等,或被积函数为 $x^2 + y^2$ 的函数时,常可采用极坐标变换来计算二重积分.

例 7.8 求半径为 R 的球体体积 V.

解 利用对称性,只需计算球体位于第一卦限部分的体积,再乘以 8 倍即可.第一卦限的球面方程为 $z = \sqrt{R^2 - x^2 - y^2}$,根据二重积分的几何意义知

$$V = 8\iint\limits_{D} \sqrt{R^2 - x^2 - y^2}\mathrm{d}x\mathrm{d}y,$$

其中 $D: 0 \leqslant r \leqslant R, 0 \leqslant \theta \leqslant \dfrac{\pi}{2}$. 故

$$V = 8\int_0^{\frac{\pi}{2}} \mathrm{d}\theta \int_0^R \sqrt{R^2 - r^2} \cdot r\mathrm{d}r = -2\pi\int_0^R (R^2 - r^2)^{\frac{1}{2}} \mathrm{d}(R^2 - r^2) = \frac{4}{3}\pi R^3.$$

例 7.9　求双纽线 $(x^2 + y^2)^2 = 2a^2(x^2 - y^2)(a > 0)$ 所围成的区域面积 S.

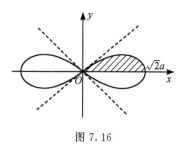

图 7.16

解　由对称性,只需计算第一象限部分的面积,再乘以 4 倍即可(图 7.16),即

$$S = 4\iint\limits_D \mathrm{d}x\mathrm{d}y,$$

其中 $D:0 \leqslant r \leqslant a\sqrt{2\cos2\theta}, 0 \leqslant \theta \leqslant \dfrac{\pi}{4}$. 所以

$$S = 4\int_0^{\frac{\pi}{4}} \mathrm{d}\theta \int_0^{a\sqrt{2\cos2\theta}} r\mathrm{d}r = 4a^2\int_0^{\frac{\pi}{4}} \cos2\theta\mathrm{d}\theta = 2a^2.$$

例 7.10　设 f 为连续函数, $F(t) = \iint\limits_D f(x^2 + y^2)\mathrm{d}x\mathrm{d}y$, 求极限 $\lim\limits_{t \to 0} \dfrac{F(t)}{t^2}$, 其中 $D:x^2 + y^2 \leqslant t^2$.

解　积分区域 D 在极坐标系下可表示为

$$0 \leqslant r \leqslant t, \quad 0 \leqslant \theta \leqslant 2\pi.$$

于是

$$F(t) = \int_0^{2\pi} \mathrm{d}\theta \int_0^t f(r^2) \cdot r\mathrm{d}r = 2\pi\int_0^t f(r^2)r\mathrm{d}r,$$

所以

$$\lim_{t \to 0} \frac{F(t)}{t^2} = \lim_{t \to 0} \frac{2\pi f(t^2) \cdot t}{2t} = \lim_{t \to 0} \pi f(t^2) = \pi f(0).$$

7.2.3　二重积分的一般变量替换

在极坐标变换 $x = r\cos\theta, y = r\sin\theta$ 中,有

$$\frac{\partial(x, y)}{\partial(r, \theta)} = \begin{vmatrix} \cos\theta & -r\sin\theta \\ \sin\theta & r\cos\theta \end{vmatrix} = r \neq 0,$$

则二重积分的极坐标变换公式又可表示为

$$\iint\limits_D f(x, y)\mathrm{d}x\mathrm{d}y = \iint\limits_{D'} f(r\cos\theta, r\sin\theta)\left|\frac{\partial(x, y)}{\partial(r, \theta)}\right|\mathrm{d}r\mathrm{d}\theta.$$

一般地,若变换 $x = \varphi(u, v), y = \psi(u, v)$ 为一一变换, φ, ψ 具有一阶连续偏导数,且 $\dfrac{\partial(x, y)}{\partial(u, v)} \neq 0$, 则此变换称为**正则变换**.

定理 7.6　设 $f(x, y)$ 在闭区域 D 上连续, $x = \varphi(u, v), y = \psi(u, v)$ 是区域 D 到 D' 的正则变换,则

$$\iint\limits_D f(x, y)\mathrm{d}x\mathrm{d}y = \iint\limits_{D'} f(\varphi(u, v), \psi(u, v))\left|\frac{\partial(x, y)}{\partial(u, v)}\right|\mathrm{d}u\mathrm{d}v.$$

注 7.4 若变换以 $u=u(x,y),v=v(x,y)$ 形式给出,则公式中的 $\dfrac{\partial(x,y)}{\partial(u,v)}$ 可通过关系 $\dfrac{\partial(x,y)}{\partial(u,v)} \cdot \dfrac{\partial(u,v)}{\partial(x,y)}=1$ 来计算.

例 7.11 求由 $xy=1,xy=2,y=x,y=4x$ 在第一象限所围成的区域 D 的面积(图 7.17).

解 令 $xy=u,\dfrac{y}{x}=v$,则 xOy 平面上的 D 就化为 uOv 平面上的

$$D':1 \leqslant u \leqslant 2,1 \leqslant v \leqslant 4.$$

且

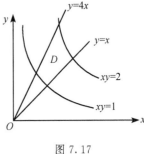

图 7.17

$$\frac{\partial(u,v)}{\partial(x,y)}=\begin{vmatrix} y & x \\ -\dfrac{y}{x^2} & \dfrac{1}{x} \end{vmatrix}=\frac{2y}{x}=2v.$$

从而

$$\frac{\partial(x,y)}{\partial(u,v)}=\frac{1}{2v}.$$

所以

$$S=\iint\limits_{D}\mathrm{d}x\mathrm{d}y=\iint\limits_{D'}\left|\frac{\partial(x,y)}{\partial(u,v)}\right|\mathrm{d}u\mathrm{d}v=\iint\limits_{D'}\frac{1}{2v}\mathrm{d}u\mathrm{d}v$$

$$=\frac{1}{2}\int_1^2\mathrm{d}u \cdot \int_1^4\frac{1}{v}\mathrm{d}v=\ln2.$$

例 7.12 计算 $\iint\limits_{D}(x-y^2)\mathrm{e}^y\mathrm{d}x\mathrm{d}y$,$D$ 是由曲线 $y=2,y^2-y-x=0,y^2+2y-x=0$ 所围成的区域.

解 令 $u=y^2-x,v=y$,则 xOy 平面中的区域 D 就化为 uOv 平面中的

$$D':-2v \leqslant u \leqslant v,0 \leqslant v \leqslant 2.$$

且

$$\frac{\partial(u,v)}{\partial(x,y)}=-1.$$

所以

$$\iint\limits_{D}(x-y^2)\mathrm{e}^y\mathrm{d}x\mathrm{d}y=\iint\limits_{D'}(-u)\mathrm{e}^v\,|-1|\,\mathrm{d}u\mathrm{d}v=-\int_0^2\mathrm{d}v\int_{-2v}^v u\mathrm{e}^v\mathrm{d}u=3(\mathrm{e}^2-1).$$

例 7.13 设 f 是可积函数,证明

$$\iint\limits_{D}f(ax+by)\mathrm{d}x\mathrm{d}y=2\int_{-1}^1 f(u)\sqrt{1-u^2}\mathrm{d}u,$$

其中 a 与 b 是常数，且 $a^2+b^2=1$，区域 $D:x^2+y^2\leqslant1$.

证明　令 $\begin{cases}u=ax+by,\\v=bx-ay,\end{cases}$ 则 $x^2+y^2=1$ 变为 $u^2+v^2=1$. 从而

$$D':u^2+v^2\leqslant1,\ 且\ \frac{\partial(u,v)}{\partial(x,y)}=\begin{vmatrix}a&b\\b&-a\end{vmatrix}=-(a^2+b^2)=-1.$$

于是

$$\frac{\partial(x,y)}{\partial(u,v)}=-1.$$

所以

$$\iint\limits_{D}f(ax+by)\mathrm{d}x\mathrm{d}y=\iint\limits_{D'}f(u)\left|\frac{\partial(x,y)}{\partial(u,v)}\right|\mathrm{d}u\mathrm{d}v=\iint\limits_{D'}f(u)\mathrm{d}u\mathrm{d}v$$

$$=\int_{-1}^{1}\mathrm{d}u\int_{-\sqrt{1-u^2}}^{\sqrt{1-u^2}}f(u)\mathrm{d}v=2\int_{-1}^{1}f(u)\sqrt{1-u^2}\mathrm{d}u.$$

习　题　7.2

1. 计算下列二重积分：

(1) $\iint\limits_{D}x^2ye^{x+y}\mathrm{d}x\mathrm{d}y,D=[0,1]\times[0,2]$；

(2) $\iint\limits_{\left[0,\frac{\pi}{2}\right]\times[0,2]}x^2y\cos(xy^2)\mathrm{d}x\mathrm{d}y$；

(3) $\iint\limits_{[-1,1]\times[-1,1]}x^2|y|\mathrm{d}x\mathrm{d}y$；

(4) $\iint\limits_{D}|xy|\mathrm{d}x\mathrm{d}y,D=[-1,1]\times[-1,1]$.

2. 计算下列二重积分：

(1) $\iint\limits_{D}\frac{\sin y}{y}\mathrm{d}x\mathrm{d}y,D$ 由 $x=y^2$ 与 $y=x$ 围成；

(2) $\int_0^1\mathrm{d}y\int_y^1\frac{y}{\sqrt{1+x^3}}\mathrm{d}x$.

3. 计算下列二重积分：

(1) $\iint\limits_{D}|\sin(x+y)|\mathrm{d}x\mathrm{d}y,D$ 由 $x=0,y=0$ 及 $x+y=2\pi$ 围成；

(2) $\iint\limits_{D}\frac{x}{y+1}\mathrm{d}x\mathrm{d}y,D$ 由 $x=0,y=x^2+1$ 及 $y=2x$ 围成.

4. 改变下列积分次序：

(1) $\int_0^2\mathrm{d}x\int_0^{\frac{1}{2}x^2}f(x,y)\mathrm{d}y+\int_2^{2\sqrt{2}}\mathrm{d}x\int_0^{\sqrt{8-x^2}}f(x,y)\mathrm{d}y$；

(2) $\int_0^{\frac{1}{3}} dy \int_{y^2}^{2y} f(x,y)dx + \int_{\frac{1}{3}}^1 dy \int_{y^2}^{\sqrt{2-y^2}} f(x,y)dx$.

5. 设立体 V 由 $x+y+z=2$ 与三个坐标面所围成,求此立体的体积.

6. 设 $F''_{xy}(x,y)$ 在 $D=[a,A]\times[b,B]$ 上连续,计算二重积分

$$I = \iint\limits_D F''_{xy}(x,y)dxdy.$$

7. 证明积分不等式.

(1) 设 $f(x)$ 在 $[a,b]$ 上连续,证明:

$$\left(\int_a^b f(x)\cos kx\, dx\right)^2 + \left(\int_a^b f(x)\sin kx\, dx\right)^2 \leqslant \left(\int_a^b |f(x)|\, dx\right)^2.$$

(2) 设 $f(x)$ 是 $[a,b]$ 上的连续正值函数,证明:

$$\left(\int_a^b f(x)dx\right)\left(\int_a^b \frac{1}{f(x)}dx\right) \geqslant (b-a)^2.$$

8. 选择适当的变量变换计算下列二重积分:

(1) $\iint\limits_D \sin(x^2+y^2)dxdy$,其中 $D: \pi^2 \leqslant x^2+y^2 \leqslant 4\pi^2$;

(2) $\iint\limits_D x\, dxdy$,其中 $D: x^2+y^2 \leqslant 4$,且 $x \geqslant 1$;

(3) $\iint\limits_D x^2 dxdy$,其中 D 由直线 $y+2x=0,y+2x=2,y-x=1,y-x=-1$ 所围成;

(4) $\iint\limits_D xy\, dxdy$,其中 D 由曲线 $y^2=px,y^2=qx$ $(0<p<q)$ 和曲线 $xy=a,xy=b$ $(0<a<b)$ 所围成;

(5) $\iint\limits_D \frac{x}{y^2+xy^3}dxdy$,其中 D 由曲线 $xy=1,xy=3,y^2=x,y^2=3x$ 所围成;

(6) $\iint\limits_D e^{\frac{x-y}{x+y}}dxdy$,其中 D 由 $x=0,y=0,x+y=1$ 所围成;

(7) $\iint\limits_D e^{\frac{y}{x+y}}dxdy$,其中 D 由 $x=0,y=0,x+y=1$ 所围成;

(8) $\iint\limits_D (x+y)\sin(x-y)dxdy$,其中 $D: 0 \leqslant x+y \leqslant \pi, 0 \leqslant x-y \leqslant \pi$.

9. 选择适当变量变换,把下列二重积分变为定积分:

(1) $\iint\limits_D f(xy)dxdy$,其中 $D: 1 \leqslant xy \leqslant 2, x \leqslant y \leqslant 2x$;

(2) $\iint\limits_D f(x+y)dxdy$,其中 $D: |x|+|y| \leqslant 1$.

10. 证明: $\iint\limits_D f(ax+by+c)dxdy = 2\int_{-1}^1 f\left(u\sqrt{a^2+b^2}+c\right) \cdot \sqrt{1-u^2}\, du$,其中 $D: x^2+y^2 \leqslant 1$.

11. 设 $D=\{(x,y) \mid x^2+y^2 \leqslant \sqrt{2}, x \geqslant 0, y \geqslant 0\}$, $[t]$ 表示不超过 t 的最大整数. 计算二重积分
$\iint\limits_D xy[1+x^2+y^2]dxdy$.

7.3　三　重　积　分

7.3.1　三重积分的概念

设有一个体积为 V 的空间物体,其密度函数为连续函数 $\rho(x,y,z)>0$,求这个空间物体的质量 m.

仍然采用"分割、近似求和、取极限"的方法来计算.

将空间物体分割成 n 个小立体块 $\Delta V_i(i=1,2,\cdots,n)$,记这个分割为 T,小立体 ΔV_i 的体积仍记为 ΔV_i.当分割 T 充分细密时,这些小立体块就可近似地看成质量分布均匀的物体.在 ΔV_i 上任取一点 (x_i,y_i,z_i),则 ΔV_i 的质量

$$m_i \approx \rho(x_i,y_i,z_i) \cdot \Delta V_i.$$

然后累加起来,得到整个空间物体质量的近似值:

$$m = \sum_{i=1}^{n} m_i \approx \sum_{i=1}^{n} \rho(x_i,y_i,z_i)\Delta V_i,$$

则空间物体的质量为

$$m = \lim_{\|T\|\to 0} \sum_{i=1}^{n} \rho(x_i,y_i,z_i)\Delta V_i.$$

定义 7.2　设函数 $f(x,y,z)$ 定义在可求体积的有界空间立体 V 上,分割 T 将 V 分成 n 个小空间立体 $\Delta V_i(i=1,2,\cdots,n)$.在 ΔV_i 上任取介点 (x_i,y_i,z_i),作和式

$$\sigma_n = \sum_{i=1}^{n} f(x_i,y_i,z_i)\Delta V_i.$$

若当 $\|T\|\to 0$ 时,上述和式的极限存在,且极限值与 V 的分割 T 及介点 (x_i,y_i,z_i) 的取法均无关,则称 $f(x,y,z)$ 在 V 上**可积**,并称该极限值为 $f(x,y,z)$ 在 V 上的**三重积分**,记为

$$\iiint\limits_{V} f(x,y,z)\mathrm{d}V \quad \text{或} \quad \iiint\limits_{V} f(x,y,z)\mathrm{d}x\mathrm{d}y\mathrm{d}z,$$

即

$$\iiint\limits_{V} f(x,y,z)\mathrm{d}x\mathrm{d}y\mathrm{d}z = \lim_{\|T\|\to 0} \sum_{i=1}^{n} f(x_i,y_i,z_i)\Delta V_i,$$

其中 x,y,z 称为**积分变量**,$f(x,y,z)$ 称为**被积函数**,V 称为**积分区域**,$\mathrm{d}V$ 或 $\mathrm{d}x\mathrm{d}y\mathrm{d}z$ 称为**体积元素**.

注 7.5　当 $f(x,y,z)\equiv 1$ 时,由定义知 $\iiint\limits_{V} \mathrm{d}x\mathrm{d}y\mathrm{d}z = \Delta V$($\Delta V$ 表示积分区域 V 的体积).

注 7.6　三重积分有类似于二重积分的相应可积条件和积分性质.

7.3.2　三重积分的计算

1. 化三重积分为累次积分

(1) 化为 $\iint\limits_{D}\mathrm{d}x\mathrm{d}y\int_{\varphi_1(x,y)}^{\varphi_2(x,y)}f(x,y,z)\mathrm{d}z$ —— 俗称**穿针法**或**先一后二法**.

设空间立体 V 在 xOy 平面上的投影区域为 D_{xy},曲面 $z=\varphi_1(x,y)$, $z=\varphi_2(x,y)$ $(\varphi_1(x,y)\leqslant\varphi_2(x,y))$ 为定义在 D_{xy} 上的两个光滑曲面. 若 V 可表示成

$$V=\{(x,y,z)\,|\,\varphi_1(x,y)\leqslant z\leqslant\varphi_2(x,y),(x,y)\in D_{xy}\},$$

则称 V 为 z **型空间区域**.

类似可定义 x **型空间区域**和 y **型空间区域**.

定理 7.7　设 $f(x,y,z)$ 在 z 型空间区域

$$V=\{(x,y,z)\,|\,\varphi_1(x,y)\leqslant z\leqslant\varphi_2(x,y),(x,y)\in D_{xy}\}$$

上可积,如果对每个固定点 $(x,y)\in D_{xy}$,定积分

$$F(x,y)=\int_{\varphi_1(x,y)}^{\varphi_2(x,y)}f(x,y,z)\mathrm{d}z$$

存在,则二重积分 $\iint\limits_{D_{xy}}F(x,y)\mathrm{d}x\mathrm{d}y=\iint\limits_{D_{xy}}\left[\int_{\varphi_1(x,y)}^{\varphi_2(x,y)}f(x,y,z)\mathrm{d}z\right]\mathrm{d}x\mathrm{d}y$ 也存在,且

$$\iiint\limits_{V}f(x,y,z)\mathrm{d}x\mathrm{d}y\mathrm{d}z=\iint\limits_{D_{xy}}\left[\int_{\varphi_1(x,y)}^{\varphi_2(x,y)}f(x,y,z)\mathrm{d}z\right]\mathrm{d}x\mathrm{d}y$$

$$=\iint\limits_{D_{xy}}\mathrm{d}x\mathrm{d}y\int_{\varphi_1(x,y)}^{\varphi_2(x,y)}f(x,y,z)\mathrm{d}z.$$

进一步,若投影区域 D_{xy} 是平面 x 型区域,即

$$D_{xy}=\{(x,y)\,|\,\psi_1(x)\leqslant y\leqslant\psi_2(x),a\leqslant x\leqslant b\},$$

则三重积分还可进一步化为

$$\iiint\limits_{V}f(x,y,z)\mathrm{d}x\mathrm{d}y\mathrm{d}z=\int_a^b\mathrm{d}x\int_{\psi_1(x)}^{\psi_2(x)}\mathrm{d}y\int_{\varphi_1(x,y)}^{\varphi_2(x,y)}f(x,y,z)\mathrm{d}z.$$

上式右端称为**先对 z、再对 y、最后对 x 的累次积分**.

当空间立体是 y 型空间区域和 x 型空间区域时,也有类似的累次积分公式.

(2) 化为 $\int_a^b\mathrm{d}z\iint\limits_{D(z)}f(x,y,z)\mathrm{d}x\mathrm{d}y$ —— 俗称**截面法**或**先二后一法**.

定理 7.8　设函数 $f(x,y,z)$ 在空间立体 V 上可积,V 可表示为

$$V=\{(x,y,z)\,|\,(x,y)\in D(z),a\leqslant z\leqslant b\},$$

其中 $D(z)$ 为平面 $z=z$ 与 V 相交的截面. 若对每个固定的 $z\in[a,b]$,二重积分 $\iint\limits_{D(z)}f(x,y,z)\mathrm{d}x\mathrm{d}y$ 存在,则积分 $\int_a^b\mathrm{d}z\iint\limits_{D(z)}f(x,y,z)\mathrm{d}x\mathrm{d}y$ 也存在,且

$$\iiint\limits_{V} f(x,y,z)\mathrm{d}x\mathrm{d}y\mathrm{d}z = \int_{a}^{b}\mathrm{d}z\iint\limits_{D(z)} f(x,y,z)\mathrm{d}x\mathrm{d}y.$$

例 7.14　求由抛物面 $x^2 + y^2 = az(a>0)$ 与锥面 $z = 2a - \sqrt{x^2 + y^2}$ 所围立体的体积(图 7.18).

解　穿针法.

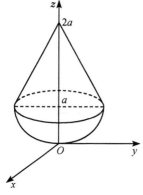

图 7.18

$$\Delta V = \iiint\limits_{V}\mathrm{d}x\mathrm{d}y\mathrm{d}z = \iint\limits_{D_{xy}}\mathrm{d}x\mathrm{d}y\int_{\frac{x^2+y^2}{a}}^{2a-\sqrt{x^2+y^2}}\mathrm{d}z$$

$$= \iint\limits_{D_{xy}}\left(2a - \sqrt{x^2+y^2} - \frac{x^2+y^2}{a}\right)\mathrm{d}x\mathrm{d}y$$

$$= \int_{0}^{2\pi}\mathrm{d}\theta\int_{0}^{a}\left[2a - r - \frac{r^2}{a}\right]\cdot r\mathrm{d}r = \frac{5\pi a^3}{6},$$

其中 $D_{xy}:x^2 + y^2 \leqslant a^2$.

例 7.15　设 V 是由平面 $x=0,y=0,z=0$ 及 $x+y+z=1$ 围成的立体. 求 $\iiint\limits_{V} z^2\mathrm{d}x\mathrm{d}y\mathrm{d}z$.

解　**解法一**　用穿针法,得

$$\iiint\limits_{V} z^2\mathrm{d}x\mathrm{d}y\mathrm{d}z = \iint\limits_{D_{xy}}\mathrm{d}x\mathrm{d}y\int_{0}^{1-x-y} z^2\mathrm{d}z$$

$$= \frac{1}{3}\iint\limits_{D_{xy}}(1-x-y)^3\mathrm{d}x\mathrm{d}y = \frac{1}{3}\int_{0}^{1}\mathrm{d}x\int_{0}^{1-x}(1-x-y)^3\mathrm{d}y$$

$$= \frac{1}{12}\int_{0}^{1}(1-x)^4\mathrm{d}x = \frac{1}{60}.$$

解法二　用截面法,对任意 $z\in[0,1]$,作垂直于 z 轴的截面 $D(z)$,则 $D(z)$ 是由 $x=0,y=0,x+y=1-z$ 所围成的三角形区域,于是 $D(z)$ 的面积为 $\frac{1}{2}(1-z)^2$,所以

$$\iiint\limits_{V} z^2\mathrm{d}x\mathrm{d}y\mathrm{d}z = \int_{0}^{1} z^2\mathrm{d}z\iint\limits_{D(z)}\mathrm{d}x\mathrm{d}y = \int_{0}^{1} z^2\cdot\frac{1}{2}(1-z)^2\mathrm{d}z = \frac{1}{60}.$$

例 7.16　计算 $\iiint\limits_{V}(x+y+z)\mathrm{d}x\mathrm{d}y\mathrm{d}z$,其中 V 由锥面 $z^2 = \frac{h^2}{R^2}(x^2+y^2)$ 及平面 $z=h$ 所围成($h>0,R>0$).

解　截面法. 对任意 $z\in[0,h]$,作垂直于 z 轴的截面 $D(z)$,则 $D(z)$ 是圆域: $0\leqslant x^2+y^2\leqslant\frac{R^2}{h^2}z^2$,其面积为 $\pi\frac{R^2}{h^2}z^2$. 于是

$$\iiint\limits_{V}(x+y+z)\mathrm{d}x\mathrm{d}y\mathrm{d}z=\iiint\limits_{V}z\mathrm{d}x\mathrm{d}y\mathrm{d}z=\int_{0}^{h}z\mathrm{d}z\iint\limits_{D(z)}\mathrm{d}x\mathrm{d}y$$

$$=\int_{0}^{h}z\cdot\pi\cdot\frac{R^{2}}{h^{2}}z^{2}\mathrm{d}z=\frac{\pi R^{2}h^{2}}{4}.$$

注 7.7 在例 7.16 中,由于 V 关于平面 $x=0$ 和 $y=0$ 对称,故

$$\iiint\limits_{V}x\mathrm{d}x\mathrm{d}y\mathrm{d}z=0,\qquad\iiint\limits_{V}y\mathrm{d}x\mathrm{d}y\mathrm{d}z=0.$$

2. 三重积分的变量替换

定理 7.9 设函数 $f(x,y,z)$ 在空间有界立体 V 上连续,设变换

$$\begin{cases}x=\varphi(u,v,w),\\ y=\psi(u,v,w),\\ z=h(u,v,w)\end{cases}$$

为正则变换,此变换把空间立体 V 变成空间立体 V',则

$$\iiint\limits_{V}f(x,y,z)\mathrm{d}x\mathrm{d}y\mathrm{d}z$$

$$=\iiint\limits_{V'}f(\varphi(u,v,w),\psi(u,v,w),h(u,v,w))\cdot\left|\frac{\partial(x,y,z)}{\partial(u,v,w)}\right|\mathrm{d}u\mathrm{d}v\mathrm{d}w.\quad(7.2)$$

由定理 7.9,可以得到三重积分的两种主要的变量变换公式:

1) 柱面坐标变换

设 $M(x,y,z)$ 为空间内一点,并设点 M 在 xOy 上的投影 P 的极坐标为 (r,θ),则 (r,θ,z) 就叫做点 M 的**柱面坐标**. 这里规定 r,θ,z 的变化范围为

$$0\leqslant r<+\infty,\quad 0\leqslant\theta\leqslant 2\pi,\quad -\infty<z<+\infty.$$

显然,点 M 直角坐标 (x,y,z) 与其柱面坐标 (r,θ,z) 有如下关系(图 7.19):

$$\begin{cases}x=r\cos\theta,\\ y=r\sin\theta,\\ z=z.\end{cases}\quad(7.3)$$

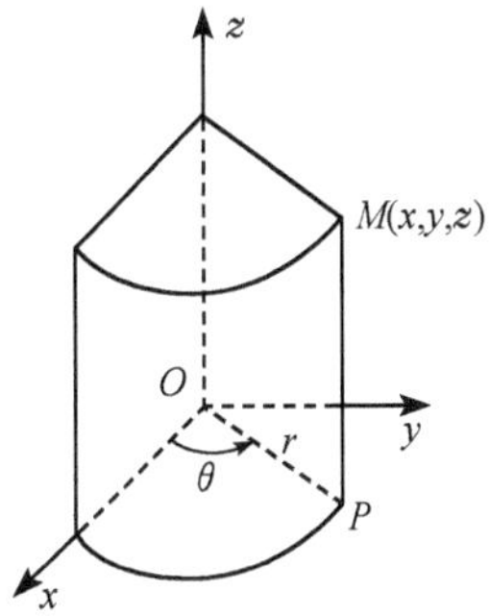

图 7.19

称式(7.3)为**柱面坐标变换**. 由于 $\dfrac{\partial(x,y,z)}{\partial(r,\theta,z)}=r\neq 0$,则变换公式(7.2)变为

$$\iiint\limits_{V}f(x,y,z)\mathrm{d}x\mathrm{d}y\mathrm{d}z=\iiint\limits_{V}f(r\cos\theta,r\sin\theta,z)\cdot r\mathrm{d}r\mathrm{d}\theta\mathrm{d}z,$$

$$(7.4)$$

其中等式左端的积分区域 V 是用直角坐标表示的,而等式右端的积分区域 V 是用柱面坐标表示的.

(7.4)称为三重积分的**柱坐标变换公式**.一般地,当积分区域 V 的边界曲面方程或被积函数中含有"x^2+y^2"时,可考虑用柱坐标变换.

例 7.17　计算由抛物面 $x^2+y^2=az$ 与柱面 $x^2+y^2=2ax(a>0)$ 及平面 $z=0$ 所围成的空间区域 V 的体积(图 7.20).

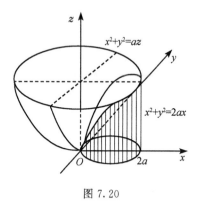

图 7.20

解　**解法一**　区域 V 在 xOy 平面上的投影区域为圆域 $D:0\leqslant(x-a)^2+y^2\leqslant a^2$,则 V 用柱面坐标可表示为

$$0\leqslant z\leqslant\frac{r^2}{a},\quad 0\leqslant r\leqslant 2a\cos\theta,\quad -\frac{\pi}{2}\leqslant\theta\leqslant\frac{\pi}{2}.$$

所以立体 V 的体积为

$$\Delta V=\iiint\limits_V \mathrm{d}x\mathrm{d}y\mathrm{d}z=\int_{-\frac{\pi}{2}}^{\frac{\pi}{2}}\mathrm{d}\theta\int_0^{2a\cos\theta}\mathrm{d}r\int_0^{\frac{r^2}{a}}r\mathrm{d}z$$

$$=4a^3\int_{-\frac{\pi}{2}}^{\frac{\pi}{2}}\cos^4\theta\mathrm{d}\theta=\frac{3}{2}\pi a^3.$$

解法二　用穿针法

$$V=\iiint\limits_V \mathrm{d}x\mathrm{d}y\mathrm{d}z=\iint\limits_{D_{xy}}\mathrm{d}x\mathrm{d}y\int_0^{\frac{x^2+y^2}{a}}\mathrm{d}z=\frac{1}{a}\iint\limits_D(x^2+y^2)\mathrm{d}x\mathrm{d}y$$

$$=\frac{1}{a}\int_{-\frac{\pi}{2}}^{\frac{\pi}{2}}\mathrm{d}\theta\int_0^{2a\cos\theta}r^3\mathrm{d}r=\frac{3}{2}\pi a^3.$$

读者比较本例的两种方法会发现:柱坐标变换法与穿针法,在某种程度上具有一致性.

2)**球坐标变换**

在空间直角坐标系中任取点 $M(x,y,z)$,设点 M 到原点的距离是 r,有向线段 OM 与 z 轴正向的夹角是 φ,从 z 轴出发过点 M 的半平面与 zOx 坐标面的夹角是 θ.容易看出,点 M 与有序数组 (r,φ,θ) 是一一对应的.有序数组 (r,φ,θ) 就称为点 M 的**球面坐标**.

显然,点 M 直角坐标 (x,y,z) 与其球面坐标有如下关系(图 7.21):

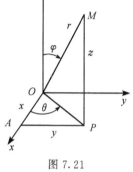

图 7.21

$$\begin{cases}x=r\sin\varphi\cos\theta,\\y=r\sin\varphi\sin\theta,\\z=r\cos\varphi.\end{cases}\qquad(7.5)$$

称式(7.5)为**球面坐标变换**,由于 $\dfrac{\partial(x,y,z)}{\partial(r,\varphi,\theta)}=r^2\sin\varphi\neq 0$,则变换公式(7.2)变为

$$\iiint\limits_V f(x,y,z)\mathrm{d}x\mathrm{d}y\mathrm{d}z$$

$$=\iiint\limits_V f(r\cos\theta\sin\varphi,r\sin\theta\sin\varphi,r\cos\varphi)\cdot r^2\sin\varphi\mathrm{d}r\mathrm{d}\varphi\mathrm{d}\theta, \tag{7.6}$$

其中等式左端的积分区域 V 是用直角坐标表示的,而等式右端的积分区域 V 是用球面坐标表示的.

式(7.6)称为三重积分的**球面坐标变换公式**. 一般地,当积分区域 V 的边界曲面方程或被积函数中含有"$x^2+y^2+z^2$"时,可考虑用球面坐标变换.

注 7.8 若空间区域的边界为椭球面: $\dfrac{x^2}{a^2}+\dfrac{y^2}{b^2}+\dfrac{z^2}{c^2}=1$,则可用**广义球坐标变换**

$$\begin{cases} x = ar\sin\varphi\cos\theta, \\ y = br\sin\varphi\sin\theta, \\ z = cr\cos\varphi. \end{cases}$$

此时 $\dfrac{\partial(x,y,z)}{\partial(r,\varphi,\theta)}=abcr^2\sin\varphi(0\leqslant r\leqslant1,0\leqslant\theta\leqslant2\pi,0\leqslant\varphi\leqslant\pi)$.

例 7.18 计算三重积分 $\iiint\limits_V(x^2+y^2+z^2)\mathrm{d}x\mathrm{d}y\mathrm{d}z$,其中 V 是由圆锥面 $x^2+y^2=z^2$ 与上半球面 $x^2+y^2+z^2=R^2$ 所围成的区域(图 7.22).

解 令

$$\begin{cases} x = r\cos\theta\sin\varphi, \\ y = r\sin\theta\sin\varphi, \\ z = r\cos\varphi, \end{cases}$$

则 V 用球面坐标可表示为

$$0\leqslant r\leqslant R, \quad 0\leqslant\varphi\leqslant\frac{\pi}{4}, \quad 0\leqslant\theta\leqslant2\pi.$$

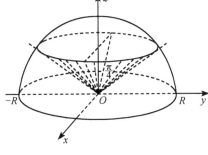

图 7.22

于是

$$\iiint\limits_V(x^2+y^2+z^2)\mathrm{d}x\mathrm{d}y\mathrm{d}z=\iiint\limits_V r^2\cdot r^2\sin\varphi\mathrm{d}r\mathrm{d}\varphi\mathrm{d}\theta$$

$$=\int_0^{2\pi}\mathrm{d}\theta\int_0^{\frac{\pi}{4}}\mathrm{d}\varphi\int_0^R r^4\sin\varphi\mathrm{d}r=\frac{2\pi}{5}R^5\left(1-\frac{\sqrt{2}}{2}\right).$$

3)其他变换

例 7.19 计算 $\iiint\limits_V xyz\,\mathrm{d}x\mathrm{d}y\mathrm{d}z$,其中 $V:1\leqslant\dfrac{yz}{x}\leqslant2,y\leqslant zx\leqslant2y,z\leqslant xy\leqslant2z$.

解　令 $u=\dfrac{yz}{x},v=\dfrac{zx}{y},w=\dfrac{xy}{z}$，则积分区域 V 用新变量可表示为

$$1\leqslant u\leqslant 2,\quad 1\leqslant v\leqslant 2,\quad 1\leqslant w\leqslant 2.$$

且

$$\frac{\partial(u,v,w)}{\partial(x,y,z)}=4.$$

从而

$$\frac{\partial(x,y,z)}{\partial(u,v,w)}=\frac{1}{4}.$$

所以

$$\iiint\limits_{V}xyz\mathrm{d}x\mathrm{d}y\mathrm{d}z=\iiint\limits_{V}uvw\cdot\frac{1}{4}\mathrm{d}u\mathrm{d}v\mathrm{d}w=\frac{1}{4}\left(\int_{1}^{2}u\mathrm{d}u\right)\left(\int_{1}^{2}v\mathrm{d}v\right)\left(\int_{1}^{2}w\mathrm{d}w\right)=\frac{27}{32}.$$

例 7.20　计算 $\iiint\limits_{V}(y-z)\arctan z\mathrm{d}x\mathrm{d}y\mathrm{d}z$，其中 V 是曲面：

$$x^{2}+\frac{1}{2}(y-z)^{2}=R^{2},\quad z=0,\quad z=h,\quad h>0$$

所围成的立体.

解　根据 V 的边界曲面的特点，令 $x=u,\dfrac{1}{\sqrt{2}}(y-z)=v,z=w$，即

$$x=u,\quad y=\sqrt{2}v+w,\quad z=w,$$

则积分区域 V 用新变量可表示为

$$u^{2}+v^{2}\leqslant R^{2},\quad 0\leqslant w\leqslant h.$$

又

$$\frac{\partial(x,y,z)}{\partial(u,v,w)}=\sqrt{2}.$$

所以

$$\iiint\limits_{V}(y-z)\arctan z\mathrm{d}x\mathrm{d}y\mathrm{d}z=\iiint\limits_{V}\sqrt{2}v\cdot\arctan w\cdot\sqrt{2}\mathrm{d}u\mathrm{d}v\mathrm{d}w$$

$$=2\iiint\limits_{V}v\arctan w\mathrm{d}u\mathrm{d}v\mathrm{d}w=0.\text{（对称性）}$$

习　题　7.3

1. 计算下列三重积分：

(1) $\iiint\limits_{V}xyz\mathrm{d}x\mathrm{d}y\mathrm{d}z$，其中 V 由 $x^{2}+y^{2}=1,z=0,z=1$ 所围成；

(2) $\iiint\limits_{V}xy\mathrm{e}^{z}\mathrm{d}x\mathrm{d}y\mathrm{d}z$，其中 V 是由抛物面 $z=x^{2}+y^{2}$ 与平面 $z=4$ 所围成的立体在第一卦限的

部分；

(3) $\iiint\limits_{V} x \mathrm{d}x\mathrm{d}y\mathrm{d}z$，其中 V 是由平面 $x + 2y + z = 1$ 及三个坐标面所围成.

2. 计算下列三重积分：

(1) $\iiint\limits_{V} z \mathrm{d}x\mathrm{d}y\mathrm{d}z$，其中 V 是由 $x^2 + y^2 + z^2 = 4$ 及抛物面 $x^2 + y^2 = 3z$ 所围成；

(2) $\iiint\limits_{V} (x + y + z) \mathrm{d}x\mathrm{d}y\mathrm{d}z$，其中 V 是由 $x^2 + y^2 + z^2 = 3$ 及锥面 $z^2 = 2(x^2 + y^2)$ 所围成；

(3) $\iiint\limits_{V} \dfrac{1}{\sqrt{x^2 + y^2 + z^2}} \mathrm{d}x\mathrm{d}y\mathrm{d}z$，其中 $V: \sqrt{x^2 + y^2} \leqslant z \leqslant 1$.

3. 选择适当的变量替换，计算下列三重积分：

(1) $\iiint\limits_{V} (x^2 + y^2) \mathrm{d}x\mathrm{d}y\mathrm{d}z$，其中 V 是由 $2(x^2 + y^2) = z$ 及 $z = 4$ 所围成；

(2) $\iiint\limits_{V} \mathrm{e}^{|z|} \mathrm{d}x\mathrm{d}y\mathrm{d}z$，其中 $V: x^2 + y^2 + z^2 \leqslant 1$；

(3) $\iiint\limits_{V} (x + z) \mathrm{e}^{-(x^2 + y^2 + z^2)} \mathrm{d}x\mathrm{d}y\mathrm{d}z$，其中 $V: 1 \leqslant x^2 + y^2 + z^2 \leqslant 4$；

(4) $\iiint\limits_{V} \left(\dfrac{x^2}{a^2} + \dfrac{y^2}{b^2} + \dfrac{z^2}{c^2} \right) \mathrm{d}x\mathrm{d}y\mathrm{d}z$，其中 $V: \dfrac{x^2}{a^2} + \dfrac{y^2}{b^2} + \dfrac{z^2}{c^2} \leqslant 1$；

(5) $\iiint\limits_{V} xyz \mathrm{d}x\mathrm{d}y\mathrm{d}z$，其中 V 由曲面 $z = \dfrac{x^2 + y^2}{m}$，$z = \dfrac{x^2 + y^2}{n}$，$xy = a^2$，$xy = b^2$，$y = \alpha x$，$y = \beta x$ $(0 < m < n, 0 < a < b, 0 < \alpha < \beta)$ 所围成.

4. 求下列立体的体积：

(1) V 为椭球体 $\dfrac{x^2}{a^2} + \dfrac{y^2}{b^2} + \dfrac{z^2}{c^2} \leqslant 1$；

(2) V 由曲面 $z = ay^2$，$z = by^2$，$z = \alpha x$，$z = \beta x$，$z = 0$，$z = h$ 所围成 $(0 < a < b, 0 < \alpha < \beta, h > 0)$.

5. 设 $f(x)$ 为连续的正值函数，

$$F(t) = \dfrac{\iiint\limits_{\Omega(t)} f(x^2 + y^2 + z^2) \mathrm{d}x\mathrm{d}y\mathrm{d}z}{\iint\limits_{D(t)} f(x^2 + y^2) \mathrm{d}x\mathrm{d}y}, \quad G(t) = \dfrac{\iint\limits_{D(t)} f(x^2 + y^2) \mathrm{d}x\mathrm{d}y}{\int_{-t}^{t} f(x^2) \mathrm{d}x},$$

其中 $\Omega(t) = \{(x, y, z) \mid x^2 + y^2 + z^2 \leqslant t^2\}$，$D(t) = \{(x, y) \mid x^2 + y^2 \leqslant t^2\}$.

(1) 讨论 $F(t)$ 在区间 $(0, +\infty)$ 内的单调性.

(2) 证明：当 $t > 0$ 时，$F(t) > \dfrac{2}{\pi} G(t)$.

6. 设 $f(x)$ 连续，$F(t) = \iiint\limits_{V} [z^2 + f(x^2 + y^2)] \mathrm{d}x\mathrm{d}y\mathrm{d}z$，其中 V 由不等式 $0 \leqslant z \leqslant h$，$x^2 + y^2 \leqslant t^2$ 所确定. 试求：$\dfrac{\mathrm{d}F(t)}{\mathrm{d}t}$ 和 $\lim\limits_{t \to 0^+} \dfrac{F(t)}{t^2}$.

7.4 重积分的应用

由前面的讨论可知，曲顶柱体的体积与平面薄片的质量可利用二重积分计算，空间物体的质量可利用三重积分计算.本节将定积分中的**微元法**思想推广到重积分的应用,利用**重积分的微元法**来着重讨论重积分在物理上的应用.

7.4.1 重心

设空间物体 V 的密度函数为连续函数 $\rho(x,y,z)$,下面求 V 的重心坐标.

采用微元法,对物体 V 作分割 T,在每一个小块 ΔV_i 上任取一点 (x_i,y_i,z_i),则小块 ΔV_i 的质量可以用 $\rho(x_i,y_i,z_i)\cdot\Delta V_i$ 来近似代替.若把每一小块看作质量集中在 (x_i,y_i,z_i) 的质点时,整个物体就可看成是 n 个质点的质点系,由于质点系的重心坐标公式为

$$\overline{x_n}=\frac{\sum\limits_{i=1}^{n}x_i\cdot\rho(x_i,y_i,z_i)\Delta V_i}{\sum\limits_{i=1}^{n}\rho(x_i,y_i,z_i)\Delta V_i},\quad \overline{y_n}=\frac{\sum\limits_{i=1}^{n}y_i\cdot\rho(x_i,y_i,z_i)\Delta V_i}{\sum\limits_{i=1}^{n}\rho(x_i,y_i,z_i)\Delta V_i},$$

$$\overline{z_n}=\frac{\sum\limits_{i=1}^{n}z_i\cdot\rho(x_i,y_i,z_i)\Delta V_i}{\sum\limits_{i=1}^{n}\rho(x_i,y_i,z_i)\Delta V_i}.$$

当 $\|T\|\to 0$ 时,自然地把 $\overline{x_n},\overline{y_n},\overline{z_n}$ 的极限定义为 V 的重心坐标,即

$$\overline{x}=\frac{\iiint\limits_{V}x\rho(x,y,z)\mathrm{d}x\mathrm{d}y\mathrm{d}z}{\iiint\limits_{V}\rho(x,y,z)\mathrm{d}x\mathrm{d}y\mathrm{d}z},\quad \overline{y}=\frac{\iiint\limits_{V}y\rho(x,y,z)\mathrm{d}x\mathrm{d}y\mathrm{d}z}{\iiint\limits_{V}\rho(x,y,z)\mathrm{d}x\mathrm{d}y\mathrm{d}z},$$

$$\overline{z}=\frac{\iiint\limits_{V}z\rho(x,y,z)\mathrm{d}x\mathrm{d}y\mathrm{d}z}{\iiint\limits_{V}\rho(x,y,z)\mathrm{d}x\mathrm{d}y\mathrm{d}z}.$$

特别地,当物体 V 的密度均匀即 ρ 为常数时,则有

$$\overline{x}=\frac{1}{\Delta V}\iiint\limits_{V}x\mathrm{d}x\mathrm{d}y\mathrm{d}z,\quad \overline{y}=\frac{1}{\Delta V}\iiint\limits_{V}y\mathrm{d}x\mathrm{d}y\mathrm{d}z,\quad \overline{z}=\frac{1}{\Delta V}\iiint\limits_{V}z\mathrm{d}x\mathrm{d}y\mathrm{d}z,$$

其中 ΔV 是 V 的体积.

类似地,可得到密度函数为 $\rho(x,y)$ 的平面薄片 D 的重心坐标为

$$\overline{x}=\frac{\iint\limits_{D}x\rho(x,y)\mathrm{d}x\mathrm{d}y}{\iint\limits_{D}\rho(x,y)\mathrm{d}x\mathrm{d}y},\quad \overline{y}=\frac{\iint\limits_{D}y\rho(x,y)\mathrm{d}x\mathrm{d}y}{\iint\limits_{D}\rho(x,y)\mathrm{d}x\mathrm{d}y}.$$

特别地,当平面薄片 D 的密度均匀即 ρ 为常数时,则有

$$\bar{x} = \frac{1}{\Delta D}\iint\limits_{D} x\, \mathrm{d}x\mathrm{d}y, \quad \bar{y} = \frac{1}{\Delta D}\iint\limits_{D} y\, \mathrm{d}x\mathrm{d}y,$$

其中 ΔD 为 D 的面积.

例 7.21 设有一半径为 R 的球体，P_0 是此球面上的一个定点，球体上任一点处的密度与该点到 P_0 点的距离的平方成正比（比例系数 $k>0$），求球体的重心位置.

解 取 P_0 为坐标原点，所考虑的球体 V 的球心在 z 轴的正半轴上，则球面的方程为

$$x^2 + y^2 + (z-R)^2 = R^2.$$

记球体 V 的重心坐标为 (x_0, y_0, z_0)，则由积分区域 V 及密度函数的对称性知

$$x_0 = 0, \quad y_0 = 0.$$

且

$$z_0 = \frac{\iiint\limits_{V} kz(x^2+y^2+z^2)\,\mathrm{d}x\mathrm{d}y\mathrm{d}z}{\iiint\limits_{V} k(x^2+y^2+z^2)\,\mathrm{d}x\mathrm{d}y\mathrm{d}z}.$$

又

$$\iiint\limits_{V}(x^2+y^2+z^2)\,\mathrm{d}x\mathrm{d}y\mathrm{d}z = 4\int_0^{\frac{\pi}{2}}\mathrm{d}\theta\int_0^{\frac{\pi}{2}}\mathrm{d}\varphi\int_0^{2R\cos\varphi} r^4\sin\varphi\mathrm{d}r = \frac{32}{15}\pi R^5;$$

$$\iiint\limits_{V} z(x^2+y^2+z^2)\,\mathrm{d}x\mathrm{d}y\mathrm{d}z = 4\int_0^{\frac{\pi}{2}}\mathrm{d}\theta\int_0^{\frac{\pi}{2}}\mathrm{d}\varphi\int_0^{2R\cos\varphi} r^5\sin\varphi\cos\varphi\mathrm{d}r$$

$$= \frac{64}{3}\pi R^6\int_0^{\frac{\pi}{2}}\sin\varphi\cos^7\varphi\mathrm{d}\varphi = \frac{8}{3}\pi R^6.$$

故 $z_0 = \frac{5}{4}R$. 所以球体的重心位置为 $(x_0, y_0, z_0) = \left(0, 0, \frac{5}{4}R\right)$.

7.4.2 转动惯量

由物理学知识，质点 A 对于轴 l 的转动惯量为 $J = mr^2$（其中 m 为质点 A 的质量，r 为质点到轴 l 的距离）. 下面仍然采用微元法讨论空间物体的转动惯量问题.

设空间物体 V 的密度函数为连续函数 $\rho(x,y,z)$，对物体 V 作分割 T，在每一个小块 ΔV_i 上任取一点 (x_i, y_i, z_i)，则小块 ΔV_i 的质量可以用 $\rho(x_i, y_i, z_i)\cdot\Delta V_i$ 来近似代替，当以质点系 $\{(x_i, y_i, z_i), i=1,2,\cdots,n\}$ 近似代替 V 时，质点系关于 x 轴的转动惯量是

$$J_{x_n} = \sum_{i=1}^{n}(y_i^2 + z_i^2)\rho(x_i, y_i, z_i)\Delta V_i.$$

令 $\|T\| \rightarrow 0$,上述和式的极限就是物体 V 关于 x 轴的转动惯量,即

$$J_x = \iiint\limits_V (y^2 + z^2)\rho(x,y,z)\mathrm{d}x\mathrm{d}y\mathrm{d}z.$$

类似可得物体 V 关于 y 轴、z 轴的转动惯量分别为

$$J_y = \iiint\limits_V (z^2 + x^2)\rho(x,y,z)\mathrm{d}x\mathrm{d}y\mathrm{d}z;$$

$$J_z = \iiint\limits_V (x^2 + y^2)\rho(x,y,z)\mathrm{d}x\mathrm{d}y\mathrm{d}z.$$

物体 V 关于坐标平面的转动惯量分别为

$$J_{xy} = \iiint\limits_V z^2\rho(x,y,z)\mathrm{d}x\mathrm{d}y\mathrm{d}z;$$

$$J_{yz} = \iiint\limits_V x^2\rho(x,y,z)\mathrm{d}x\mathrm{d}y\mathrm{d}z;$$

$$J_{zx} = \iiint\limits_V y^2\rho(x,y,z)\mathrm{d}x\mathrm{d}y\mathrm{d}z.$$

同理,平面薄板关于坐标轴的转动惯量分别为

$$J_x = \iint\limits_D y^2\rho(x,y)\mathrm{d}x\mathrm{d}y, \quad J_y = \iint\limits_D x^2\rho(x,y)\mathrm{d}x\mathrm{d}y$$

以及

$$J_l = \iint\limits_D r^2(x,y)\rho(x,y)\mathrm{d}x\mathrm{d}y,$$

其中 l 为转动轴,$r(x,y)$ 为 D 中点 (x,y) 到轴 l 的距离.

例 7.22   密度 $\rho(x,y,z) = \sqrt{x^2 + y^2}$ 的物体 V 由曲面 $2z = x^2 + y^2$ 与 $z = 2$ 所围成,求该物体分别关于 z 轴和平面 $\pi:y = x$ 的转动惯量.

解   物体关于 z 轴的转动惯量为

$$J_z = \iiint\limits_V (x^2 + y^2)\rho(x,y,z)\mathrm{d}x\mathrm{d}y\mathrm{d}z = \int_0^{2\pi}\mathrm{d}\theta\int_0^2 \mathrm{d}r\int_{\frac{r^2}{2}}^2 r^4\mathrm{d}z = \frac{256}{35}\pi.$$

根据类似推导过程,得到物体关于平面 $\pi:y = x$ 的转动惯量为

$$\begin{aligned}
J_\pi &= \iiint\limits_V \left(\frac{x-y}{\sqrt{2}}\right)^2 \sqrt{x^2 + y^2}\mathrm{d}x\mathrm{d}y\mathrm{d}z \\
&= \frac{1}{2}\iiint\limits_V (x^2 + y^2)\sqrt{x^2 + y^2}\mathrm{d}x\mathrm{d}y\mathrm{d}z - \iiint\limits_V xy\sqrt{x^2 + y^2}\mathrm{d}x\mathrm{d}y\mathrm{d}z \\
&= \frac{1}{2}\iiint\limits_V (x^2 + y^2)\sqrt{x^2 + y^2}\mathrm{d}x\mathrm{d}y\mathrm{d}z - 0 = \frac{128}{35}\pi.
\end{aligned}$$

7.4.3 引力

现在讨论密度为 $\rho(x,y,z)$ 的物体 V 对于物体外一点 $P_0(x_0,y_0,z_0)$ 处的单位质量的质点 A 的引力问题.

还是采用微元法来求物体 V 对质点 A 的引力. V 中质量微元 $\mathrm{d}m = \rho\mathrm{d}V$ 对质点 A 的引力在坐标轴上的投影分别为

$$\mathrm{d}F_x = k\frac{x-x_0}{r^3}\rho\mathrm{d}V, \quad \mathrm{d}F_y = k\frac{y-y_0}{r^3}\rho\mathrm{d}V, \quad \mathrm{d}F_z = k\frac{z-z_0}{r^3}\rho\mathrm{d}V,$$

其中 k 为引力系数，$r = \sqrt{(x-x_0)^2+(y-y_0)^2+(z-z_0)^2}$ 是质点 A 到 $\mathrm{d}V$ 的距离. 于是力 $\boldsymbol{F}$ 在坐标轴上的投影分别为

$$F_x = k\iiint\limits_V \frac{x-x_0}{r^3}\rho\mathrm{d}x\mathrm{d}y\mathrm{d}z, \quad F_y = k\iiint\limits_V \frac{y-y_0}{r^3}\rho\mathrm{d}x\mathrm{d}y\mathrm{d}z,$$

$$F_z = k\iiint\limits_V \frac{z-z_0}{r^3}\rho\mathrm{d}x\mathrm{d}y\mathrm{d}z.$$

所以物体 V 对于质点 A 的引力为

$$\boldsymbol{F} = F_x\boldsymbol{i} + F_y\boldsymbol{j} + F_z\boldsymbol{k}.$$

例 7.23 求由圆柱面 $x^2+y^2=a^2$, $x^2+y^2=b^2$ $(a>b>0)$ 及平面 $z=0, z=h>0$ 所围成的均匀圆柱体 V 对位于原点, 质量为 m 的质点的引力.

解 设圆柱体 V 的密度为 ρ, 它对质点的引力为

$$\boldsymbol{F} = F_x\boldsymbol{i} + F_y\boldsymbol{j} + F_z\boldsymbol{k}.$$

由 V 的均匀性和柱体的对称性, 有 $F_x = F_y = 0$. 又

$$F_z = k\iiint\limits_V \frac{z}{(x^2+y^2+z^2)^{\frac{3}{2}}}m\rho\mathrm{d}x\mathrm{d}y\mathrm{d}z = km\rho\int_0^{2\pi}\mathrm{d}\theta\int_b^a\mathrm{d}r\int_0^h \frac{rz}{(r^2+z^2)^{\frac{3}{2}}}\mathrm{d}z$$

$$= 2\pi km\rho\int_b^a\mathrm{d}r\int_0^h \frac{rz}{(r^2+z^2)^{\frac{3}{2}}}\mathrm{d}z = 2\pi km\rho\int_b^a\left(1-\frac{r}{\sqrt{r^2+h^2}}\right)\mathrm{d}r$$

$$= 2\pi km\rho\left(a-b-\sqrt{a^2+h^2}+\sqrt{b^2+h^2}\right).$$

所以

$$\boldsymbol{F} = 2\pi km\rho\left(a-b-\sqrt{a^2+h^2}+\sqrt{b^2+h^2}\right)\boldsymbol{k}.$$

习 题 7.4

1. 计算下列曲面所围成的均匀物体 (设 $\rho(x,y,z)\equiv1$) 的重心坐标:

(1) $x^2+y^2=z^2, z=1$; (2) $z=x^2+y^2, z=\frac{1}{2}(x^2+y^2), |x|+|y|=1$.

2. 一均匀物体 Ω (设 $\rho(x,y,z)\equiv1$) 由曲面 $z=x^2+y^2$ 和平面 $z=0, |x|=a, |y|=b$ 所围成, 求 (1) 物体的体积; (2) 物体的重心; (3) 物体关于 x 轴的转动惯量.

3. 求半径为 R,高为 h 的均匀圆柱体对底面中心处质点的引力.

第 7 章总练习题

1. 设 D 是 xOy 平面上以 $(1,1)$,$(-1,1)$ 和 $(-1,-1)$ 为顶点的三角形区域,D_1 是 D 在第一象限的部分,则 $\iint\limits_{D}(xy+\cos x\sin y)\mathrm{d}x\mathrm{d}y=$ _____.

(A) $2\iint\limits_{D_1}\cos x\sin y\mathrm{d}x\mathrm{d}y$;

(B) $2\iint\limits_{D_1}xy\mathrm{d}x\mathrm{d}y$;

(C) $4\iint\limits_{D_1}(xy+\cos x\sin y)\mathrm{d}x\mathrm{d}y$;

(D) 0.

2. 设有空间区域 $\Omega_1:x^2+y^2+z^2\leqslant R^2$,$z\geqslant0$;$\Omega_2:x^2+y^2+z^2\leqslant R^2$,$x\geqslant0,y\geqslant0,z\geqslant0$,则 _____.

(A) $\iiint\limits_{\Omega_1}x\mathrm{d}x\mathrm{d}y\mathrm{d}z=4\iiint\limits_{\Omega_2}x\mathrm{d}x\mathrm{d}y\mathrm{d}z$;

(B) $\iiint\limits_{\Omega_1}y\mathrm{d}x\mathrm{d}y\mathrm{d}z=4\iiint\limits_{\Omega_2}y\mathrm{d}x\mathrm{d}y\mathrm{d}z$;

(C) $\iiint\limits_{\Omega_1}z\mathrm{d}x\mathrm{d}y\mathrm{d}z=4\iiint\limits_{\Omega_2}z\mathrm{d}x\mathrm{d}y\mathrm{d}z$;

(D) $\iiint\limits_{\Omega_1}xyz\mathrm{d}x\mathrm{d}y\mathrm{d}z=4\iiint\limits_{\Omega_2}xyz\mathrm{d}x\mathrm{d}y\mathrm{d}z$.

3. 累次积分 $\int_0^{\frac{\pi}{2}}\mathrm{d}\theta\int_0^{\cos\theta}f(r\cos\theta,r\sin\theta)r\mathrm{d}r$ 可以写成 _____.

(A) $\int_0^1\mathrm{d}y\int_0^{\sqrt{y-y^2}}f(x,y)\mathrm{d}x$;

(B) $\int_0^1\mathrm{d}x\int_0^{\sqrt{x-x^2}}f(x,y)\mathrm{d}y$;

(C) $\int_0^1\mathrm{d}x\int_0^1 f(x,y)\mathrm{d}y$;

(D) $\int_0^1\mathrm{d}y\int_0^{\sqrt{1-y^2}}f(x,y)\mathrm{d}x$.

4. 求 $\iiint\limits_{\Omega}(x^2+y^2+z)\mathrm{d}x\mathrm{d}y\mathrm{d}z$,其中 Ω 是由曲线 $\begin{cases}y^2=2z,\\x=0\end{cases}$ 绕 z 轴旋转一周而成的曲面与平面 $z=4$ 所围成的立体.

5. 计算二重积分 $\iint\limits_{D}\mathrm{e}^{\max\{x^2,y^2\}}\mathrm{d}x\mathrm{d}y$,其中 $D=\{(x,y)\,|\,0\leqslant x\leqslant1,0\leqslant y\leqslant1\}$.

6. 计算 $\iint\limits_{D}y^2\mathrm{d}x\mathrm{d}y$,其中 D 是由 $\begin{cases}x=a(t-\sin t),\\y=a(1-\cos t)\end{cases}$ $(0\leqslant t\leqslant2\pi)$ 与 x 轴所围成的区域.

7. 计算 $\iint\limits_{D}|x^2+y^2-2y|\mathrm{d}x\mathrm{d}y$,其中 $D:x^2+y^2\leqslant4$.

8. 求 $\iint\limits_{D}x[1+yf(x^2+y^2)]\mathrm{d}x\mathrm{d}y$,其中 D 是由 $y=x^3$,$y=1$,$x=-1$ 所围成的区域,$f(u)$ 是连续函数.

9. 设 $f(x,y)$ 在单位圆 $x^2+y^2\leqslant1$ 上具有连续的偏导数,且在边界上取值为零,$f(0,0)=2008$,试求极限 $\lim\limits_{t\to0^+}\dfrac{1}{2\pi}\iint\limits_{t^2\leqslant x^2+y^2\leqslant1}\dfrac{xf_x'+yf_y'}{x^2+y^2}\mathrm{d}x\mathrm{d}y$.

10. 计算 $\iiint\limits_{\Omega}|z-\sqrt{x^2+y^2}|\mathrm{d}x\mathrm{d}y\mathrm{d}z$,其中 Ω 是由平面 $z=0,z=1$ 及曲面 $x^2+y^2=2$ 围成.

11. (1) $F(t) = \iint\limits_{\substack{0 \leqslant x \leqslant t \\ 0 \leqslant y \leqslant t}} e^{\frac{tx}{y^2}} \mathrm{d}x\mathrm{d}y(t > 0)$，求 $F'(t)$；

(2) $F(t) = \iiint\limits_{x^2+y^2+z^2 \leqslant t^2} f(x^2+y^2+z^2)\mathrm{d}x\mathrm{d}y\mathrm{d}z$，其中 $f(u)$ 可微，求 $F'(t)$.

12. 证明：若函数 $f(x), g(x), p(x)$ 在 $[a,b]$ 上连续，$p(x)$ 是正值函数，$f(x)$ 与 $g(x)$ 都是单调函数，则

$$\int_a^b p(x)f(x)\mathrm{d}x \cdot \int_a^b p(x)g(x)\mathrm{d}x \leqslant \int_a^b p(x)\mathrm{d}x \cdot \int_a^b p(x)f(x)g(x)\mathrm{d}x.$$

第 8 章　曲线积分与曲面积分

多元函数的积分除了重积分外,还有曲线积分与曲面积分,即把积分概念推广到积分区域为一段曲线弧或一片曲面的情形.本章将讨论曲线积分与曲面积分以及各种多元函数积分之间的联系.

8.1　第一型曲线积分

8.1.1　第一型曲线积分的概念

物质曲线的质量

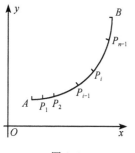

图 8.1

设在 xOy 平面上有一段可求长度的平面曲线段 L,它的端点是 A,B. 曲线段 L 上任一点 (x,y) 处的线密度为连续函数 $\rho(x,y)>0$,求此曲线段 L 的质量 M(图 8.1).

如果曲线的线密度为常量,那么物质曲线的质量就等于它的线密度与长度的乘积.但现在物质曲线的线密度是变量,就不能直接用上述方法来计算.下面还是应用"分割、近似求和、取极限"的方法来求曲线 L 的质量 M.

任给曲线段 L 一个分割 T,即在 L 上任意插入分点: $A=P_0,P_1,\cdots,P_n=B$,则 L 被分成 n 个小弧段 $\Delta s_i = \overparen{P_{i-1}P_i}(i=1,2,\cdots,n)$,第 i 个小弧段 Δs_i 的长也记为 Δs_i.在每一小弧段 Δs_i 上任取一点 (ξ_i,η_i),在线密度连续变化的前提下,只要小弧段很短,就可以用 $\rho(\xi_i,\eta_i)$ 近似地表示 Δs_i 上各点处的密度,则 Δs_i 的质量 ΔM_i 可近似地表示为

$$\Delta M_i \approx \rho(\xi_i,\eta_i) \cdot \Delta s_i.$$

于是整个曲线段的质量的近似值为

$$M = \sum_{i=1}^{n} \Delta M_i \approx \sum_{i=1}^{n} \rho(\xi_i,\eta_i)\Delta s_i.$$

记 $\|T\|=\max\{\Delta s_i\}$,则当 $\|T\|\to 0$ 时,从而得到曲线段 L 的质量为

$$M = \lim_{\|T\|\to 0} \sum_{i=1}^{n} \rho(\xi_i,\eta_i)\Delta s_i.$$

上述和式极限在研究其他问题时也会遇到,抽去上述问题的具体含义,现引进如下定义.

定义 8.1　设 L 为平面上可求长的曲线段,$f(x,y)$ 为定义在 L 上的函数.任

给 L 一个分割 T,将 L 分成 n 个小弧段 $\Delta s_i (i=1,2,\cdots,n)$. 在每一小弧段 Δs_i 上任取一点 (ξ_i,η_i)(即介点),作和式 $\sum\limits_{i=1}^{n} f(\xi_i,\eta_i)\Delta s_i$. 记 $\|T\|=\max\limits_{1\leqslant i\leqslant n}\{\Delta s_i\}$,如果极限

$$\lim_{\|T\|\to 0}\sum_{i=1}^{n} f(\xi_i,\eta_i)\Delta s_i$$

存在,且极限值与曲线段 L 的分割 T 及介点 (ξ_i,η_i) 的取法均无关,则称 $f(x,y)$ 沿曲线 L **可积**,并称极限值为 $f(x,y)$ 沿曲线 L 的**第一型曲线积分**,记为 $\int_L f(x,y)\mathrm{d}s$,即

$$\int_L f(x,y)\mathrm{d}s = \lim_{\|T\|\to 0}\sum_{i=1}^{n} f(\xi_i,\eta_i)\Delta s_i.$$

若 L 为空间可求长曲线段,$f(x,y,z)$ 为定义在 L 上的函数,则类似可定义 $f(x,y,z)$ 在空间曲线 L 的第一型曲线积分,且记作

$$\int_L f(x,y,z)\mathrm{d}s.$$

注 8.1 由定义 8.1 可知,若平面物质曲线 L 的线密度为 $f(x,y)$,则曲线 L 的质量就是 $f(x,y)$ 沿着 L 的第一型曲线积分,即

$$M = \int_L f(x,y)\mathrm{d}s.$$

注 8.2 当 $f(x,y)\equiv 1$ 时,$\int_L \mathrm{d}s=\Delta L$($\Delta L$ 为曲线 L 的长度).

注 8.3 当曲线 L 为封闭曲线时,曲线积分又记为 $\oint_L f(x,y)\mathrm{d}s$.

8.1.2 第一型曲线积分的性质与计算方法

根据第一型曲线积分定义,不难证明它有类似于定积分的性质,这里只列出平面上第一型曲线积分的性质,对于空间第一型曲线积分可仿此写出.

性质 8.1 若函数 $f(x,y)$ 在曲线 L 上可积,则 $f(x,y)$ 在 L 上有界.

性质 8.2 若有界函数 $f(x,y)$ 在曲线 L 上连续或只有有限个间断点,则 $f(x,y)$ 在 L 上可积.

性质 8.3 若 $f(x,y)$、$g(x,y)$ 在曲线 L 上可积,则 $k_1 f(x,y)\pm k_2 g(x,y)$ 在 L 上也可积(k_1、k_2 为两个常数),且

$$\int_L [k_1 f(x,y)\pm k_2 g(x,y)]\mathrm{d}s = k_1\int_L f(x,y)\mathrm{d}s \pm k_2\int_L g(x,y)\mathrm{d}s.$$

性质 8.4 若积分弧段 L 可分成两段 $L=L_1+L_2$,$f(x,y)$ 在 L_1 和 L_2 上可积,则 $f(x,y)$ 在 L 上也可积,且

$$\int_L f(x,y)\mathrm{d}s = \int_{L_1} f(x,y)\mathrm{d}s + \int_{L_2} f(x,y)\mathrm{d}s.$$

性质 8.5　若 $f(x,y), g(x,y)$ 在曲线 L 上可积,且 $f(x,y) \leqslant g(x,y)$,则

$$\int_L f(x,y)\mathrm{d}s \leqslant \int_L g(x,y)\mathrm{d}s.$$

性质 8.6　若函数 $f(x,y)$ 在曲线 L 上可积,则 $|f(x,y)|$ 也在 L 上可积,且

$$\left| \int_L f(x,y)\mathrm{d}s \right| \leqslant \int_L |f(x,y)|\mathrm{d}s.$$

性质 8.7　若函数 $f(x,y)$ 在曲线 L 上可积, ΔL 为曲线 L 的弧长,则存在常数 c,使得

$$\int_L f(x,y)\mathrm{d}s = c \cdot \Delta L,$$

其中 $\inf\limits_L f(x,y) \leqslant c \leqslant \sup\limits_L f(x,y)$. 特别地,若 $f(x,y)$ 在光滑曲线 L 上连续,则存在点 $(x_0, y_0) \in L$,使得

$$\int_L f(x,y)\mathrm{d}s = f(x_0, y_0) \cdot \Delta L.$$

下面给出第一型曲线积分的计算公式.

设 $f(x,y)$ 在光滑曲线 L 上连续,曲线 L 由参数方程

$$\begin{cases} x = \varphi(t), \\ y = \psi(t), \end{cases} \quad \alpha \leqslant t \leqslant \beta$$

给出(如果 $\varphi'(t), \psi'(t)$ 连续,且 $\varphi'^2(t) + \psi'^2(t) \neq 0$,则称曲线 L 为**光滑曲线**). 当参数 t 由 α 变到 $\beta (\alpha < \beta)$ 时,动点 (x,y) 由曲线 L 的端点 A 沿着 L 变到另一端点 B.

定理 8.1　设曲线 $L: x = \varphi(t), y = \psi(t) (\alpha \leqslant t \leqslant \beta)$ 是光滑曲线,函数 $f(x,y)$ 在 L 上连续,则 $f(x,y)$ 在 L 上可积,且

$$\int_L f(x,y)\mathrm{d}s = \int_a^\beta f(\varphi(t), \psi(t)) \cdot \sqrt{\varphi'^2(t) + \psi'^2(t)}\,\mathrm{d}t. \tag{8.1}$$

证明　由弧长公式,有

$$s(t) = \int_a^t \sqrt{\varphi'^2(u) + \psi'^2(u)}\,\mathrm{d}u, \quad \alpha \leqslant t \leqslant \beta.$$

因而

$$s'(t) = \sqrt{\varphi'^2(t) + \psi'^2(t)} > 0,$$

即 $s(t)$ 是 $[\alpha, \beta]$ 上严格递增的连续函数,则函数 $s = s(t)$ 存在连续的反函数 $t = t(s)$. 令 $x = \varphi(t(s)), y = \psi(t(s))$,则得到以弧长为参数的曲线 L 的表示式. 因此对 L 的任意分割 T 所得到的积分和可表示为

$$\sum_{i=1}^n f(\xi_i, \eta_i)\Delta s_i = \sum_{i=1}^n f(\varphi(t(s_i)), \psi(t(s_i))) \cdot \Delta s_i.$$

由于上式右端是连续函数 $f(\varphi(t(s)), \psi(t(s)))$ 在 $[0, \Delta L](\Delta L = s(\beta))$ 上的积分和.

从而当 $\|T\| \to 0$ 时,上式右端趋于它在 $[0,\Delta L]$ 上的定积分,因而有

$$\int_L f(x,y)\mathrm{d}s = \int_0^{\Delta L} f(\varphi(t(s)),\psi(t(s)))\mathrm{d}s.$$

对上式右端的定积分再作变换 $s=s(t)$,即得

$$\int_L f(x,y)\mathrm{d}s = \int_\alpha^\beta f(\varphi(t),\psi(t)) \cdot \sqrt{\varphi'^2(t)+\psi'^2(t)}\,\mathrm{d}t.$$

式(8.1)表明,计算第一型曲线积分 $\int_L f(x,y)\mathrm{d}s$ 时,只要把 $x,y,\mathrm{d}s$ 依次换为 $\varphi(t),\psi(t),\sqrt{\varphi'^2(t)+\psi'^2(t)}\,\mathrm{d}t$,化为从 α 到 β 的定积分. 这里必须注意,定积分的下限 α 一定要小于上限 β.

推论 8.1 当曲线 L 由方程 $y=\varphi(x)(a \leqslant x \leqslant b,\varphi'(x)$ 连续)给出时,由式(8.1),得

$$\int_L f(x,y)\mathrm{d}s = \int_a^b f(x,\varphi(x)) \cdot \sqrt{1+\varphi'^2(x)}\,\mathrm{d}x.$$

当曲线 L 由方程 $x=\psi(y)(c \leqslant y \leqslant d,\psi'(y)$ 连续)给出时,则有

$$\int_L f(x,y)\mathrm{d}s = \int_c^d f(\psi(y),y) \cdot \sqrt{1+\psi'^2(y)}\,\mathrm{d}y.$$

注 8.4 若当空间曲线 L 由参数方程 $x=\varphi(t),y=\psi(t),z=h(t)(a \leqslant t \leqslant b)$ 给出,且 φ',ψ',h' 连续,$\varphi'^2+\psi'^2+h'^2 \neq 0$,又 $f(x,y,z)$ 在 L 上连续,则

$$\int_L f(x,y,z)\mathrm{d}s = \int_\alpha^\beta f(\varphi(t),\psi(t),h(t)) \cdot \sqrt{\varphi'^2(t)+\psi'^2(t)+h'^2(t)}\,\mathrm{d}t.$$

例 8.1 设曲线 C 是圆 $x^2+y^2=a^2$ 在第一象限的部分,计算 $\int_C xy\mathrm{d}s$.

解 由于 $C:\begin{cases} x=a\cos\theta, \\ y=a\sin\theta, \end{cases} 0 \leqslant \theta \leqslant \dfrac{\pi}{2}.$ 所以

$$\int_C xy\mathrm{d}s = \int_0^{\frac{\pi}{2}} a^2 \sin\theta\cos\theta \sqrt{a^2}\,\mathrm{d}\theta = a^3 \int_0^{\frac{\pi}{2}} \sin\theta\cos\theta\,\mathrm{d}\theta = \frac{a^3}{2}.$$

例 8.2 计算 $\oint_L \mathrm{e}^{\sqrt{x^2+y^2}}\mathrm{d}s$,其中 L 为圆周 $x^2+y^2=a^2$,直线 $y=x$ 及 x 轴在第一象限中所围成的区域的边界曲线(图 8.2).

解 $L=\overline{OA}+\widehat{AB}+\overline{BO}$,故

$$\oint_L \mathrm{e}^{\sqrt{x^2+y^2}}\mathrm{d}s = \int_{\overline{OA}} \mathrm{e}^{\sqrt{x^2+y^2}}\mathrm{d}s + \int_{\widehat{AB}} \mathrm{e}^{\sqrt{x^2+y^2}}\mathrm{d}s$$
$$+ \int_{\overline{BO}} \mathrm{e}^{\sqrt{x^2+y^2}}\mathrm{d}s.$$

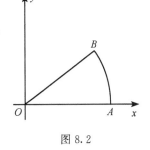

图 8.2

(1)直线段 $\overline{OA}:y=0(0 \leqslant x \leqslant a)$,则

$$\oint_{\overline{OA}} e^{\sqrt{x^2+y^2}} ds = \int_0^a e^x dx = e^a - 1;$$

(2) 弧 $\overset{\frown}{AB}$：$x = a\cos\theta, y = a\sin\theta \left(0 \leqslant \theta \leqslant \dfrac{\pi}{4}\right)$，则

$$\int_{\overset{\frown}{AB}} e^{\sqrt{x^2+y^2}} ds = \int_0^{\frac{\pi}{4}} e^a \cdot a d\theta = \frac{\pi}{4} a e^a;$$

(3) 直线段 $\overline{BO}$：$y = x \left(0 \leqslant x \leqslant \dfrac{a}{\sqrt{2}}\right)$，则

$$\int_{\overline{BO}} e^{\sqrt{x^2+y^2}} ds = \int_0^{\frac{a}{\sqrt{2}}} e^{\sqrt{2}x} \cdot \sqrt{2} dx = e^a - 1.$$

所以

$$\oint_L e^{\sqrt{x^2+y^2}} ds = 2(e^a - 1) + \frac{\pi}{4} a e^a.$$

例 8.3　计算 $\oint_L x^2 ds$，其中 L 是球面 $x^2 + y^2 + z^2 = a^2$ 被平面 $x + y + z = 0$ 所截得的圆周.

解　由于曲线 L 关于 x, y, z 是循环对称的，因此

$$\oint_L x^2 ds = \oint_L y^2 ds = \oint_L z^2 ds,$$

即

$$\oint_L x^2 ds = \frac{1}{3} \oint_L (x^2 + y^2 + z^2) ds = \frac{1}{3} \oint_L a^2 ds = \frac{a^2}{3} \cdot 2\pi a = \frac{2}{3} \pi a^3.$$

习　题　8.1

1. 计算下列第一型曲线积分：

(1) $\displaystyle\int_L (x^2 + y^2) ds$，其中 L 为圆周 $x^2 + y^2 = a^2$；

(2) $\displaystyle\int_L (x^2 + y^2) ds$，其中 L 为圆周 $x^2 + y^2 = ax$；

(3) $\displaystyle\int_L \sqrt{y} ds$，其中 L 为抛物线 $y = \dfrac{1}{4} x^2$ 从原点到 $(2, 1)$ 的一段；

(4) $\displaystyle\int_L x ds$，其中 L 为 $y = x$ 及 $y = x^2$ 所围区域的边界曲线.

2. 求曲线 $x = a, y = at, z = \dfrac{1}{2} at^2 (0 \leqslant t \leqslant 1, a > 0)$ 的质量，设其线密度为 $\rho = \sqrt{\dfrac{2z}{a}}$.

3. 若 $f(x, y)$ 在光滑曲线 L 上连续，则存在点 $(x_0, y_0) \in L$，使得

$$\int_L f(x, y) ds = f(x_0, y_0) \cdot \Delta L,$$

其中 ΔL 为曲线 L 上的弧长.

8.2　第二型曲线积分

8.2.1　第二型曲线积分的概念

变力沿曲线做功问题

根据物理学知识,如果质点在常力 $\boldsymbol{F}$(大小与方向都不变)的作用下沿直线由 A 点运动到 B 点,则常力 $\boldsymbol{F}$ 所做的功为 $W = \boldsymbol{F} \cdot \overrightarrow{AB} = |\boldsymbol{F}| \cdot |\overrightarrow{AB}| \cos\theta$(其中 θ 是 $\boldsymbol{F}$ 与 $\overrightarrow{AB}$ 的夹角).下面考虑变力沿曲线做功问题.

设质点在 xOy 平面内从 A 点沿光滑曲线弧 L 运动到 B 点,在运动过程中质点受到力

$$\boldsymbol{F}(x,y) = (P(x,y), Q(x,y))$$

的作用,其中函数 $P(x,y), Q(x,y)$ 为连续函数.求力 $\boldsymbol{F}$ 所做的功.

现在的问题是力 $\boldsymbol{F}$ 的大小与方向都在变化,为此,仍采用"分割、近似求和、取极限"的方法.

用任意分割 T 将曲线弧 L 分成 n 个有向的小弧段(图 8.3):

$$\widehat{M_0 M_1}, \widehat{M_1 M_2}, \cdots, \widehat{M_{n-1} M_n},$$
$$M_0 = A, \quad M_n = B.$$

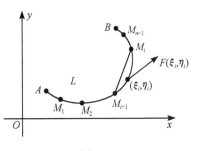

图 8.3

设 M_i 的坐标为 (x_i, y_i),有向小弧段 $\widehat{M_{i-1} M_i}$ 的弦是 $\overrightarrow{M_{i-1} M_i}$,弦 $\overrightarrow{M_{i-1} M_i}$ 在坐标轴上的有向投影分别为 $\Delta x_i = x_i - x_{i-1}$ 与 $\Delta y_i = y_i - y_{i-1}$,即

$$\overrightarrow{M_{i-1} M_i} = (\Delta x_i, \Delta y_i).$$

在每个小弧段 $\widehat{M_{i-1} M_i}$ 上任取一点 (ξ_i, η_i),由于 $P(x,y), Q(x,y)$ 的连续性,在 $\widehat{M_{i-1} M_i}$ 上可以用 (ξ_i, η_i) 处的力来近似代替这小弧段上各点处的力,而 $\widehat{M_{i-1} M_i}$ 可以用 $\overrightarrow{M_{i-1} M_i}$ 来近似代替,则变力 $\boldsymbol{F}$ 沿有向小弧段 $\widehat{M_{i-1} M_i}$ 所做的功 ΔW_i 近似等于

$$\Delta W_i \approx \boldsymbol{F}(\xi_i, \eta_i) \cdot \overrightarrow{M_{i-1} M_i} = P(\xi_i, \eta_i) \Delta x_i + Q(\xi_i, \eta_i) \Delta y_i.$$

于是

$$W = \sum_{i=1}^{n} \Delta W_i \approx \sum_{i=1}^{n} [P(\xi_i, \eta_i) \Delta x_i + Q(\xi_i, \eta_i) \Delta y_i].$$

当 $\|T\| \to 0$ 时,上述和式的极限就是变力 $\boldsymbol{F}$ 沿曲线弧 L 所做的功,即

$$W = \lim_{\|T\| \to 0} \sum_{i=1}^{n} [P(\xi_i, \eta_i) \Delta x_i + Q(\xi_i, \eta_i) \Delta y_i].$$

下面抽象讨论上述和式极限,即得到第二型曲线积分的定义.

定义 8.2   设 L 是平面上逐段光滑的有向曲线弧, 起点为 A, 终点为 B, $P(x,y)$ 与 $Q(x,y)$ 是定义在 L 上的两个函数. 在 L 上沿着曲线 L 从 A 到 B 的方向任给 L 一个分割 T, 把曲线 L 分成 n 个小的有向弧段 $\overparen{M_{i-1}M_i}(i=1,2,\cdots,n)$, 设 $\overparen{M_{i-1}M_i}$ 分别在 x 轴与 y 轴上的有向投影为 $\Delta x_i = x_i - x_{i-1}$ 与 $\Delta y_i = y_i - y_{i-1}$. 在每个小曲线弧段 $\overparen{M_{i-1}M_i}$ 上任取一点 (ξ_i,η_i), 若极限

$$\lim_{\|T\|\to 0}\sum_{i=1}^{n} P(\xi_i,\eta_i)\Delta x_i + \lim_{\|T\|\to 0}\sum_{i=1}^{n} Q(\xi_i,\eta_i)\Delta y_i$$

存在且极限值与分割 T 以及介点 (ξ_i,η_i) 的取法均无关, 则称此极限为函数 $P(x,y)$, $Q(x,y)$ 沿有向曲线 L 的**第二型曲线积分**, 记为

$$\int_L P(x,y)\mathrm{d}x + Q(x,y)\mathrm{d}y \text{ 或 } \int_{\overparen{AB}} P(x,y)\mathrm{d}x + Q(x,y)\mathrm{d}y. \qquad (8.2)$$

上述积分 (8.2) 也可写作

$$\int_L P(x,y)\mathrm{d}x + \int_L Q(x,y)\mathrm{d}y \text{ 或 } \int_{\overparen{AB}} P(x,y)\mathrm{d}x + \int_{\overparen{AB}} Q(x,y)\mathrm{d}y,$$

即

$$\int_L P(x,y)\mathrm{d}x + Q(x,y)\mathrm{d}y = \int_L P(x,y)\mathrm{d}x + \int_L Q(x,y)\mathrm{d}y$$

或

$$\int_{\overparen{AB}} P(x,y)\mathrm{d}x + Q(x,y)\mathrm{d}y = \int_{\overparen{AB}} P(x,y)\mathrm{d}x + \int_{\overparen{AB}} Q(x,y)\mathrm{d}y.$$

注 8.5   若记 $\boldsymbol{F}(x,y)=(P(x,y),Q(x,y))$, $\mathrm{d}\boldsymbol{s}=(\mathrm{d}x,\mathrm{d}y)$, 则第二型曲线积分 $\int_L P(x,y)\mathrm{d}x + Q(x,y)\mathrm{d}y$ 也可写成向量形式

$$\int_L \boldsymbol{F}\cdot\mathrm{d}\boldsymbol{s}.$$

注 8.6   由定义 8.2 不难看出, 本节开始提出的变力沿曲线所做的功为

$$W = \int_L P(x,y)\mathrm{d}x + Q(x,y)\mathrm{d}y \text{ 或 } W = \int_L \boldsymbol{F}\cdot\mathrm{d}\boldsymbol{s}.$$

注 8.7   当曲线 L 是垂直于 x 轴的直线段时, $\int_L P(x,y)\mathrm{d}x = 0$; 当曲线 L 是垂直于 y 轴的直线段时, $\int_L Q(x,y)\mathrm{d}y = 0$.

注 8.8   由定义 8.2 知道, 第二型曲线积分与所沿的曲线的方向有关, 当曲线改变方向时, 定义中的有向投影 Δx_i 与 Δy_i 也改变符号, 故

$$\int_L P(x,y)\mathrm{d}x + Q(x,y)\mathrm{d}y = -\int_{L^-} P(x,y)\mathrm{d}x + Q(x,y)\mathrm{d}y,$$

其中 L^- 表示 L 的反方向.

注 8.9   定义 8.2 中有向曲线 L 也称为积分路线, 当积分路线为封闭曲线时,

第二型曲线积分记为

$$\oint_L P(x,y)\mathrm{d}x + Q(x,y)\mathrm{d}y.$$

注 8.10 类似可定义函数 $P(x,y,z),Q(x,y,z),R(x,y,z)$ 沿空间有向曲线 L 的**第二型曲线积分**,并记为

$$\int_L P(x,y,z)\mathrm{d}x + Q(x,y,z)\mathrm{d}y + R(x,y,z)\mathrm{d}z.$$

第二型曲线积分有类似于第一型曲线积分的线性性和对积分路线的可加性.

8.2.2 第二型曲线积分的计算方法

与第一型曲线积分一样,第二型曲线积分也可化为定积分进行计算.

定理 8.2 设函数 $P(x,y),Q(x,y)$ 在平面有向光滑曲线 L 上连续,曲线 L 的参数方程为

$$x = \varphi(t), \quad y = \psi(t), \quad a \leqslant t \leqslant b,$$

其中 $t=a$ 时对应曲线的起点 A,$t=b$ 时对应曲线的终点 B,则

$$\int_L P(x,y)\mathrm{d}x + Q(x,y)\mathrm{d}y$$

$$= \int_a^b [P(\varphi(t),\psi(t)) \cdot \varphi'(t) + Q(\varphi(t),\psi(t)) \cdot \psi'(t)]\mathrm{d}t. \qquad (8.3)$$

证明 要证式(8.3)成立,只需证明

$$\int_L P(x,y)\mathrm{d}x = \int_a^b P(\varphi(t),\psi(t))\varphi'(t)\mathrm{d}t$$

与

$$\int_L Q(x,y)\mathrm{d}y = \int_a^b Q(\varphi(t),\psi(t)) \cdot \psi'(t)\mathrm{d}t.$$

这里只证前者,后者的证明类似.

对区间 $[a,b]$ 任意分割 $T:a=t_0<t_1<\cdots<t_{n-1}<t_n=b$,$\overset{\frown}{M_{i-1}M_i}$ 是对应于区间 $[t_{i-1},t_i]$ 的有向弧段. 记 $\overset{\frown}{M_{i-1}M_i}$ 在 x 轴上的有向投影为 $\Delta x_i = x_i - x_{i-1}$,则

$$\int_L P(x,y)\mathrm{d}x = \lim_{\|T\|\to 0} \sum_{i=1}^n P(\xi_i,\eta_i)\Delta x_i,$$

其中 $(\xi_i,\eta_i) = (\varphi(\tau_i),\psi(\tau_i))$,$\tau_i \in [t_{i-1},t_i]$.

由于

$$\Delta x_i = x_i - x_{i-1} = \varphi(t_i) - \varphi(t_{i-1}) = \varphi'(\tau_i^*)\Delta t_i$$

$$= \varphi'(\tau_i)\Delta t_i + [\varphi'(\tau_i^*) - \varphi'(\tau_i)]\Delta t_i,$$

其中 $\tau_i^* \in (t_{i-1},t_i)$. 所以

$$\int_L P(x,y)\mathrm{d}x = \lim_{\|T\|\to 0} \sum_{i=1}^n P(\xi_i,\eta_i)\varphi'(\tau_i)\Delta t_i$$

$$+ \lim_{\|T\| \to 0} \sum_{i=1}^{n} P(\xi_i, \eta_i) [\varphi'(\tau_i^*) - \varphi'(\tau_i)] \Delta t_i$$

$$= I_1 + I_2.$$

显然由定积分的定义,有

$$I_1 = \int_a^b P(\varphi(t), \psi(t)) \varphi'(t) dt.$$

由 $P(\varphi(t), \psi(t))$ 的连续性知,存在 $M > 0$,使得

$$|P(\varphi(t), \psi(t))| \leqslant M.$$

再由 $\varphi'(t)$ 连续性,$\varphi'(t)$ 在 $[a, b]$ 上一致连续,即 $\forall \varepsilon > 0, \exists \delta > 0$,当 $\|T\| < \delta$ 时,有

$$|\varphi'(\tau_i^*) - \varphi'(\tau_i)| < \frac{\varepsilon}{M(b-a)}.$$

于是

$$\left| \sum_{i=1}^{n} P(\xi_i, \eta_i) [\varphi'(\tau_i^*) - \varphi'(\tau_i)] \Delta t_i \right| \leqslant \sum_{i=1}^{n} M |\varphi'(\tau_i^*) - \varphi'(\tau_i)| \Delta t_i$$

$$< M \cdot \frac{\varepsilon}{M(b-a)} \sum_{i=1}^{n} \Delta t_i$$

$$= M \cdot \frac{\varepsilon}{M(b-a)} (b-a) = \varepsilon.$$

所以

$$I_2 = 0.$$

因此

$$\int_L P(x, y) dx = \int_a^b P(\varphi(t), \psi(t)) \varphi'(t) dt.$$

注 8. 11　在式(8.3)中,曲线 L 的起点对应的参数是右端定积分下限 a,而终点对应的参数是右端定积分上限 b. 因而**不一定有下限小于上限**.

注 8. 12　当 L 是空间光滑曲线时,其参数方程为:$x = \varphi(t), y = \psi(t), z = h(t)(a \leqslant t \leqslant b)$. L 的起点对应 $t = a$,终点对应 $t = b, P(x, y, z), Q(x, y, z), R(x, y, z)$ 均在 L 上连续,则

$$\int_L P dx + Q dy + R dz = \int_a^b [P(\varphi(t), \psi(t), h(t)) \cdot \varphi'(t)$$

$$+ Q(\varphi(t), \psi(t), h(t)) \cdot \psi'(t)$$

$$+ R(\varphi(t), \psi(t), h(t)) \cdot h'(t)] dt.$$

例 8. 4　计算 $\int_L 2xy dx + x^2 dy$,其中曲线 L 分别为

(1) 半圆弧 $\overparen{OAB}$:$x^2 + y^2 = 2x$;

（2）折线 OAB（图 8.4）.

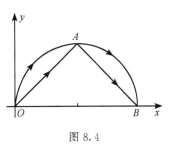

图 8.4

解　（1）半圆弧 $\overset{\frown}{OAB}$ 的参数方程为

$$x = 1 + \cos\theta, \quad y = \sin\theta, \quad 0 \leqslant \theta \leqslant \pi,$$

其中起点 O 对应 $\theta = \pi$，终点 B 对应 $\theta = 0$，则

$$\int_L 2xy\,\mathrm{d}x + x^2\,\mathrm{d}y = \int_\pi^0 [2(1+\cos\theta)\sin\theta(-\sin\theta)$$
$$+ (1+\cos\theta)^2 \cos\theta]\mathrm{d}\theta$$
$$= -2\int_0^\pi \cos2\theta\,\mathrm{d}\theta = 0.$$

（2）由于 $\overline{OA}: x = x, y = x(0 \leqslant x \leqslant 1); \overline{AB}: x = x, y = 2 - x(1 \leqslant x \leqslant 2)$，所以

$$\int_L 2xy\,\mathrm{d}x + x^2\,\mathrm{d}y = \int_{\overline{OA}} 2xy\,\mathrm{d}x + x^2\,\mathrm{d}y + \int_{\overline{AB}} 2xy\,\mathrm{d}x + x^2\,\mathrm{d}y$$
$$= \int_0^1 (2x \cdot x + x^2)\mathrm{d}x + \int_1^2 [2x(2-x) - x^2]\mathrm{d}x = 0.$$

例 8.5　计算 $\oint_L \dfrac{(y+x)\mathrm{d}x - (x-y)\mathrm{d}y}{x^2+y^2}$，其中 $L: x^2 + y^2 = R^2$，取逆时针方向.

解　L 的参数方程为 $x = R\cos\theta, y = R\sin\theta(0 \leqslant \theta \leqslant 2\pi)$，则

$$\oint_L \frac{(y+x)\mathrm{d}x - (x-y)\mathrm{d}y}{x^2+y^2}$$
$$= \int_0^{2\pi} \frac{R(\cos\theta + \sin\theta)(-R\sin\theta) - R(\cos\theta - \sin\theta) \cdot R\cos\theta}{R^2}\mathrm{d}\theta$$
$$= -\int_0^{2\pi} \mathrm{d}\theta = -2\pi.$$

例 8.6　计算曲线积分 $I = \oint_L (z-y)\mathrm{d}x + (x-z)\mathrm{d}y + (x-y)\mathrm{d}z$，其中 L 是

曲线 $\begin{cases} x^2 + y^2 = 1, \\ x - y + z = 2, \end{cases}$ 从 z 轴正向往 z 轴负向看去沿逆时针方向.

解　L 的参数方程为

$$x = \cos\theta, \quad y = \sin\theta, \quad z = 2 - \cos\theta + \sin\theta, \quad 0 \leqslant \theta \leqslant 2\pi.$$

所以

$$I = -\int_0^{2\pi} [2(\sin\theta + \cos\theta) - 2\cos2\theta - 1]\mathrm{d}\theta = 2\pi.$$

例 8.7　试证：对于曲线积分 $\int_L y\,\mathrm{d}x$，不存在点 $P_0(x_0, y_0) \in L$，使

$$\int_L y\,\mathrm{d}x = y_0\int_L \mathrm{d}x,$$

其中 $L: x^2 + y^2 = 2y$，取逆时针方向（即对于第二型曲线积分，中值定理不再成立）.

证明　L 的参数方程为：$x = \cos\theta, y = 1 + \sin\theta, (0 \leqslant \theta \leqslant 2\pi)$. 于是

$$\int_L y \, dx = \int_0^{2\pi} (1 + \sin\theta)(-\sin\theta) \, d\theta = -\pi.$$

而

$$\int_L dx = \int_0^{2\pi} (-\sin x) \, d\theta = 0.$$

所以对任何点 $P_0(x_0, y_0) \in L$, 恒有 $y_0 \displaystyle\int_L dx = 0 \neq -\pi$.

这说明积分中值定理已经不再成立.

8.2.3　两类曲线积分之间的关系

第一型曲线积分与第二型曲线积分的定义是不同的, 但是由于弧微分 ds 与它在坐标轴上的投影 dx, dy 有着密切关系, 因此两类曲线积分是可以相互转化的.

设有向光滑曲线弧 L 的起点为 A, 终点为 B. 曲线弧 L 的参数方程为

$$\begin{cases} x = \varphi(t), \\ y = \psi(t). \end{cases}$$

设起点 A 与终点 B 分别对应参数 $t = \alpha$ 与 $t = \beta$ (不妨设 $\alpha < \beta$), 又 $P(x, y)$ 与 $Q(x, y)$ 在 L 上连续. 于是由第二型曲线积分计算公式有

$$\int_L P(x, y) \, dx + Q(x, y) \, dy$$

$$= \int_\alpha^\beta [P(\varphi(t), \psi(t)) \cdot \varphi'(t) + Q(\varphi(t), \psi(t)) \cdot \psi'(t)] \, dt.$$

我们知道, 向量 $\boldsymbol{\tau} = (\varphi'(t), \psi'(t))$ 是曲线弧 L 在点 $M(\varphi(t), \psi(t))$ 处的切向量, 它的指向与参数 t 增大时动点 M 移动的走向一致, 当 $\alpha < \beta$ 时, 这个走向就是有向曲线弧 L 的走向. 以后我们总是把这种指向与有向曲线弧的走向一致的切向量称为**有向曲线的切向量**. 这样, 有向曲线弧 L 的切向量为 $\boldsymbol{\tau} = (\varphi'(t), \psi'(t))$, 它的方向余弦为

$$\cos\alpha = \frac{\varphi'(t)}{\sqrt{\varphi'^2(t) + \psi'^2(t)}}, \quad \cos\beta = \frac{\psi'(t)}{\sqrt{\varphi'^2(t) + \psi'^2(t)}}.$$

再由第一型曲线积分计算公式, 得

$$\int_L [P(x, y) \cos\alpha + Q(x, y) \cos\beta] \, ds$$

$$= \int_\alpha^\beta [P(\varphi(t), \psi(t)) \cdot \varphi'(t) + Q(\varphi(t), \psi(t)) \cdot \psi'(t)] \, dt.$$

所以平面曲线 L 上的两类曲线积分之间的关系为

$$\int_L P \, dx + Q \, dy = \int_L (P \cos\alpha + Q \cos\beta) \, ds,$$

其中 $\cos\alpha,\cos\beta$ 为有向曲线弧 L 在点 (x,y) 处的切向量的方向余弦.

类似可得,空间曲线 Γ 上的两类曲线积分之间的关系为

$$\int_\Gamma P\mathrm{d}x + Q\mathrm{d}y + R\mathrm{d}z = \int_\Gamma (P\cos\alpha + \cos\beta + R\cos\gamma)\mathrm{d}s,$$

其中 $\cos\alpha,\cos\beta,\cos\gamma$ 为有向曲线弧 Γ 在点 (x,y,z) 处的切向量的方向余弦.

习 题 8.2

1. 计算下列第二型曲线积分:

(1) $\displaystyle\int_{\overset{\frown}{OA}} 3x^2 y\mathrm{d}x + (x^3+1)\mathrm{d}y$,其中 $\overset{\frown}{OA}$ 为

(i) 由点 $O(0,0)$ 到点 $A(1,1)$ 的直线段;

(ii) 由点 $O(0,0)$ 到点 $A(1,1)$ 的抛物线 $y=x^2$ 的一段.

(2) $\displaystyle\int_L x^3\mathrm{d}x + 3zy^2\mathrm{d}y - x^2 y\mathrm{d}z$,其中 L 是由 A 到 B 的直线段,$A(3,2,1),B(0,0,0)$.

2. 计算第二型曲线积分 $\displaystyle\int_L (y-z)\mathrm{d}x + (z-x)\mathrm{d}y + (x-y)\mathrm{d}z$,其中 L 为椭圆 $\begin{cases} x^2+y^2=1, \\ x+z=1, \end{cases}$ 从 z 轴正向看去,L 的方向是顺时针.

3. 计算 $\displaystyle\oint_L x^2\mathrm{d}x + xy\mathrm{d}y$,其中 L 是从点 $A(1,0)$ 沿圆周 $x=\cos t,y=\sin t\left(0\leqslant t\leqslant\dfrac{\pi}{2}\right)$ 到点 $B(0,1)$,再从 $B(0,1)$ 沿直线到点 $A(1,0)$ 的封闭曲线.

4. 证明:若函数 $P(x,y),Q(x,y)$ 在光滑曲线 C 上连续,则

$$\left|\int_C P\mathrm{d}x + Q\mathrm{d}y\right| \leqslant M\cdot l,$$

其中 l 是曲线 C 的长度,$M=\max\limits_{(x,y)\in C}\sqrt{P^2+Q^2}$.

8.3 格林公式及其应用

现在先介绍连通区域的概念. 设 E 是平面区域,若 E 内任一条简单封闭曲线所围的部分都属于区域 E,则称 E 为**单连通区域**. 否则,称为**多连通区域**. 例如,圆域 $\{(x,y)\mid x^2+y^2<4\}$ 与半平面 $\{(x,y)\mid x>0\}$ 都是单连通区域,而圆环域 $\{(x,y)\mid 1\leqslant x^2+y^2<4\}$ 是多连通区域. 粗略地讲,单连通区域是没有"洞"的区域.

设有界区域 E 的边界 Γ 是由一条或几条简单封闭曲线所组成,则边界曲线 Γ 的正方向规定为:当一个人沿边界 Γ 的这个方向行走时,区域 E 总在他的左边(图 8.5).

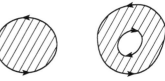

图 8.5

注 8.13 注意当区域 E 为有界多连通区域时,E 的外边界的正向是逆时针方

向,而内边界的正向是顺时针方向.

8.3.1　格林公式

定理 8.3　设有界闭区域 E 的边界为分段光滑的曲线 L,函数 $P(x,y)$,$Q(x,y)$ 均在闭区域 E 上具有一阶连续的偏导数,则

$$\oint_L P\mathrm{d}x + Q\mathrm{d}y = \iint_E \left(\frac{\partial Q}{\partial x} - \frac{\partial P}{\partial y}\right)\mathrm{d}x\mathrm{d}y, \tag{8.4}$$

其中 L **取正方向**. 式(8.4)称为**格林(Green)公式**.

证明　由于区域形状的不同,分三种情形:

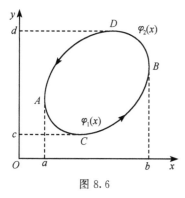

图 8.6

（1）若 E 既是 x 型区域又是 y 型区域(图 8.6)时,这时 E 可表示为

$$\varphi_1(x) \leqslant y \leqslant \varphi_2(x), \quad a \leqslant x \leqslant b$$

或

$$\psi_1(y) \leqslant x \leqslant \psi_2(y), \quad c \leqslant y \leqslant d.$$

其中 $y = \varphi_1(x)$ 和 $y = \varphi_2(x)$ 分别为曲线 $\overset{\frown}{ACB}$ 和 $\overset{\frown}{BDA}$ 的方程,而 $x = \psi_1(y)$ 和 $x = \psi_2(y)$ 分别为曲线 $\overset{\frown}{DAC}$ 和 $\overset{\frown}{CBD}$ 的方程,则有

$$-\iint_E \frac{\partial P}{\partial y}\mathrm{d}x\mathrm{d}y = -\int_a^b \mathrm{d}x \int_{\varphi_1(x)}^{\varphi_2(x)} \frac{\partial P}{\partial y}\mathrm{d}y$$

$$= \int_a^b [P(x,\varphi_1(x)) - P(x,\varphi_2(x))]\mathrm{d}x$$

$$= \int_a^b P(x,\varphi_1(x))\mathrm{d}x - \int_a^b P(x,\varphi_2(x))\mathrm{d}x$$

$$= \int_{\overset{\frown}{ACB}} P(x,y)\mathrm{d}x + \int_{\overset{\frown}{BDA}} P(x,y)\mathrm{d}x$$

$$= \oint_L P(x,y)\mathrm{d}x.$$

同理可证

$$\oint_L Q\mathrm{d}y = \iint_E \frac{\partial Q}{\partial y}\mathrm{d}x\mathrm{d}y.$$

将上述两个结果相加即得

$$\oint_L P\mathrm{d}x + Q\mathrm{d}y = \iint_E \left(\frac{\partial Q}{\partial x} - \frac{\partial P}{\partial y}\right)\mathrm{d}x\mathrm{d}y.$$

（2）当 E 是由一条逐段光滑的闭曲线围成的单连通区域时,则可以用几段光

滑曲线将 E 分成有限个既是 x 型区域又是 y 型区域的子区域. 如图 8.7 所示,区域 E 分成了 5 个区域,在每个区域上都有各自的格林公式,而在公共边界上的曲线积分都抵消,故在整个区域 E 上格林公式仍成立.

(3) 当区域 E 为有界多连通区域(图 8.8)时,可添加曲线 l,将区域 E 的内外边界连接,E 的边界为 L_1,L_2 和 l.因此

$$\iint_E \left(\frac{\partial Q}{\partial x} - \frac{\partial P}{\partial y}\right) \mathrm{d}x\mathrm{d}y = \oint_{L_1+AB+L_2+BA} P\mathrm{d}x + Q\mathrm{d}y$$

$$= \oint_{L_1+L_2} P\mathrm{d}x + Q\mathrm{d}y = \oint_L P\mathrm{d}x + Q\mathrm{d}y.$$

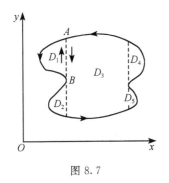

图 8.7   图 8.8

注 8.14 格林公式反映了封闭曲线 L 上的第二型曲线积分与 L 所围成的闭区域 E 上的二重积分之间的关系. 为便于记忆,格林公式也可写成下述形式:

$$\oint_L P\mathrm{d}x + Q\mathrm{d}y = \iint_E \begin{vmatrix} \dfrac{\partial}{\partial x} & \dfrac{\partial}{\partial y} \\ P & Q \end{vmatrix} \mathrm{d}x\mathrm{d}y.$$

注 8.15 在格林公式中,区域 E 的边界 L 是取正向. 如果 L 取负向,结果就会相差一个负号.

注 8.16 格林公式的一个简单应用:当 $Q(x,y)=x$,$P(x,y)=-y$ 时,则区域 E 的面积 A 为

$$A = \frac{1}{2}\oint_L x\mathrm{d}y - y\mathrm{d}x.$$

例 8.8 计算 $\oint_L xy^2\mathrm{d}y - x^2y\mathrm{d}x$,其中 L 为圆周 $x^2+y^2=a^2$,逆时针方向.

解 在这里,$P(x,y)=-x^2y$,$Q(x,y)=xy^2$,则

$$\frac{\partial P}{\partial y} = -x^2, \qquad \frac{\partial Q}{\partial x} = y^2.$$

由格林公式,得

$$\oint_L xy^2\,\mathrm{d}y - x^2 y\,\mathrm{d}x = \iint\limits_{x^2+y^2\leqslant a^2}(x^2+y^2)\,\mathrm{d}x\mathrm{d}y = \int_0^{2\pi}\mathrm{d}\theta\int_0^a r^3\,\mathrm{d}r = \frac{\pi a^4}{2}.$$

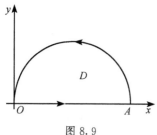

图 8.9

例 8.9　计算 $I=\displaystyle\int_{\widehat{AO}}(\mathrm{e}^x\sin y - y^2)\mathrm{d}x + \mathrm{e}^x\cos y\mathrm{d}y$，

其中 $\widehat{AO}$ 为由点 $A(a,0)$ 到 $O(0,0)$ 的上半圆周：$x^2+y^2=ax$(图 8.9)。

解　补充有向直线段 $\overline{OA}$，使 $\overline{OA}+\widehat{AO}$ 构成封闭曲线 L，并记 L 所围成的区域为 D。在这里

$$P(x,y)=\mathrm{e}^x\sin y - y^2,\quad Q(x,y)=\mathrm{e}^x\cos y.$$

又

$$\frac{\partial P}{\partial y}=\mathrm{e}^x\cos y - 2y,\quad \frac{\partial Q}{\partial x}=\mathrm{e}^x\cos y.$$

由格林公式，得

$$\oint_L P\,\mathrm{d}x + Q\,\mathrm{d}y = 2\iint\limits_D y\,\mathrm{d}x\mathrm{d}y = 2\int_0^a \mathrm{d}x\int_0^{\sqrt{ax-x^2}} y\,\mathrm{d}y = \frac{a^3}{6}.$$

而 $\overline{OA}:\begin{cases}x=x,\\ y=0,\end{cases}0\leqslant x\leqslant a$，从而

$$\int_{\overline{OA}} P\,\mathrm{d}x + Q\,\mathrm{d}y = \int_0^a(\mathrm{e}^x\sin 0 - 0^2)\cdot 1\cdot\mathrm{d}x = \int_0^a 0\,\mathrm{d}x = 0.$$

所以

$$I=\oint_L P\,\mathrm{d}x + Q\,\mathrm{d}y - \int_{\overline{OA}} P\,\mathrm{d}x + Q\,\mathrm{d}y = \frac{a^3}{6}.$$

例 8.10　计算 $\displaystyle\oint_L \frac{x\,\mathrm{d}y - y\,\mathrm{d}x}{x^2+y^2}$，其中

(1) $L:x^2+y^2=R^2$，逆时针方向；

(2) L 为任一不通过原点的闭曲线，逆时针方向。

解　(1) L 的参数方程为

$$x=R\cos\theta,\quad y=R\sin\theta,\quad 0\leqslant\theta\leqslant 2\pi.$$

所以

$$\oint_L \frac{x\,\mathrm{d}y - y\,\mathrm{d}x}{x^2+y^2} = \int_0^{2\pi}\mathrm{d}\theta = 2\pi.$$

(2) 设 L 所包围的区域为 D，此时分两种情形：若闭曲线 L 的内部包含原点，

由于 $P=-\dfrac{y}{x^2+y^2},Q=\dfrac{x}{x^2+y^2}$，显然 P,Q 及其一阶偏导数在原点$(0,0)$不连续，

而$(0,0)\in D$,故不能直接应用格林公式. 以原点为心,以充分小的 $r>0$ 为半径作小圆域 C,其圆周记为 Γ,使得 $C\subset D$(图 8.10). 由于

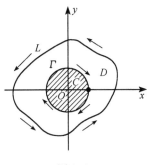

$$\frac{\partial P}{\partial y}=\frac{\partial Q}{\partial x}=\frac{y^2-x^2}{(x^2+y^2)^2}.$$

故由格林公式

$$\int_{L+\Gamma}\frac{x\,\mathrm{d}y-y\,\mathrm{d}x}{x^2+y^2}=\iint_{D-C}\left(\frac{\partial Q}{\partial x}-\frac{\partial P}{\partial y}\right)\mathrm{d}x\mathrm{d}y=0.$$

图 8.10

所以

$$\oint_L\frac{x\,\mathrm{d}y-y\,\mathrm{d}x}{x^2+y^2}=-\oint_\Gamma\frac{x\,\mathrm{d}y-y\,\mathrm{d}x}{x^2+y^2}=\oint_{\Gamma^-}\frac{x\,\mathrm{d}y-y\,\mathrm{d}x}{x^2+y^2}=2\pi.$$

若闭曲线 L 的内部不包含原点,则可直接利用格林公式,有

$$\oint_L\frac{x\,\mathrm{d}y-y\,\mathrm{d}x}{x^2+y^2}=\iint_D\left(\frac{\partial Q}{\partial x}-\frac{\partial P}{\partial y}\right)\mathrm{d}x\mathrm{d}y=\iint_D0\mathrm{d}x\mathrm{d}y=0.$$

例 8.11 已知平面区域 $D=\{(x,y)\,|\,0\leqslant x\leqslant\pi,0\leqslant y\leqslant\pi\}$,$L$ 为 D 的正向边界,证明:

(1) $\oint_L x\mathrm{e}^{\sin y}\mathrm{d}y-y\mathrm{e}^{-\sin x}\mathrm{d}x=\oint_L x\mathrm{e}^{-\sin y}\mathrm{d}y-y\mathrm{e}^{\sin x}\mathrm{d}x$;

(2) $\oint_L x\mathrm{e}^{\sin y}\mathrm{d}y-y\mathrm{e}^{-\sin x}\mathrm{d}x\geqslant 2\pi^2$.

证明

(1) 证法一

$$\oint_L x\mathrm{e}^{\sin y}\mathrm{d}y-y\mathrm{e}^{-\sin x}\mathrm{d}x=\int_0^\pi\pi\mathrm{e}^{\sin y}\mathrm{d}y-\int_\pi^0\pi\mathrm{e}^{-\sin x}\mathrm{d}x$$
$$=\pi\int_0^\pi(\mathrm{e}^{\sin x}+\mathrm{e}^{-\sin x})\mathrm{d}x;$$

$$\oint_L x\mathrm{e}^{-\sin y}\mathrm{d}y-y\mathrm{e}^{\sin x}\mathrm{d}x=\int_0^\pi\pi\mathrm{e}^{-\sin y}\mathrm{d}y-\int_\pi^0\pi\mathrm{e}^{\sin x}\mathrm{d}x$$
$$=\pi\int_0^\pi(\mathrm{e}^{\sin x}+\mathrm{e}^{-\sin x})\mathrm{d}x.$$

所以

$$\oint_L x\mathrm{e}^{\sin y}\mathrm{d}y-y\mathrm{e}^{-\sin x}\mathrm{d}x=\oint_L x\mathrm{e}^{-\sin y}\mathrm{d}y-y\mathrm{e}^{\sin x}\mathrm{d}x.$$

证法二 由格林公式,得

$$\oint_L x\mathrm{e}^{\sin y}\mathrm{d}y-y\mathrm{e}^{-\sin x}\mathrm{d}x=\iint_D(\mathrm{e}^{\sin y}+\mathrm{e}^{-\sin x})\mathrm{d}x\mathrm{d}y;$$

$$\oint_L x\mathrm{e}^{-\sin y}\mathrm{d}y-y\mathrm{e}^{\sin x}\mathrm{d}x=\iint_D(\mathrm{e}^{-\sin y}+\mathrm{e}^{\sin x})\mathrm{d}x\mathrm{d}y.$$

因为 D 关于直线 $y=x$ 对称,故

$$\iint\limits_{D}(e^{\sin y}+e^{-\sin x})\,dx\,dy=\iint\limits_{D}(e^{-\sin y}+e^{\sin x})\,dx\,dy.$$

所以

$$\oint_{L}x\,e^{\sin y}\,dy-y\,e^{-\sin x}\,dx=\oint_{L}x\,e^{-\sin y}\,dy-y\,e^{\sin x}\,dx.$$

(2) 由(1)得

$$\oint_{L}x\,e^{\sin y}\,dy-y\,e^{-\sin x}\,dx=\frac{1}{2}\iint\limits_{D}[(e^{\sin y}+e^{-\sin x})+(e^{-\sin y}+e^{\sin x})]\,dx\,dy$$

$$\geqslant 2\iint\limits_{D}dx\,dy=2\pi^{2}.$$

8.3.2   第二型曲线积分与积分路线的无关性

下面讨论第二型曲线积分 $\displaystyle\int_{L}P\,dx+Q\,dy$ 与积分路线无关的条件.

定理8.4   设 D 是平面上的单连通区域,若 P,Q 在 D 内具有一阶连续的偏导数,则以下 4 个论断等价:

(1) 对 D 内任一逐段光滑封闭曲线 L,有

$$\oint_{L}P\,dx+Q\,dy=0.$$

(2) 对 D 内任一非封闭逐段光滑曲线 $\widehat{AB}$,曲线积分

$$\int_{\widehat{AB}}P\,dx+Q\,dy$$

与积分路线 $\widehat{AB}$ 无关,仅与起点 A 和终点 B 有关.

(3) $P\,dx+Q\,dy$ 是区域 D 内某个可微函数 $u(x,y)$ 的全微分,即

$$du=P\,dx+Q\,dy.$$

(4) 在 D 内处处成立

$$\frac{\partial Q}{\partial x}=\frac{\partial P}{\partial y}.$$

证明   (1)⇒(2). 设 $\widehat{AmB},\widehat{AnB}$ 是 D 内连接点 A,B 的任意两条无重点的逐段光滑曲线(图 8.11),则由(1),得

$$\oint_{\widehat{AmBnA}}P\,dx+Q\,dy=0,$$

而

$$\oint_{\widehat{AmBnA}}P\,dx+Q\,dy=\int_{\widehat{AmB}}P\,dx+Q\,dy+\int_{\widehat{BnA}}P\,dx+Q\,dy$$

$$=\int_{\widehat{AmB}}P\,dx+Q\,dy-\int_{\widehat{AnB}}P\,dx+Q\,dy=0.$$

所以

$$\int_{\overset{\frown}{AmB}} P \, dx + Q \, dy = \int_{\overset{\frown}{AnB}} P \, dx + Q \, dy.$$

(2)⇒(3). 设 $A(x_0, y_0)$ 是 D 内一个定点,$B(x, y)$ 为 D 内动点,由(2)知 $\int_{\overset{\frown}{AB}} P \, dx + Q \, dy$ 与积分路线无关,故当 $B(x, y)$ 在 D 内变动时,曲线积分是 (x, y) 的二元函数,记为(图 8.12)

$$u(x, y) = \int_{\overset{\frown}{AB}} P \, dx + Q \, dy, \quad (x, y) \in D.$$

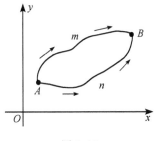

图 8.11

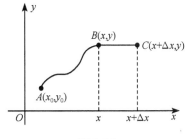

图 8.12

下证 $u(x, y)$ 就满足(3)的要求.

事实上,取 $C(x + \Delta x, y) \in D$,则

$$u(x + \Delta x, y) - u(x, y) = \int_{\overset{\frown}{AC}} P \, dx + Q \, dy - \int_{\overset{\frown}{AB}} P \, dx + Q \, dy$$

$$= \int_{\overline{BC}} P \, dx + Q \, dy = \int_{x}^{x+\Delta x} P(x, y) \, dx$$

$$= P(x + \theta \cdot \Delta x, y) \cdot \Delta x,$$

其中 $0 < \theta < 1$. 所以

$$\frac{\partial u}{\partial x} = \lim_{\Delta x \to 0} \frac{u(x + \Delta x, y) - u(x, y)}{\Delta x} = \lim_{\Delta x \to 0} P(x + \theta \cdot \Delta x, y) = P(x, y).$$

同理可证 $\frac{\partial u}{\partial y} = Q(x, y)$.

又由 P, Q 的连续性知 $\frac{\partial u}{\partial x}, \frac{\partial u}{\partial y}$ 连续,从而 $u(x, y)$ 可微,且

$$du = \frac{\partial u}{\partial x} dx + \frac{\partial u}{\partial y} dy = P \, dx + Q \, dy.$$

(3)⇒(4). 由(3)知

$$\frac{\partial u}{\partial x} = P(x, y), \quad \frac{\partial u}{\partial y} = Q(x, y).$$

所以

$$\frac{\partial^2 u}{\partial x \partial y} = \frac{\partial P}{\partial y}, \quad \frac{\partial^2 u}{\partial y \partial x} = \frac{\partial Q}{\partial x}.$$

由于 P, Q 在 D 内具有一阶连续的偏导数,故有

$$\frac{\partial P}{\partial y} = \frac{\partial^2 u}{\partial x \partial y} = \frac{\partial^2 u}{\partial y \partial x} = \frac{\partial Q}{\partial x}.$$

(4)⇒(1). 由格林公式容易得到.

注 8.17   由定理 8.4 的证明过程可知

$$u(x, y) = \int_{\overset{\frown}{AB}} P \mathrm{d}x + Q \mathrm{d}y \triangleq \int_{(x_0, y_0)}^{(x, y)} P \mathrm{d}x + Q \mathrm{d}y,$$

其中 $A(x_0, y_0)$ 为定点,$B(x, y)$ 为动点($A, B \in D$). 这里 $u(x, y)$ 也称为 $P \mathrm{d}x + Q \mathrm{d}y$ 的一个**原函数**. 显然,若 $u(x, y)$ 为 $P \mathrm{d}x + Q \mathrm{d}y$ 的一个原函数,则 $u(x, y) + C$(C 为任意常数)也是 $P \mathrm{d}x + Q \mathrm{d}y$ 的原函数.

例 8.12   计算 $I = \int_L (x^4 + 4xy^3) \mathrm{d}x + (6x^2 y^2 - 5y^4) \mathrm{d}y$,其中 L 是从点 $A(2, 0)$ 到点 $O(0, 0)$ 的上半圆周 $x^2 + y^2 = 2x$.

解   在这里 $P = x^4 + 4xy^3$,$Q = 6x^2 y^2 - 5y^4$,且

$$\frac{\partial P}{\partial y} = 12xy^2 = \frac{\partial Q}{\partial x}.$$

所以该积分与路线无关. 为此可沿直线段 $\overline{AO}$ 积分,即 $y = 0, 0 \leqslant x \leqslant 2$,有

$$I = \int_{\overline{AO}} (x^4 + 4xy^3) \mathrm{d}x + (6x^2 y^2 - 5y^4) \mathrm{d}y = \int_2^0 x^4 \mathrm{d}x = -\frac{32}{5}.$$

例 8.13   设函数 $f(x)$ 在 $(-\infty, +\infty)$ 内具有连续的导数,L 是上半平面内有向分段光滑曲线,其起点为 (a, b),终点为 (c, d). 记

$$I = \int_L \frac{1}{y} [1 + y^2 f(xy)] \mathrm{d}x + \frac{x}{y^2} [y^2 f(xy) - 1] \mathrm{d}y.$$

(1) 证明曲线积分 I 与路线 L 无关;

(2) 当 $ab = cd$ 时,求 I 的值.

解   (1) 因为

$$\frac{\partial}{\partial y} \left\{ \frac{1}{y} [1 + y^2 f(xy)] \right\} = f(xy) - \frac{1}{y^2} + xyf'(xy)$$

$$= \frac{\partial}{\partial x} \left\{ \frac{x}{y^2} [y^2 f(xy) - 1] \right\}$$

在上半平面处处成立,所以在上半平面内曲线积分 I 与路线无关.

(2) 由于曲线积分 I 与路线无关,故可选取积分路线为由点 (a, b) 到点 (c, b),再到 (c, d) 的折线段,则有

$$I = \int_a^c \frac{1}{b} [1 + b^2 f(bx)] \mathrm{d}x + \int_b^d \frac{c}{y^2} [y^2 f(cy) - 1] \mathrm{d}y$$

$$= \frac{c-a}{b} + \int_a^c bf(bx)\,\mathrm{d}x + \int_b^d cf(cy)\,\mathrm{d}y + \frac{c}{d} - \frac{c}{b}$$

$$= \frac{c}{d} - \frac{a}{b} + \int_{ab}^{bc} f(t)\,\mathrm{d}t + \int_{bc}^{cd} f(t)\,\mathrm{d}t$$

$$= \frac{c}{d} - \frac{a}{b} + \int_{ab}^{cd} f(t)\,\mathrm{d}t.$$

当 $ab=cd$ 时,$\int_{ab}^{cd} f(t)\,\mathrm{d}t = 0$,由此得

$$I = \frac{c}{d} - \frac{a}{b}.$$

例8.14 设函数 $\varphi(y)$ 具有连续导数,在围绕原点的任意分段光滑简单闭曲线 L 上,曲线积分 $\oint_L \frac{\varphi(y)\mathrm{d}x + 2xy\,\mathrm{d}y}{2x^2 + y^4}$ 的值恒为同一常数.

(1) 证明:对右半平面 $x>0$ 内任意分段光滑简单闭曲线 C,有

$$\oint_C \frac{\varphi(y)\mathrm{d}x + 2xy\,\mathrm{d}y}{2x^2 + y^4} = 0.$$

(2) 求函数 $\varphi(y)$ 的表达式.

证明 (1) 设 C 是右半平面 $x>0$ 内任意分段光滑简单闭曲线,在 C 上任意取两定点 M, N,作围绕原点的闭曲线 $\overset{\frown}{MQNRM}$,同时得到另一围绕原点的闭曲线 $\overset{\frown}{MQNPM}$,根据条件可知

$$\oint_{\overset{\frown}{MQNRM}} \frac{\varphi(y)\mathrm{d}x + 2xy\,\mathrm{d}y}{2x^2 + y^4} = \oint_{\overset{\frown}{MQNPM}} \frac{\varphi(y)\mathrm{d}x + 2xy\,\mathrm{d}y}{2x^2 + y^4}.$$

所以

$$\oint_C \frac{\varphi(y)\mathrm{d}x + 2xy\,\mathrm{d}y}{2x^2 + y^4} = \int_{\overset{\frown}{NRM}} \frac{\varphi(y)\mathrm{d}x + 2xy\,\mathrm{d}y}{2x^2 + y^4} + \int_{\overset{\frown}{MPN}} \frac{\varphi(y)\mathrm{d}x + 2xy\,\mathrm{d}y}{2x^2 + y^4}$$

$$= \int_{\overset{\frown}{NRM}} \frac{\varphi(y)\mathrm{d}x + 2xy\,\mathrm{d}y}{2x^2 + y^4} - \int_{\overset{\frown}{NPM}} \frac{\varphi(y)\mathrm{d}x + 2xy\,\mathrm{d}y}{2x^2 + y^4}$$

$$= \oint_{\overset{\frown}{MQNRM}} \frac{\varphi(y)\mathrm{d}x + 2xy\,\mathrm{d}y}{2x^2 + y^4} - \oint_{\overset{\frown}{MQNPM}} \frac{\varphi(y)\mathrm{d}x + 2xy\,\mathrm{d}y}{2x^2 + y^4} = 0.$$

(2) 设 $P(x,y) = \frac{\varphi(y)}{2x^2 + y^4}$,$Q(x,y) = \frac{2xy}{2x^2 + y^4}$. 由上面知道,曲线积分 $\oint_L \frac{\varphi(y)\mathrm{d}x + 2xy\,\mathrm{d}y}{2x^2 + y^4}$ 在右半平面与积分路线无关,故有 $\frac{\partial P}{\partial y} \equiv \frac{\partial Q}{\partial x}$,又

$$\frac{\partial Q}{\partial x} = \frac{2y(2x^2 + y^4) - 4x \cdot 2xy}{(2x^2 + y^4)^2} = \frac{-4x^2 y + 2y^5}{(2x^2 + y^4)^2};$$

$$\frac{\partial P}{\partial y} = \frac{\varphi'(y)(2x^2 + y^4) - 4\varphi(y)y^3}{(2x^2 + y^4)^2} = \frac{2x^2\varphi'(y) + \varphi'(y)y^4 - 4\varphi(y)y^3}{(2x^2 + y^4)^2}.$$

所以

$$\begin{cases} \varphi'(y) = -2y, \\ \varphi'(y)y^4 - 4\varphi(y)y^3 = 2y^5. \end{cases}$$

故

$$\varphi(y) = -y^2.$$

例 8.15　设 $du(x,y) = (x^4 + 4xy^3)dx + (6x^2y^2 - 5y^4)dy$, 求 $u(x,y)$.

解　在这里 $P = x^4 + 4xy^3$, $Q = 6x^2y^2 - 5y^4$.

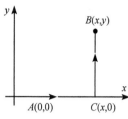

图 8.13

解法一　在全平面内恒有

$$\frac{\partial P}{\partial y} = 12xy^2 = \frac{\partial Q}{\partial x},$$

则曲线积分 $\displaystyle\int_{AB} (x^4 + 4xy^3)dx + (6x^2y^2 - 5y^4)dy$ 只与起点 A 和终点 B 有关, 而与积分路线无关. 为此可选取图 8.13 所示的折线段 ACB. 于是

$$u(x,y) = \int_{(0,0)}^{(x,y)} (x^4 + 4xy^3)dx + (6x^2y^2 - 5y^4)dy$$

$$= \int_0^x x^4 dx + \int_0^y (6x^2y^2 - 5y^4)dy = \frac{1}{5}x^5 + 2x^2y^3 - y^5.$$

显然 $u(x,y) = \dfrac{1}{5}x^5 + 2x^2y^3 - y^5 + C$ 也是满足要求的二元函数.

解法二　因为函数 $u(x,y)$ 满足

$$\frac{\partial u}{\partial x} = x^4 + 4xy^3, \quad \frac{\partial u}{\partial y} = 6x^2y^2 - 5y^4.$$

故由 $\dfrac{\partial u}{\partial x} = x^4 + 4xy^3$, 得

$$u(x,y) = \int (x^4 + 4xy^3)dx + \varphi(y) = \frac{x^5}{5} + 2x^2y^3 + \varphi(y),$$

则有

$$\frac{\partial u}{\partial y} = 6x^2y^2 + \varphi'(y).$$

再由 $\dfrac{\partial u}{\partial y} = 6x^2y^2 - 5y^4$, 得

$$6x^2y^2 - 5y^4 = 6x^2y^2 + \varphi'(y),$$

即

$$\varphi(y) = -y^5 + C.$$

所以

$$u(x,y) = \frac{1}{5}x^5 + 2x^2y^3 - y^5 + C, \quad C \text{ 为任意常数}.$$

习　题　8.3

1. 计算下列曲线积分:

(1) $\int_L (x^4 + 4xy^3)\mathrm{d}x + (6x^2 y^2 - 5y^4)\mathrm{d}y$, 其中 L 为由点 $(2,0)$ 到点 $(0,0)$ 的下半圆周 $x^2 + y^2 = 2x$;

(2) $\int_L x\mathrm{e}^{y^2}\mathrm{d}x + (x^2 y\mathrm{e}^{y^2} + 5x)\mathrm{d}y$, 其中 L 为由 $A(1,0)$ 到 $B(-1,0)$ 的上半圆周 $x^2 + y^2 = 1$;

(3) $\int_L (\mathrm{e}^x \sin y - my)\mathrm{d}x + (\mathrm{e}^x \cos y - m)\mathrm{d}y$, 其中 L 为由点 $A(a,0)$ 到 $O(0,0)$ 的上半圆周 $x^2 + y^2 = ax$, m 为常数, $a > 0$;

(4) $\int_{\overset{\frown}{AOB}} (12xy + \mathrm{e}^y)\mathrm{d}x - (\cos y - x\mathrm{e}^y)\mathrm{d}y$, 其中 $\overset{\frown}{AOB}$ 为由点 $A(-1,1)$ 沿曲线 $y = x^2$ 到 $O(0,0)$, 再沿直线 $y = 0$ 到点 $B(2,0)$ 的路线.

2. 设 $A(0,y_1)$, $B(0,y_2)$ 为平面内 y 轴上的两定点, $\overset{\frown}{AB}$ 为连接 A,B 的任意曲线, 此曲线与线段 $\overline{AB}$ 围成的区域为 D, 当 D 的面积为定值时, 求 $\int_{\overset{\frown}{AB}} [f(y)\mathrm{e}^x - my]\mathrm{d}x + [f'(y)\mathrm{e}^x - m]\mathrm{d}y$, 其中 f, f' 为连续函数, m 为常数.

3. 计算曲线积分 $\oint_L \dfrac{x\mathrm{d}y - y\mathrm{d}x}{4x^2 + y^2}$, 其中 L 是以点 $(1,0)$ 为中心, R 为半径的圆周 $(R > 1)$, 取逆时针方向.

4. 证明: $\oint_L (x\cos(\overset{\frown}{\boldsymbol{n},x}) + y\cos(\overset{\frown}{\boldsymbol{n},y}))\mathrm{d}s = 2A$, 其中 A 为封闭光滑曲线 L 所围区域的面积, $(\overset{\frown}{\boldsymbol{n},x})$, $(\overset{\frown}{\boldsymbol{n},y})$ 分别为曲线 L 的外法线 $\boldsymbol{n}$ 与 x 轴, y 轴正向的夹角.

5. 设 $u(x,y)$, $v(x,y)$ 具有二阶连续偏导数, $\dfrac{\partial}{\partial n}$ 表示函数沿光滑封闭曲线 L 的外法线方向 $\boldsymbol{n}$ 的方向导数, $\Delta u = \dfrac{\partial^2 u}{\partial x^2} + \dfrac{\partial^2 u}{\partial y^2}$, D 为 L 所围成的闭区域. 证明:

(1) $\iint\limits_D \left[\left(\dfrac{\partial u}{\partial x}\right)^2 + \left(\dfrac{\partial u}{\partial y}\right)^2 \right]\mathrm{d}x\mathrm{d}y = -\iint\limits_D u \cdot \Delta u \, \mathrm{d}x\mathrm{d}y + \oint_L u \cdot \dfrac{\partial u}{\partial n}\mathrm{d}s$;

(2) $\iint\limits_D u \dfrac{\partial v}{\partial y}\mathrm{d}x\mathrm{d}y = \oint_L uv\cos(\overset{\frown}{\boldsymbol{n},y})\mathrm{d}s - \iint\limits_D v \cdot \dfrac{\partial u}{\partial y}\mathrm{d}x\mathrm{d}y$.

6. 设有曲线积分 $\int_L (y^2 + y\mathrm{e}^x)\mathrm{d}x + (2xy + \mathrm{e}^x)\mathrm{d}y$, 求

(1) $(y^2 + y\mathrm{e}^x)\mathrm{d}x + (2xy + \mathrm{e}^x)\mathrm{d}y$ 的所有原函数;

(2) 计算 $\int_{(0,0)}^{(1,1)} (y^2 + y\mathrm{e}^x)\mathrm{d}x + (2xy + \mathrm{e}^x)\mathrm{d}y$.

7. 设在上半平面 $D = \{(x,y) | y > 0\}$ 内, 函数 $f(x,y)$ 具有连续偏导数, 且对任意的 $t > 0$, 都有 $f(tx, ty) = t^{-2} f(x,y)$. 证明: 对 D 内的任意分段光滑的有向简单闭曲线 L, 都有

$$\oint_L yf(x,y)\mathrm{d}x - xf(x,y)\mathrm{d}y = 0.$$

8.4　第一型曲面积分

8.4.1　第一型曲面积分的概念

第一型曲面积分也是从实际问题中抽象出来的. 设有一曲面 S,其密度函数 $f(x,y,z)$ 在 S 上连续时,仍采用"分割、近似求和、取极限"的步骤,可得曲面块 S 的质量 M 为

$$M = \lim_{\|T\| \to 0} \sum_{i=1}^{n} f(x_i, y_i, z_i) \Delta S_i,$$

其中 T 是对曲面 S 的分割,ΔS_i 是每个小曲面块(ΔS_i 也表示 ΔS_i 的面积),介点 (x_i, y_i, z_i) 是 ΔS_i 上的任一点,$\|T\|$ 表示所有 ΔS_i 的直径中的最大者.

为方便计,今后所提到的曲面如无特别说明,都是指光滑或逐片光滑的曲面. 所谓**光滑曲面**是指:若曲面 S 的方程可表示成 $z = f(x,y)$,则 f 具有一阶连续的偏导数. 由有限块光滑曲面所拼成的曲面,称为**逐片光滑曲面**.

定义 8.3　设 S 是光滑或逐片光滑的曲面,函数 $f(x,y,z)$ 定义在曲面 S 上. 任给曲面 S 的一个分割 T,将 S 分成 n 个小曲面 $\Delta S_i (i=1,2,\cdots,n)$,其面积仍记为 ΔS_i,在 ΔS_i 上任取一点 (x_i, y_i, z_i),作和式

$$\sum_{i=1}^{n} f(x_i, y_i, z_i) \Delta S_i.$$

如果当 $\|T\| \to 0$ 时,上述和式的极限存在,且极限值与 S 的分割 T 以及介点 (x_i, y_i, z_i) 的取法均无关,则称此极限值为 $f(x,y,z)$ 在曲面 S 上的第一型曲面积分,记作 $\iint\limits_{S} f(x,y,z) \mathrm{d}S$, 即

$$\iint\limits_{S} f(x,y,z) \mathrm{d}S = \lim_{\|T\| \to 0} \sum_{i=1}^{n} f(x_i, y_i, z_i) \Delta S_i.$$

注 8.18　由定义 8.3 知,当 $f(x,y,z) \geqslant 0$ 时,第一型曲面积分的物理意义是:密度函数为 $f(x,y,z)$ 的曲面 S 的质量. 特别地,当 $f(x,y,z) \equiv 1$ 时,曲面积分 $\iint\limits_{S} \mathrm{d}S$ 就是曲面 S 的面积.

第一型曲面积分有类似于第一型曲线积分的性质,不再列举.

8.4.2　第一型曲面积分的计算

第一型曲面积分可化为二重积分来计算.

定理 8.5　设函数 $f(x,y,z)$ 在曲面 S 上连续,曲面 S 的方程为 $z = z(x,y)$, 它在 xOy 平面上的投影区域为 D_{xy},且 $z(x,y)$ 在 D_{xy} 上具有一阶连续的偏导数,

则

$$\iint\limits_{S} f(x,y,z)\mathrm{d}S = \iint\limits_{D_{xy}} f(x,y,z(x,y)) \sqrt{1+(z_x')^2+(z_y')^2}\,\mathrm{d}x\mathrm{d}y.$$

（证明略.）

注 8.19　当 $f(x,y,z) \equiv 1$ 时,可得曲面 $S:z=z(x,y)$ 的面积公式为

$$S = \iint\limits_{D_{xy}} \sqrt{1+(z_x')^2+(z_y')^2}\,\mathrm{d}x\mathrm{d}y.$$

从而曲面 $z=z(x,y)$ 的面积微元可表示为

$$\mathrm{d}S = \sqrt{1+(z_x')^2+(z_y')^2}\,\mathrm{d}x\mathrm{d}y.$$

注 8.20　当光滑曲面 S 由参数方程表示,即

$$S: \begin{cases} x = x(u,v), \\ y = y(u,v), \quad (u,v) \in D, \\ z = z(u,v), \end{cases}$$

并且在

$$\frac{\partial(x,y)}{\partial(u,v)}, \quad \frac{\partial(y,z)}{\partial(u,v)}, \quad \frac{\partial(x,z)}{\partial(u,v)}$$

中至少有一个不为零时,第一型曲面积分有如下相应的计算公式:

$$\iint\limits_{S} f(x,y,z)\mathrm{d}S = \iint\limits_{D} f(x(u,v),y(u,v),z(u,v)) \sqrt{E \cdot G - F^2}\,\mathrm{d}u\mathrm{d}v,$$

其中

$$E = (x_u')^2 + (y_u')^2 + (z_u')^2, \quad F = x_u' \cdot x_v' + y_u' \cdot y_v' + z_u' \cdot z_v',$$

$$G = (x_v')^2 + (y_v')^2 + (z_v')^2.$$

例 8.16　计算 $\iint\limits_{S} (x^2+y^2)\mathrm{d}S$,其中 S 是锥面 $z=\sqrt{x^2+y^2}$ 与 $z=1$ 所围成的封闭曲面.

解　S 分为两部分,顶部为平面 $S_1:z=1$,下面为锥面部分 $S_2:z=\sqrt{x^2+y^2}$,且它们在 xOy 平面上的投影区域均为 $D_{xy}:x^2+y^2 \leqslant 1$. 故

$$\iint\limits_{S} (x^2+y^2)\mathrm{d}S = \iint\limits_{S_1} (x^2+y^2)\mathrm{d}S + \iint\limits_{S_2} (x^2+y^2)\mathrm{d}S$$

$$= \iint\limits_{D_{xy}} (x^2+y^2)\mathrm{d}x\mathrm{d}y + \iint\limits_{D_{xy}} (x^2+y^2) \sqrt{2}\mathrm{d}x\mathrm{d}y$$

$$= (1+\sqrt{2}) \iint\limits_{D_{xy}} (x^2+y^2)\mathrm{d}s = \frac{\pi}{2}(1+\sqrt{2}).$$

例 8.17　设 S 为椭球面 $\dfrac{x^2}{2}+\dfrac{y^2}{2}+z^2=1$ 的上半部分,点 $P(x,y,z)\in S$,π 为 S

在点 P 处的切平面,$\rho(x,y,z)$ 为点 $O(0,0,0)$ 到平面 π 的距离,求 $\displaystyle\iint_S \dfrac{z}{\rho(x,y,z)}\mathrm{d}S$.

解　设 (X,Y,Z) 为 π 上任意一点,则 π 的方程为:$\dfrac{xX}{2}+\dfrac{yY}{2}+zZ=1$. 从而

$$\rho(x,y,z) = \frac{1}{\sqrt{\dfrac{x^2}{4}+\dfrac{y^2}{4}+z^2}}.$$

再由椭球面 S 的方程 $z=\sqrt{1-\left(\dfrac{x^2}{2}+\dfrac{y^2}{2}\right)}$,得面积元素为

$$\mathrm{d}S = \sqrt{1+(z'_x)^2+(z'_y)^2}\,\mathrm{d}x\mathrm{d}y = \frac{\sqrt{4-x^2-y^2}}{2\sqrt{1-\left(\dfrac{x^2}{2}+\dfrac{y^2}{2}\right)}}\mathrm{d}x\mathrm{d}y.$$

所以

$$\iint_S \frac{z}{\rho(x,y,z)}\mathrm{d}S = \frac{1}{4}\iint_{D_{xy}}(4-x^2-y^2)\mathrm{d}x\mathrm{d}y$$

$$= \frac{1}{4}\int_0^{2\pi}\mathrm{d}\theta\int_0^{\sqrt{2}}(4-r^2)r\mathrm{d}r = \frac{3}{2}\pi.$$

习　题　8.4

1. 计算下列第一型曲面积分:

(1) $\displaystyle\iint_S (x^2+y^2+z^2)\mathrm{d}S$,其中 S 是平面 $z=0$ 与上半球面 $x^2+y^2+z^2=a^2$ 所围立体的表面;

(2) $\displaystyle\iint_S \dfrac{1}{z}\mathrm{d}S$,其中 S 是球面 $x^2+y^2+z^2=a^2$ 被平面 $z=h$ 所截的顶部$(0<h<a)$;

(3) $\displaystyle\iint_S z\mathrm{d}S$,其中 S 是锥面 $z=\sqrt{x^2+y^2}$ 在柱体 $x^2+y^2\leqslant 2x$ 内的部分.

2. 计算曲面积分 $F(t)=\displaystyle\iint_S f(x,y,z)\mathrm{d}S$,$(-\infty<t<+\infty)$,其中

$$S:x^2+y^2+z^2=t^2,\quad f(x,y,z)=\begin{cases} x^2+y^2, & z\geqslant\sqrt{x^2+y^2},\\ 0, & z<\sqrt{x^2+y^2}.\end{cases}$$

3. 具有质量的曲面 S 是半球面 $z=\sqrt{a^2-x^2-y^2}$ 在圆锥 $z=\sqrt{x^2+y^2}$ 内的部分,如果 S 上每点的密度等于该点到 xOy 平面的距离的倒数,试求曲面 S 的质量.

8.5　第二型曲面积分

第二型曲面积分的定义与计算方法与第二型曲线积分类似. 第二型曲线积分

与积分曲线的方向有关,同样,第二型曲面积分与曲面的方向或**曲面的侧**也有关,因此首先要对曲面的侧作一些说明.

8.5.1 曲面的侧

在连通的光滑曲面 S 上任取一点 P_0,过点 P_0 的法线有两个方向,选取一个方向为正方向(相应的另一个方向就为负向),当动点 P 从点 P_0 出发沿着 S 上任意一条封闭曲线移动,过点 P 的法线也在连续变动,当动点 P 又回到 P_0 时,如果法线的正方向与出发时的法线的正方向一致,则称曲面 S 是**双侧曲面**,否则称为**单侧曲面**.

通常遇到的多数曲面是双侧曲面,单侧曲面也是存在的,典型的例子就是:将长方形的纸带的一端扭转 $180°$,再与另一端黏合,这样的曲面就是单侧曲面(事实上,沿这个带子上任一处开始涂色,则可以不越过边界而将它全部涂遍,即把原纸带的两面都涂满同样的颜色,见图 8.14).以后如无特别说明,所考虑的曲面都是双侧曲面.

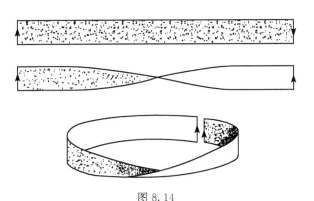

图 8.14

在讨论第二型曲面积分时,需要指定曲面的侧.可以通过曲面上法向量的指向来确定曲面的侧.例如,对于曲面 $z = f(x,y)$,如果取它的法向量 $\boldsymbol{n}$ 指向朝上,就认为取定曲面的上侧;再如,对于封闭曲面,如果取它的法向量 $\boldsymbol{n}$ 指向朝外,就认为取定曲面的外侧.

8.5.2 第二型曲面积分的概念

流体流经曲面一侧的流量

设某流体以一定的流速

$$\boldsymbol{v}(x,y,z) = (P(x,y,z),Q(x,y,z),R(x,y,z))$$

从给定的曲面 S 的一侧流向另一侧,其中 $P(x,y,z),Q(x,y,z),R(x,y,z)$ 为连续

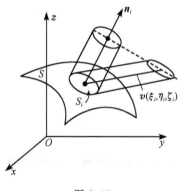

图 8.15

函数. 求单位时间内流体流经曲面 S 的一侧(这里不妨取上侧, 如图 8.15 所示)的总流量 E.

仍采取"分割、近似求和、取极限"的过程. 任给曲面 S 的一个分割 T, 将曲面 S 分成 n 个小曲面 $S_i (i = 1, 2, \cdots, n)$, 记 ΔS_i 为小曲面的面积. 在每个小曲面 S_i 任取一点 (x_i, y_i, z_i), 如果以 $\boldsymbol{v}(x_i, y_i, z_i)$ 近似代替 S_i 上每一点的流速, 则单位时间内流经小曲面 S_i 上侧的流量 E_i 近似等于以 S_i 为底、以向量 $\boldsymbol{v}(x_i, y_i, z_i)$ 为母线的斜柱体的体积 V_i, 而斜柱体的体积 V_i 等于同底等高的直柱体的体积. 于是

$$E_i \approx \boldsymbol{v}(x_i, y_i, z_i) \cdot \boldsymbol{n}_i \Delta S_i,$$

其中 $\boldsymbol{n}_i$ 表示曲面在点 (x_i, y_i, z_i) 处的指向朝上的单位法向量. 记 $\boldsymbol{n}_i$ 与坐标轴正向的夹角依次为 $\alpha_i, \beta_i, \gamma_i$, 则有

$$\boldsymbol{n}_i = (\cos\alpha_i, \cos\beta_i, \cos\gamma_i).$$

设小曲面 S_i 在 yOz 平面、zOx 平面、xOy 平面上的投影区域的面积分别为 $\Delta y_i \Delta z_i$、$\Delta z_i \Delta x_i$、$\Delta x_i \Delta y_i$, 不难得到(图 8.16 只给出 S_i 在 xOy 平面上的投影, 投影可正可负)

$$\begin{cases} \cos\alpha_i \Delta S_i = \Delta y_i \Delta z_i, \\ \cos\beta_i \Delta S_i = \Delta z_i \Delta x_i, \\ \cos\gamma_i \Delta S_i = \Delta x_i \Delta y_i. \end{cases}$$

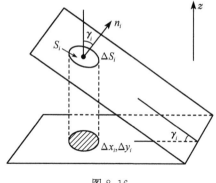

图 8.16

于是, 当 $\|T\| \to 0$ 时, 单位时间内流体流经曲面 S 一侧的总流量 E 等于

$$E = \lim_{\|T\| \to 0} \sum_{i=1}^{n} E_i = \lim_{\|T\| \to 0} \sum_{i=1}^{n} \boldsymbol{v}(x_i, y_i, z_i) \cdot \boldsymbol{n}_i \Delta S_i$$

$$= \lim_{\|T\| \to 0} \sum_{i=1}^{n} (P(x_i, y_i, z_i) \Delta y_i \Delta z_i + Q(x_i, y_i, z_i) \Delta z_i \Delta x_i$$

$$+ R(x_i, y_i, z_i) \Delta x_i \Delta y_i).$$

抽象出这种与曲面的侧有关的和式极限, 就得到第二型曲面积分.

定义 8.4 设函数 $R(x, y, z)$ 定义在双侧光滑曲面 S 上, 在指定的 S 的一侧作分割 T, 它把曲面 S 分成 n 个小曲面 $S_i (i = 1, 2, \cdots, n)$, 记 ΔS_i 为小曲面的面积, 在小曲面 S_i 任取介点 (x_i, y_i, z_i). 记小曲面 S_i 在 xOy 平面上的投影区域的面积为

$\Delta x_i \Delta y_i$,作和式

$$\sum_{i=1}^{n} R(x_i, y_i, z_i) \Delta x_i \Delta y_i.$$

当 $\|T\| \to 0$ 时,上述和式极限存在,且极限值与曲面 S 的分割 T、介点的取法均无关,则称此极限值为函数 $R(x,y,z)$ 关于 x、y 在曲面 S 所指定的一侧上的**第二型曲面积分**,记作

$$\iint\limits_{S} R(x,y,z)\mathrm{d}x\mathrm{d}y,$$

即

$$\iint\limits_{S} R(x,y,z)\mathrm{d}x\mathrm{d}y = \lim_{\|T\| \to 0} \sum_{i=1}^{n} R(x_i, y_i, z_i) \Delta x_i \Delta y_i.$$

类似地,可分别定义函数 $P(x,y,z)$ 关于 y,z 在曲面 S 所指定的一侧上的**第二型曲面积分**、函数 $Q(x,y,z)$ 关于 z,x 在曲面 S 所指定的一侧上的**第二型曲面积分**,分别记作

$$\iint\limits_{S} P(x,y,z)\mathrm{d}y\mathrm{d}z \ \text{与} \ \iint\limits_{S} Q(x,y,z)\mathrm{d}z\mathrm{d}x,$$

即

$$\iint\limits_{S} P(x,y,z)\mathrm{d}y\mathrm{d}z = \lim_{\|T\| \to 0} \sum_{i=1}^{n} P(x_i, y_i, z_i) \Delta y_i \Delta z_i,$$

$$\iint\limits_{S} Q(x,y,z)\mathrm{d}z\mathrm{d}x = \lim_{\|T\| \to 0} \sum_{i=1}^{n} Q(x_i, y_i, z_i) \Delta z_i \Delta x_i.$$

注 8.21 由定义 8.4 可知,单位时间内流体以流速 $\boldsymbol{v} = (P,Q,R)$ 流经曲面 S 一侧的总流量为

$$E = \iint\limits_{S} P(x,y,z)\mathrm{d}y\mathrm{d}z + \iint\limits_{S} Q(x,y,z)\mathrm{d}z\mathrm{d}x + \iint\limits_{S} R(x,y,z)\mathrm{d}x\mathrm{d}y,$$

或者简记为

$$E = \iint\limits_{S} P(x,y,z)\mathrm{d}y\mathrm{d}z + Q(x,y,z)\mathrm{d}z\mathrm{d}x + R(x,y,z)\mathrm{d}x\mathrm{d}y.$$

注 8.22 若以 S^{-1} 表示曲面 S 的另一侧,由定义易得

$$\iint\limits_{S^{-1}} P(x,y,z)\mathrm{d}y\mathrm{d}z = -\iint\limits_{S} P(x,y,z)\mathrm{d}y\mathrm{d}z;$$

$$\iint\limits_{S^{-1}} Q(x,y,z)\mathrm{d}z\mathrm{d}x = -\iint\limits_{S} Q(x,y,z)\mathrm{d}z\mathrm{d}x;$$

$$\iint_{S^{-1}} R(x,y,z)\mathrm{d}x\mathrm{d}y = -\iint_{S} R(x,y,z)\mathrm{d}x\mathrm{d}y;$$

$$\iint_{S^{-1}} P\mathrm{d}y\mathrm{d}z + Q\mathrm{d}z\mathrm{d}x + R\mathrm{d}x\mathrm{d}y = -\iint_{S} P\mathrm{d}y\mathrm{d}z + Q\mathrm{d}z\mathrm{d}x + R\mathrm{d}x\mathrm{d}y.$$

注 8.23　若曲面 S 垂直于 xOy 坐标平面,此时 $\cos\gamma_i \equiv 0$,故

$$\iint_{S} R(x,y,z)\mathrm{d}x\mathrm{d}y = 0.$$

同理,若曲面 S 垂直于 yOz 平面或 zOx 平面,则有

$$\iint_{S} P(x,y,z)\mathrm{d}y\mathrm{d}z = 0 \text{ 或 } \iint_{S} Q(x,y,z)\mathrm{d}z\mathrm{d}x = 0.$$

第二型曲面积分有类似于第一型曲面积分的性质,如线性与对积分区域的可加性等.

8.5.3　第二型曲面积分的计算方法

第二型曲面积分也是化为二重积分来计算.

定理 8.6　设 $R(x,y,z)$ 是定义在双侧光滑曲面

$$S: z = z(x,y), \quad (x,y) \in D_{xy}$$

上的连续函数,则有

$$\iint_{S} R(x,y,z)\mathrm{d}x\mathrm{d}y = \pm \iint_{D_{xy}} R(x,y,z(x,y))\mathrm{d}x\mathrm{d}y,$$

其中 D_{xy} 为曲面 S 在 xOy 平面上的投影区域. 当 S 取上侧(即 $\cos\gamma > 0$)时,取"$+$"号;当 S 取下侧(即 $\cos\gamma < 0$)时,取"$-$"号.

注 8.24　类似地,若 $P(x,y,z)$ 是定义在双侧光滑曲面

$$S: x = x(y,z), \quad (y,z) \in D_{yz}$$

上的连续函数,则有

$$\iint_{S} P(x,y,z)\mathrm{d}y\mathrm{d}z = \pm \iint_{D_{yz}} P(x(y,z),y,z)\mathrm{d}y\mathrm{d}z.$$

当 S 取前侧时,取"$+$"号;当 S 取后侧时,取"$-$"号.

注 8.25　若 $Q(x,y,z)$ 是定义在双侧光滑曲面

$$S: y = y(z,x), \quad (z,x) \in D_{zx}$$

上的连续函数,则有

$$\iint_{S} Q(x,y,z)\mathrm{d}z\mathrm{d}x = \pm \iint_{D_{zx}} Q(x,y(z,x),z)\mathrm{d}z\mathrm{d}x.$$

当 S 取右侧时,取"＋"号;当 S 取左侧时,取"－"号.

例 8.18　计算曲面积分 $\displaystyle\oiint\limits_{S} x^2 \mathrm{d}y\mathrm{d}z$,其中封闭曲面 S 是立体 $z = x^2 + y^2, 0 \leqslant z \leqslant h$ 的表面,取外侧(图 8.17).

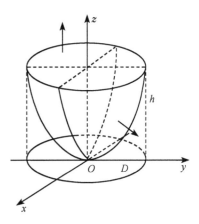

图 8.17

解　曲面 S 是由在 yOz 平面的前后两部分曲面 S_1, S_2 以及顶部的圆面 S_3 所围成. S_1, S_2 的方程分别为

$$S_1 : x = \sqrt{z - y^2},$$
$$S_2 : x = -\sqrt{z - y^2}.$$

S_1, S_2 在 yOz 平面上的投影区域为

$$D_{yz} : y^2 \leqslant z \leqslant h,$$

S_3 在 yOz 平面上的投影是线段,则

$$\oiint\limits_{S_3} x^2 \mathrm{d}y\mathrm{d}z = 0.$$

所以

$$\oiint\limits_{S} x^2 \mathrm{d}y\mathrm{d}z = \oiint\limits_{S_1} x^2 \mathrm{d}y\mathrm{d}z + \oiint\limits_{S_2} x^2 \mathrm{d}y\mathrm{d}z + \oiint\limits_{S_3} x^2 \mathrm{d}y\mathrm{d}z$$

$$= \iint\limits_{D_{yz}} (z - y^2) \mathrm{d}y\mathrm{d}z - \iint\limits_{D_{yz}} (z - y^2) \mathrm{d}y\mathrm{d}z = 0.$$

例 8.19　计算 $\displaystyle\oiint\limits_{S} \dfrac{x\mathrm{d}y\mathrm{d}z + z^2\mathrm{d}x\mathrm{d}y}{x^2 + y^2 + z^2}$,其中 S 是柱面 $x^2 + y^2 = R^2$ 及两平面 $z = R$ 与 $z = -R (R > 0)$ 所围成立体表面外侧.

解　设 S_1, S_2, S_3 分别为 S 的上底、下底和圆柱面,则

$$\iint\limits_{S_1} \frac{x\mathrm{d}y\mathrm{d}z}{x^2 + y^2 + z^2} = \iint\limits_{S_2} \frac{x\mathrm{d}y\mathrm{d}z}{x^2 + y^2 + z^2} = 0 \ \ 与 \ \ \iint\limits_{S_3} \frac{z^2\mathrm{d}x\mathrm{d}y}{x^2 + y^2 + z^2} = 0.$$

记 S_1, S_2 在 xOy 平面上的投影区域为 D_{xy},则

$$\iint\limits_{S_1+S_2} \frac{z^2\mathrm{d}x\mathrm{d}y}{x^2 + y^2 + z^2} = \iint\limits_{D_{xy}} \frac{R^2\mathrm{d}x\mathrm{d}y}{x^2 + y^2 + R^2} - \iint\limits_{D_{xy}} \frac{R^2\mathrm{d}x\mathrm{d}y}{x^2 + y^2 + R^2} = 0.$$

记 S_3 在 xOy 平面上的投影区域为 D_{yz},则

$$\iint\limits_{S_3} \frac{x\mathrm{d}y\mathrm{d}z}{x^2 + y^2 + z^2} = \iint\limits_{D_{yz}} \frac{\sqrt{R^2 - y^2}\,\mathrm{d}y\mathrm{d}z}{R^2 + z^2} - \iint\limits_{D_{yz}} \frac{-\sqrt{R^2 - y^2}\,\mathrm{d}y\mathrm{d}z}{R^2 + z^2}$$

$$= 2 \iint\limits_{D_{yz}} \frac{\sqrt{R^2 - y^2} \, \mathrm{d}y \mathrm{d}z}{R^2 + z^2} = 2 \int_{-R}^{R} \sqrt{R^2 - y^2} \, \mathrm{d}y \cdot \int_{-R}^{R} \frac{\mathrm{d}z}{R^2 + z^2}$$

$$= \frac{\pi^2}{2} R.$$

所以

$$\oiint\limits_{S} \frac{x \, \mathrm{d}y \mathrm{d}z + z^2 \, \mathrm{d}x \mathrm{d}y}{x^2 + y^2 + z^2} = \frac{\pi^2 R}{2}.$$

8.5.4　两类曲面积分的关系

设曲面 S 由方程 $z = z(x, y)$ 给出，S 在 xOy 平面上的投影区域为 D_{xy}. 函数 $z = z(x, y)$ 在 D_{xy} 上具有一阶连续偏导数，函数 $R(x, y, z)$ 在曲面 S 上连续. 如果 S 取上侧，则由第二型曲面积分的计算方法，得

$$\iint\limits_{S} R(x, y, z) \, \mathrm{d}x \mathrm{d}y = \iint\limits_{D_{xy}} R(x, y, z(x, y)) \, \mathrm{d}x \mathrm{d}y.$$

另一方面，曲面 S 的法向量的方向余弦为

$$\cos\alpha = -\frac{z_x}{\sqrt{1 + z_x^2 + z_y^2}}, \quad \cos\beta = -\frac{z_y}{\sqrt{1 + z_x^2 + z_y^2}},$$

$$\cos\gamma = \frac{1}{\sqrt{1 + z_x^2 + z_y^2}},$$

则由第一型曲面积分的计算方法，得

$$\iint\limits_{S} R(x, y, z) \cos\gamma \mathrm{d}S = \iint\limits_{D_{xy}} R(x, y, z(x, y)) \, \mathrm{d}x \mathrm{d}y.$$

由此可见，有

$$\iint\limits_{S} R(x, y, z) \, \mathrm{d}x \mathrm{d}y = \iint\limits_{S} R(x, y, z) \cos\gamma \mathrm{d}S. \tag{8.5}$$

注 8.26　若 S 取下侧，则有

$$\iint\limits_{S} R(x, y, z) \, \mathrm{d}x \mathrm{d}y = -\iint\limits_{D_{xy}} R(x, y, z(x, y)) \, \mathrm{d}x \mathrm{d}y.$$

但此时 $\cos\gamma = -\dfrac{1}{\sqrt{1 + z_x^2 + z_y^2}}$，故(8.5)仍成立.

类似可推得

$$\iint\limits_{S} P(x, y, z) \, \mathrm{d}y \mathrm{d}z = \iint\limits_{S} P(x, y, z) \cos\alpha \mathrm{d}S, \tag{8.6}$$

$$\iint\limits_{S} Q(x, y, z) \, \mathrm{d}z \mathrm{d}x = \iint\limits_{S} Q(x, y, z) \cos\beta \mathrm{d}S. \tag{8.7}$$

合并(8.5)~(8.7),得到两类曲面积分之间的关系如下:

$$\iint\limits_S P\,\mathrm{d}y\mathrm{d}z + Q\mathrm{d}z\mathrm{d}x + R\mathrm{d}x\mathrm{d}y = \iint\limits_S (P\cos\alpha + Q\cos\beta + R\cos\gamma)\mathrm{d}S,$$

其中 $\cos\alpha,\cos\beta,\cos\gamma$ 是曲面 S 在点 (x,y,z) 处的法向量的方向余弦.

例 8.20 计算曲面积分

$$\iint\limits_S x\,\mathrm{d}y\mathrm{d}z + y\mathrm{d}z\mathrm{d}x + z\mathrm{d}x\mathrm{d}y,$$

其中 S 是顶点为 $(1,0,0),(0,1,0)$ 和 $(0,0,1)$ 的三角形的下侧.

解 曲面 S 的方程为 $x+y+z=1$,则其法向量的方向余弦为

$$\cos\alpha = \cos\beta = \cos\gamma = -\frac{1}{\sqrt{3}}.$$

所以

$$\iint\limits_S x\,\mathrm{d}y\mathrm{d}z + y\mathrm{d}z\mathrm{d}x + z\mathrm{d}x\mathrm{d}y = -\iint\limits_S \frac{x+y+z}{\sqrt{3}}\mathrm{d}S = -\frac{1}{\sqrt{3}}\iint\limits_S \mathrm{d}S = -\frac{1}{2}.$$

习 题 8.5

1. 计算下列曲线积分:

(1) $\oint\limits_S yz\mathrm{d}y\mathrm{d}z + zx\mathrm{d}z\mathrm{d}x + xy\mathrm{d}x\mathrm{d}y$,其中 S 是四面体 $x+y+z=a, x=0, y=0. z=0$ 的表面,取外侧($a>0$);

(2) $\iint\limits_S \mathrm{d}y\mathrm{d}z + \mathrm{d}z\mathrm{d}x + \mathrm{d}x\mathrm{d}y$,其中 S 是曲面 $z = \sqrt{1-x^2-y^2}$ 的内侧;

(3) $\iint\limits_S yz\mathrm{d}z\mathrm{d}x$,其中 S 是球面 $x^2+y^2+z^2 = 1$ 的上半部分,取内侧;

(4) $\iint\limits_S x\,\mathrm{d}y\mathrm{d}z + y\mathrm{d}z\mathrm{d}x + z\mathrm{d}x\mathrm{d}y$,其中 S 是柱面 $x^2+y^2 = a^2$ 被平面 $z=0, z=a(a>0)$ 所截部分的外侧;

(5) $\iint\limits_S \frac{e^z}{\sqrt{x^2+y^2}}\mathrm{d}x\mathrm{d}y$,其中 S 是锥面 $z = \sqrt{x^2+y^2}$ 介于平面 $z=1$ 与 $z=4$ 之间部分的外侧;

(6) $\iint\limits_S f(x,y,z)\mathrm{d}y\mathrm{d}z + [2f(x,y,z)+y]\mathrm{d}z\mathrm{d}x + [f(x,y,z)+z]\mathrm{d}x\mathrm{d}y$,其中 $f(x,y,z)$ 为连续函数,S 是平面 $x-y+z=1$ 在第四卦限部分的下侧.

2. 将第二型曲面积分

$$\iint\limits_S P\mathrm{d}y\mathrm{d}z + Q\mathrm{d}z\mathrm{d}x + R\mathrm{d}x\mathrm{d}y$$

化为第一型曲面积分,其中

(1) S 是平面 $3x+2y+2\sqrt{3}z=6$ 在第一卦限部分的上侧;

（2）S 是抛物面 $z = 8 - x^2 - y^2$ 在 xOy 平面上方的部分的下侧.

8.6 高斯公式与斯托克斯公式

8.6.1 高斯公式

格林公式建立了平面闭区域上的二重积分与其边界曲线上的曲线积分之间的联系,而高斯公式则是建立了空间闭区域上的三重积分与其边界曲面上的曲面积分之间的联系.

定理 8.7 设空间区域 V 由光滑或逐片光滑的封闭曲面 S 围成,若函数 P, Q,R 及其偏导数在 V 上连续,则

$$\oiint\limits_{S} P\,\mathrm{d}y\mathrm{d}z + Q\mathrm{d}z\mathrm{d}x + R\mathrm{d}x\mathrm{d}y = \iiint\limits_{V} \left(\frac{\partial P}{\partial x} + \frac{\partial Q}{\partial y} + \frac{\partial R}{\partial z} \right)\mathrm{d}x\mathrm{d}y\mathrm{d}z, \qquad (8.8)$$

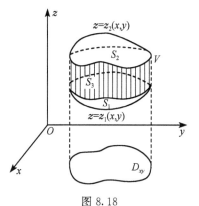

图 8.18

其中 S 取外侧. 式(8.8)称为**高斯(Gauss)公式**.

证明 先证

$$\oiint\limits_{S} R\,\mathrm{d}x\mathrm{d}y = \iiint\limits_{V} \frac{\partial R}{\partial z}\mathrm{d}x\mathrm{d}y\mathrm{d}z.$$

设 V 是一个 z 型区域,即其边界曲面 S 由曲面

$S_1 : z = z_1(x,y), (x,y) \in D_{xy}$,取下侧,

$S_2 : z = z_2(x,y), (x,y) \in D_{xy}$,取上侧

及以 D_{xy} 的边界为准线而母线平行于 z 轴的柱面 S_3(取外侧)所组成(图 8.18). 于是

$$\iiint\limits_{V} \frac{\partial R}{\partial z}\mathrm{d}x\mathrm{d}y\mathrm{d}z = \iint\limits_{D_{xy}} \mathrm{d}x\mathrm{d}y \int_{z_1(x,y)}^{z_2(x,y)} \frac{\partial R}{\partial z}\mathrm{d}z$$

$$= \iint\limits_{D_{xy}} R(x,y,z_2(x,y,z))\mathrm{d}x\mathrm{d}y - \iint\limits_{D_{xy}} R(x,y,z_1(x,y,z))\mathrm{d}x\mathrm{d}y$$

$$= \iint\limits_{S_2} R(x,y,z)\mathrm{d}x\mathrm{d}y - \iint\limits_{S_1^-} R(x,y,z)\mathrm{d}x\mathrm{d}y$$

$$= \iint\limits_{S_2} R(x,y,z)\mathrm{d}x\mathrm{d}y + \iint\limits_{S_1} R(x,y,z)\mathrm{d}x\mathrm{d}y.$$

又 S_3 垂直于 xOy 平面,则有

$$\iint\limits_{S_3} R(x,y,z)\mathrm{d}x\mathrm{d}y = 0.$$

因此

$$\iiint\limits_{V}\frac{\partial R}{\partial z}\mathrm{d}x\mathrm{d}y\mathrm{d}z=\iint\limits_{S_2}R(x,y,z)\mathrm{d}x\mathrm{d}y+\iint\limits_{S_1}R(x,y,z)\mathrm{d}x\mathrm{d}y$$

$$=\oiint\limits_{S}R(x,y,z)\mathrm{d}x\mathrm{d}y.$$

若 V 不是 z 型区域,则用有限个光滑曲面将它分割成若干个 z 型区域加以讨论.

类似可证

$$\oiint\limits_{S}P\mathrm{d}y\mathrm{d}z = \iiint\limits_{V}\frac{\partial P}{\partial x}\mathrm{d}x\mathrm{d}y\mathrm{d}z,$$

$$\oiint\limits_{S}Q\mathrm{d}z\mathrm{d}x = \iiint\limits_{V}\frac{\partial Q}{\partial y}\mathrm{d}x\mathrm{d}y\mathrm{d}z.$$

所以

$$\oiint\limits_{S}P\mathrm{d}y\mathrm{d}z + Q\mathrm{d}z\mathrm{d}x + R\mathrm{d}x\mathrm{d}y = \iiint\limits_{V}\left(\frac{\partial P}{\partial x}+\frac{\partial Q}{\partial y}+\frac{\partial R}{\partial z}\right)\mathrm{d}x\mathrm{d}y\mathrm{d}z.$$

注 8.27 高斯公式中封闭曲面 S 取的是外侧,且条件缺一不可.

注 8.28 在高斯公式中若令 $P=x,Q=y,R=z$,则有

$$\oiint\limits_{S}x\mathrm{d}y\mathrm{d}z + y\mathrm{d}z\mathrm{d}x + z\mathrm{d}x\mathrm{d}y = 3\iiint\limits_{V}\mathrm{d}x\mathrm{d}y\mathrm{d}z.$$

于是,空间区域 V 的体积又可利用曲面积分得到

$$V = \frac{1}{3}\oiint\limits_{S}x\mathrm{d}y\mathrm{d}z + y\mathrm{d}z\mathrm{d}x + z\mathrm{d}x\mathrm{d}y.$$

注 8.29 由两类曲面积分的关系,高斯公式又可表示为

$$\oiint\limits_{S}(P\cos\alpha + Q\cos\beta + R\cos\gamma)\mathrm{d}S = \iiint\limits_{V}\left(\frac{\partial P}{\partial x}+\frac{\partial Q}{\partial y}+\frac{\partial R}{\partial z}\right)\mathrm{d}x\mathrm{d}y\mathrm{d}z,$$

其中 $\cos\alpha,\cos\beta,\cos\gamma$ 是封闭曲面 S 在点 (x,y,z) 处的外法向量的方向余弦.

例 8.21 计算 $\oiint\limits_{S}2xz\mathrm{d}y\mathrm{d}z + yz\mathrm{d}z\mathrm{d}x - z^2\mathrm{d}x\mathrm{d}y$,其中 S 是曲面 $z=\sqrt{x^2+y^2}$ 与 $z=\sqrt{2-x^2-y^2}$ 所围立体表面的外侧.

解 设 S 所围的立体为 V,则由高斯公式,得

$$\oiint\limits_{S}2xz\mathrm{d}y\mathrm{d}z + yz\mathrm{d}z\mathrm{d}x - z^2\mathrm{d}x\mathrm{d}y = \iiint\limits_{V}(2z + z - 2z)\mathrm{d}x\mathrm{d}y\mathrm{d}z$$

$$= \iiint\limits_{V}z\mathrm{d}x\mathrm{d}y\mathrm{d}z$$

$$= \int_0^{2\pi} \mathrm{d}\theta \int_0^{\frac{\pi}{4}} \mathrm{d}\varphi \int_0^{\sqrt{2}} r^3 \cos\varphi \sin\varphi \mathrm{d}r = \frac{\pi}{2}.$$

例 8.22　计算 $\iint\limits_{S}(2x+z)\mathrm{d}y\mathrm{d}z+z\mathrm{d}x\mathrm{d}y$，其中 S 是曲面 $z=x^2+y^2\,(0\leqslant z\leqslant 1)$，取上侧.

解　在这里 S 不是封闭曲面，补上平面 $S_1:z=1(x^2+y^2\leqslant 1)$，取下侧，则得到

$$\iint\limits_{S}(2x+z)\mathrm{d}y\mathrm{d}z+z\mathrm{d}x\mathrm{d}y$$

$$= \oiint\limits_{S+S_1}(2x+z)\mathrm{d}y\mathrm{d}z+z\mathrm{d}x\mathrm{d}y - \iint\limits_{S_1}(2x+z)\mathrm{d}y\mathrm{d}z+z\mathrm{d}x\mathrm{d}y$$

$$= -\iiint\limits_{V}(2+1)\mathrm{d}x\mathrm{d}y\mathrm{d}z + \iint\limits_{x^2+y^2\leqslant 1}\mathrm{d}x\mathrm{d}y$$

$$= -3\int_0^{2\pi}\mathrm{d}\theta\int_0^1 r\mathrm{d}r\int_{r^2}^1\mathrm{d}z + \pi = -\frac{3}{2}\pi+\pi = -\frac{\pi}{2},$$

其中 V 是 S 与 S_1 所包围的立体.

例 8.23　计 算 $\iint\limits_{S}\dfrac{ax\,\mathrm{d}y\mathrm{d}z+(z+a)^2\mathrm{d}x\mathrm{d}y}{\sqrt{x^2+y^2+z^2}}$，其 中 S 是 下 半 球 面 $z = -\sqrt{a^2-x^2+y^2}$的上侧$(a>0)$.

解　若利用高斯公式，需要补上平面 $z=0$，而被积函数在原点处不连续. 但是看到曲面 S 上的点满足 $x^2+y^2+z^2=a^2$，则

$$\iint\limits_{S}\frac{ax\,\mathrm{d}y\mathrm{d}z+(z+a)^2\mathrm{d}x\mathrm{d}y}{\sqrt{x^2+y^2+z^2}} = \iint\limits_{S}\frac{ax\,\mathrm{d}y\mathrm{d}z+(z+a)^2\mathrm{d}x\mathrm{d}y}{a}.$$

再补上平面 $S_1:z=0(x^2+y^2\leqslant a^2)$，取下侧，则有

$$\iint\limits_{S}\frac{ax\,\mathrm{d}y\mathrm{d}z+(z+a)^2\mathrm{d}x\mathrm{d}y}{\sqrt{x^2+y^2+z^2}}$$

$$= \iint\limits_{S}\frac{ax\,\mathrm{d}y\mathrm{d}z+(z+a)^2\mathrm{d}x\mathrm{d}y}{a}$$

$$= \frac{1}{a}\left[\oiint\limits_{S+S_1}ax\,\mathrm{d}y\mathrm{d}z+(z+a)^2\,\mathrm{d}x\mathrm{d}y - \iint\limits_{S_1}ax\,\mathrm{d}y\mathrm{d}z+(z+a)^2\,\mathrm{d}x\mathrm{d}y\right]$$

$$= \frac{1}{a}\left[-\iiint\limits_{V}(3a+2z)\mathrm{d}x\mathrm{d}y\mathrm{d}z + \iint\limits_{x^2+y^2\leqslant a^2}a^2\,\mathrm{d}x\mathrm{d}y\right]$$

$$= \frac{1}{a}\left[-2\pi a^4 - 2\iiint\limits_{V}z\mathrm{d}x\mathrm{d}y\mathrm{d}z + \pi a^4\right]$$

$$= \frac{1}{a}\left[-\pi a^4 - 2\int_{-a}^0 \pi(a^2-z^2)z\mathrm{d}z\right] = -\frac{\pi a^3}{2},$$

其中 V 是 S 与 S_1 所包围的立体.

例 8.24 证明:若 S 是光滑封闭曲面,$\boldsymbol{l}$ 是任意常向量,则

$$\oiint\limits_{S}\cos(\widehat{\boldsymbol{n},\boldsymbol{l}})\,\mathrm{d}S = 0,$$

其中 $\boldsymbol{n}$ 是曲面 S 的外法向量.

证明 设向量 $\boldsymbol{n}$ 与 $\boldsymbol{l}$ 的方向余弦分别为

$$\boldsymbol{n} = (\cos\alpha,\cos\beta,\cos\gamma),\quad \boldsymbol{l} = (\cos\alpha_0,\cos\beta_0,\cos\gamma_0),$$

则

$$\cos(\widehat{\boldsymbol{n},\boldsymbol{l}}) = \frac{\boldsymbol{n}\cdot\boldsymbol{l}}{|\boldsymbol{n}||\boldsymbol{l}|} = \cos\alpha\cos\alpha_0 + \cos\beta\cos\beta_0 + \cos\gamma\cos\gamma_0.$$

从而

$$
\begin{aligned}
\oiint\limits_{S}\cos(\widehat{\boldsymbol{n},\boldsymbol{l}})\,\mathrm{d}S &= \oiint\limits_{S}(\cos\alpha\cos\alpha_0 + \cos\beta\cos\beta_0 + \cos\gamma\cos\gamma_0)\,\mathrm{d}S\\
&= \oiint\limits_{S}\cos\alpha_0\,\mathrm{d}y\mathrm{d}z + \cos\beta_0\,\mathrm{d}z\mathrm{d}x + \cos\gamma_0\,\mathrm{d}x\mathrm{d}y\\
&= \iiint\limits_{V}[(\cos\alpha_0)'_x + (\cos\beta_0)'_y + (\cos\gamma_0)'_z]\,\mathrm{d}x\mathrm{d}y\mathrm{d}z\\
&= \iiint\limits_{V}0\,\mathrm{d}x\mathrm{d}y\mathrm{d}z = 0,
\end{aligned}
$$

其中 V 是 S 所包围的立体.

8.6.2 斯托克斯公式

斯托克斯(Stokes)公式是建立了沿双侧曲面 S 的曲面积分与沿 S 的边界曲线 L 的曲线积分之间的联系. 为此先对双侧曲面 S 的侧与其边界曲线 L 的方向作如下规定:设某人站在 S 上指定的一侧,若沿 L 行走,指定的侧总在人的左方,则人前进的方向为边界曲线 L 的正向;若沿 L 行走,指定的侧总在人的右方,则人前进的方向为边界曲线 L 的负向,即曲面 S 的侧与其边界曲线 L 的正向符合**右手法则**.

定理 8.8 设光滑曲面 S 的边界曲线 L 是逐段光滑的连续曲线.若函数 P,Q,R 在 S 及其边界 L 上具有一阶连续的偏导数,则

$$
\iint\limits_{S}\left(\frac{\partial R}{\partial y} - \frac{\partial Q}{\partial z}\right)\mathrm{d}y\mathrm{d}z + \left(\frac{\partial P}{\partial z} - \frac{\partial R}{\partial x}\right)\mathrm{d}z\mathrm{d}x + \left(\frac{\partial Q}{\partial x} - \frac{\partial P}{\partial y}\right)\mathrm{d}x\mathrm{d}y
$$

$$
= \oint_{L}P\,\mathrm{d}x + Q\,\mathrm{d}y + R\,\mathrm{d}z, \tag{8.9}
$$

其中 S 的侧与 L 的方向按右手法则确定.式(8.9)称为**斯托克斯公式**.

证明 不妨设曲面 S 的方程为 $z = z(x,y),(x,y)\in D_{xy}$,取上侧.设 L 的投影

曲线为 Γ(即 D_{xy} 的边界封闭曲线). 先证

$$\iint\limits_{S} \frac{\partial P}{\partial z} \mathrm{d}z\mathrm{d}x - \frac{\partial P}{\partial y}\mathrm{d}x\mathrm{d}y = \oint_{L} P\mathrm{d}x.$$

由于 S 上侧的法向量为 $(-z_x, -z_y, 1)$, 方向余弦为 $\cos\alpha, \cos\beta, \cos\gamma$. 故

$$\cos\alpha = \frac{-z_x}{\sqrt{1+z_x^2+z_y^2}}, \quad \cos\beta = \frac{-z_y}{\sqrt{1+z_x^2+z_y^2}}, \quad \cos\gamma = \frac{1}{\sqrt{1+z_x^2+z_y^2}}.$$

所以由格林公式, 得

$$\oint_{L} P(x,y,z)\mathrm{d}x = \oint_{\Gamma} P(x,y,z(x,y))\mathrm{d}x$$

$$= -\iint\limits_{D_{xy}} \frac{\partial}{\partial y} P(x,y,z(x,y))\mathrm{d}x\mathrm{d}y$$

$$= -\iint\limits_{D_{xy}} \left(\frac{\partial P}{\partial y} + \frac{\partial P}{\partial z}\frac{\partial z}{\partial y}\right)\mathrm{d}x\mathrm{d}y.$$

又

$$\iint\limits_{S} \frac{\partial P}{\partial z}\mathrm{d}z\mathrm{d}x - \frac{\partial P}{\partial y}\mathrm{d}x\mathrm{d}y = \iint\limits_{S} \left(\frac{\partial P}{\partial z}\cos\beta - \frac{\partial P}{\partial y}\cos\gamma\right)\mathrm{d}S$$

$$= \iint\limits_{S} \left(\frac{\partial P}{\partial z}\cos\beta - \frac{\partial P}{\partial y}\cos\gamma\right)\frac{\mathrm{d}x\mathrm{d}y}{\cos\gamma}$$

$$= -\iint\limits_{S} \left(\frac{\partial P}{\partial y} - \frac{\partial P}{\partial z}\frac{\cos\beta}{\cos\gamma}\right)\mathrm{d}x\mathrm{d}y$$

$$= -\iint\limits_{D_{xy}} \left(\frac{\partial P}{\partial y} + \frac{\partial P}{\partial z}\frac{\partial z}{\partial y}\right)\mathrm{d}x\mathrm{d}y.$$

所以

$$\iint\limits_{S} \frac{\partial P}{\partial z}\mathrm{d}z\mathrm{d}x - \frac{\partial P}{\partial y}\mathrm{d}x\mathrm{d}y = \oint_{L} P\mathrm{d}x.$$

同样, 对于曲面 S 表示为 $x=x(y,z)$ 和 $y=y(z,x)$ 时, 可证得

$$\iint\limits_{S} \frac{\partial Q}{\partial x}\mathrm{d}x\mathrm{d}y - \frac{\partial Q}{\partial z}\mathrm{d}y\mathrm{d}z = \oint_{L} Q\mathrm{d}y$$

和

$$\iint\limits_{S} \frac{\partial R}{\partial y}\mathrm{d}y\mathrm{d}z - \frac{\partial R}{\partial x}\mathrm{d}z\mathrm{d}x = \oint_{L} R\mathrm{d}z.$$

将三式相加即得证.

　　如果曲面 S 不能以 $z=z(x,y)$ 的形式给出, 则可用一些光滑曲线把 S 分成若干小片, 使每一小片能用这种形式来表示, 因而公式也成立.

注 8.30 为便于记忆,斯托克斯公式也常写成如下形式:

$$\iint_S \begin{vmatrix} dydz & dzdx & dxdy \\ \dfrac{\partial}{\partial x} & \dfrac{\partial}{\partial y} & \dfrac{\partial}{\partial z} \\ P & Q & R \end{vmatrix} = \oint_L P\,\mathrm{d}x + Q\,\mathrm{d}y + R\,\mathrm{d}z$$

或

$$\iint_S \begin{vmatrix} \cos\alpha & \cos\beta & \cos\gamma \\ \dfrac{\partial}{\partial x} & \dfrac{\partial}{\partial y} & \dfrac{\partial}{\partial z} \\ P & Q & R \end{vmatrix}\mathrm{d}S = \oint_L P\,\mathrm{d}x + Q\,\mathrm{d}y + R\,\mathrm{d}z,$$

其中 $\cos\alpha,\cos\beta,\cos\gamma$ 是曲面 S 取定一侧的在点 (x,y,z) 处的法向量的方向余弦.

例 8.25 计算

$$\oint_L (2y+z)\mathrm{d}x + (x-z)\mathrm{d}y + (y-x)\mathrm{d}z,$$

其中 L 为平面 $x+y+z=1$ 与各坐标面的交线,
取逆时针方向为正方向(图 8.19).

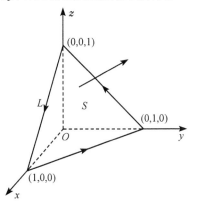

图 8.19

解 **解法一** 在这里,

$$P = 2y+z, \quad Q = x-z, \quad R = y-x$$

且

$$\frac{\partial R}{\partial y} - \frac{\partial Q}{\partial z} = 2, \quad \frac{\partial P}{\partial z} - \frac{\partial R}{\partial x} = 2,$$

$$\frac{\partial Q}{\partial x} - \frac{\partial P}{\partial y} = -1.$$

记平面 $x+y+z=1$ 上 L 所围成的曲面为 S,取上侧,则由斯托克斯公式,

$$\oint_L (2y+z)\mathrm{d}x + (x-z)\mathrm{d}y + (y-x)\mathrm{d}z = \iint_S 2\mathrm{d}y\mathrm{d}z + 2\mathrm{d}z\mathrm{d}x - \mathrm{d}x\mathrm{d}y$$

$$= 2\iint_S \mathrm{d}y\mathrm{d}z + 2\iint_S \mathrm{d}z\mathrm{d}x - \iint_S \mathrm{d}x\mathrm{d}y$$

$$= 1 + 1 - \frac{1}{2} = \frac{3}{2}.$$

解法二 容易得到 S 的向上的法向量的方向余弦为

$$\cos\alpha = \cos\beta = \cos\gamma = \frac{1}{\sqrt{3}}.$$

所以

$$\oint_L (2y+z)\mathrm{d}x + (x-z)\mathrm{d}y + (y-x)\mathrm{d}z = \iint_S \left(\frac{2}{\sqrt{3}} + \frac{2}{\sqrt{3}} - \frac{1}{\sqrt{3}}\right)\mathrm{d}S$$

$$= \sqrt{3}\iint_S \mathrm{d}S = \sqrt{3} \cdot \frac{\sqrt{3}}{2} = \frac{3}{2}.$$

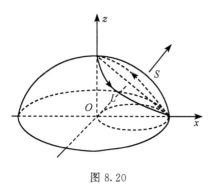

图 8.20

例 8.26　计算 $\oint_L x\mathrm{d}y - y\mathrm{d}x$，其中 L 为上半球面 $x^2 + y^2 + z^2 = 1$ 与柱面 $x^2 + y^2 = x$ 的交线，从 z 轴正向看去，L 取逆时针方向（图 8.20）.

解　在这里 $P = -y, Q = x, R = 0$. 以 L 为边界曲线的部分球面记为 S，取上侧.
S 在 xOy 平面的投影区域为

$$D_{xy}: \left(x - \frac{1}{2}\right)^2 + y^2 \leqslant \frac{1}{4},$$

则由斯托克斯公式，得

$$\oint_L x\mathrm{d}y - y\mathrm{d}x = \iint_S 2\mathrm{d}x\mathrm{d}y = 2\iint_{D_{xy}} \mathrm{d}x\mathrm{d}y = \frac{\pi}{2}.$$

例 8.27　计算曲线积分

$$\oint_L (y^2 - z^2)\mathrm{d}x + (z^2 - x^2)\mathrm{d}y + (x^2 - y^2)\mathrm{d}z,$$

其中曲线 L 是立方体 $0 \leqslant x \leqslant a, 0 \leqslant y \leqslant a$，$0 \leqslant z \leqslant a$ 的表面与平面 $x + y + z = \dfrac{3a}{2}$ 的交线，从 z 轴正向看去，L 取逆时针方向（图 8.21）.

解　在这里

$$P = y^2 - z^2, \quad Q = z^2 - x^2, \quad R = x^2 - y^2.$$

令 S 为平面 $x + y + z = \dfrac{3a}{2}$ 上被曲线 L 所围成的区域，取上侧，则 S 的法向量的方向余弦为

$$\cos\alpha = \cos\beta = \cos\gamma = \frac{1}{\sqrt{3}},$$

所以由斯托克斯公式，得

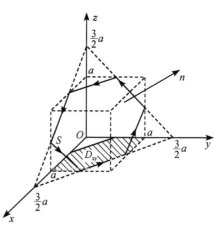

图 8.21

$$\oint_L (y^2 - z^2)\mathrm{d}x + (z^2 - x^2)\mathrm{d}y + (x^2 - y^2)\mathrm{d}z$$

$$= -2\iint_S \left[(y+z)\cos\alpha + (z+x)\cos\beta + (x+y)\cos\gamma \right]\mathrm{d}S$$

$$= -\frac{4}{\sqrt{3}}\iint_S (x+y+z)\mathrm{d}S = -\frac{4}{\sqrt{3}}\iint_S \frac{3a}{2}\mathrm{d}S = -2\sqrt{3}a\iint_S \mathrm{d}S$$

$$= -6a\iint_{D_{xy}} \mathrm{d}x\mathrm{d}y = -6a \cdot \frac{3}{4}a^2 = -\frac{9}{2}a^3.$$

8.6.3　空间曲线积分与积分路线的无关性

与平面曲线积分类似,空间曲线积分与积分路线的无关性有相应的定理.

定理 8.9　设 V 是空间单连通区域,函数 P, Q, R 在 V 上具有一阶连续的偏导数,则以下四个结论是等价的:

（1）对于 V 内任何逐段光滑的封闭曲线 L,有

$$\oint_L P\mathrm{d}x + Q\mathrm{d}y + R\mathrm{d}z = 0;$$

（2）对于 V 内任何一条以点 A 为起点,点 B 为终点的逐段光滑曲线 $\overset{\frown}{AB}$,曲线积分

$$\int_{\overset{\frown}{AB}} P\mathrm{d}x + Q\mathrm{d}y + R\mathrm{d}z$$

仅与起点 A 和终点 B 有关,而与积分路线无关;

（3）$P\mathrm{d}x + Q\mathrm{d}y + R\mathrm{d}z$ 是 V 上某三元函数 U 的全微分,即

$$\mathrm{d}U = P\mathrm{d}x + Q\mathrm{d}y + R\mathrm{d}z;$$

（4）$\dfrac{\partial R}{\partial y} = \dfrac{\partial Q}{\partial z}, \dfrac{\partial P}{\partial z} = \dfrac{\partial R}{\partial x}, \dfrac{\partial Q}{\partial x} = \dfrac{\partial P}{\partial y}$ 在 V 上处处成立.

定理的证明和平面曲线积分与路线无关性的证明类似,这里不再重复.

例 8.28　验证曲线积分

$$\int_L (\sin y + z\cos x)\mathrm{d}x + (\sin z + x\cos y)\mathrm{d}y + (\sin x + y\cos z)\mathrm{d}z$$

与路线无关,并求被积式的原函数 $u(x, y, z)$.

解　在这里,

$$P = \sin z + z\cos x, \quad Q = \sin x + y\cos z, \quad R = \sin x + y\cos z,$$

则

$$\frac{\partial P}{\partial y} = \frac{\partial Q}{\partial x} = \cos y, \quad \frac{\partial Q}{\partial z} = \frac{\partial R}{\partial y} = \cos z, \quad \frac{\partial R}{\partial x} = \frac{\partial P}{\partial z} = \cos x.$$

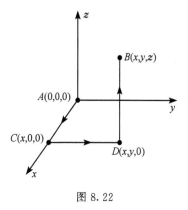

图 8.22

所以曲线积分与路线无关.不妨选取起点 $A(0,0,0)$,终点为 $B(x,y,z)$ 的积分路线为:由点 A 沿 x 轴到点 $C(x,0,0)$,再沿平行于 y 轴的直线到点 $D(x,y,0)$,最后再沿平行于 z 轴的直线到点 B 的折线(图 8.22).于是

$$u(x,y,z)=\int_0^x 0\mathrm{d}x+\int_0^y x\cos y\mathrm{d}y+\int_0^z (\sin x+y\cos z)\mathrm{d}z$$
$$= x\sin y+z\sin x+y\sin z.$$

显然 $u(x,y,z)=x\sin y+z\sin x+y\sin z+C$ 也满足要求.

习　题　8.6

1. 利用高斯公式计算下列曲面积分:

(1) $\oiint\limits_S x^2\mathrm{d}y\mathrm{d}z+y^2\mathrm{d}z\mathrm{d}x+z^2\mathrm{d}x\mathrm{d}y$,其中 S 为立方体 $0\leqslant x,y,z\leqslant a$ 表面的外侧;

(2) $\iint\limits_S 2x^3\mathrm{d}y\mathrm{d}z+2y^3\mathrm{d}z\mathrm{d}x+3(z^2-1)\mathrm{d}x\mathrm{d}y$,其中 S 为曲面 $z=1-x^2-y^2(z\geqslant 0)$ 的上侧;

(3) $\iint\limits_S x\mathrm{d}y\mathrm{d}z+y\mathrm{d}z\mathrm{d}x+(z^2-2z)\mathrm{d}x\mathrm{d}y$,其中 S 为锥面 $z=\sqrt{x^2+y^2}$ 被平面 $z=0$ 和 $z=1$ 所截部分的外侧;

(4) 设 $f(u)$ 有连续的一阶导数,计算
$$\oiint\limits_S \frac{1}{y}f\left(\frac{x}{y}\right)\mathrm{d}y\mathrm{d}z+\frac{1}{x}f\left(\frac{x}{y}\right)\mathrm{d}z\mathrm{d}x+z\mathrm{d}x\mathrm{d}y,$$
其中 S 为 $y=x^2+z^2$ 与 $y=8-x^2-z^2$ 所围立体的外侧;

(5) $\iint\limits_{S_1+S_2} (z+1)\mathrm{d}x\mathrm{d}y+xy\mathrm{d}z\mathrm{d}x$,其中 S_1 为圆柱面 $x^2+y^2=a^2$ 在 $x\geqslant 0,0\leqslant z\leqslant 1$ 部分的前侧,S_2 为 xOy 平面上半圆域 $x^2+y^2\leqslant a^2$,$x\geqslant 0$ 部分的下侧.

2. 利用斯托克斯公式计算下列曲线积分:

(1) $\oint_L y\mathrm{d}x+z\mathrm{d}y+x\mathrm{d}z$,其中 L 是曲面 $x^2+y^2+z^2=2a(x+y)$ 与 $x+y=2a$ 的交线,方向从 x 轴正向看去为逆时针;

(2) $\oint_L (z-y)\mathrm{d}x+(x-z)\mathrm{d}y+(y-x)\mathrm{d}z$,其中 L 是以 $A(a,0,0)$,$B(0,a,0)$,$C(0,0,a)$ 为顶点的三角形沿 $ABCA$ 的方向$(a>0)$.

3. 证明下列微分式为全微分,并求其原函数:

(1) $(x^2-2yz)\mathrm{d}x+(y^2-2xz)\mathrm{d}y+(z^2-2xy)\mathrm{d}z$;

(2) $\left[\dfrac{x}{(x^2-y^2)^2}-\dfrac{1}{x}+2x^2\right]\mathrm{d}x+\left[\dfrac{1}{y}-\dfrac{y}{(x^2-y^2)^2}+3y^3\right]\mathrm{d}y+5z^3\mathrm{d}z.$

4. 求 $\displaystyle\int_{(1,2,3)}^{(6,1,1)} yz\,\mathrm{d}x + xz\,\mathrm{d}y + xy\,\mathrm{d}z.$

5. 设单连通空间区域 V，曲面 S 是 V 内任意逐片光滑的封闭曲面，$\boldsymbol{n}$ 是曲面 S 上的外法线方向，函数 P,Q,R 在 V 上具有连续的一阶偏导数. 证明：

$$\oiint\limits_{S} [P\cos(\widehat{\boldsymbol{n},x}) + Q\cos(\widehat{\boldsymbol{n},y}) + R\cos(\widehat{\boldsymbol{n},z})]\mathrm{d}S = 0$$

的充要条件是 $\dfrac{\partial P}{\partial x} + \dfrac{\partial Q}{\partial y} + \dfrac{\partial R}{\partial z} = 0$ 在 V 上处处成立.

6. 设 S 是围成有界立体 V 的光滑封闭曲面，$\dfrac{\partial u}{\partial \boldsymbol{n}}$ 是沿曲面 S 外法线方向的方向导数，$\Delta u = \dfrac{\partial^2 u}{\partial x^2} + \dfrac{\partial^2 u}{\partial y^2} + \dfrac{\partial^2 u}{\partial z^2}$. 证明：

(1) $\displaystyle\iint\limits_{S} \frac{\partial u}{\partial \boldsymbol{n}}\mathrm{d}S = \iiint\limits_{V} \Delta u\,\mathrm{d}x\mathrm{d}y\mathrm{d}z;$

(2) $\displaystyle\iint\limits_{S} u \cdot \frac{\partial u}{\partial \boldsymbol{n}}\mathrm{d}S = \iiint\limits_{V} \left[\left(\frac{\partial u}{\partial x}\right)^2 + \left(\frac{\partial u}{\partial y}\right)^2 + \left(\frac{\partial u}{\partial z}\right)^2 \right]\mathrm{d}x\mathrm{d}y\mathrm{d}z + \iiint\limits_{V} u \cdot \Delta u\,\mathrm{d}x\mathrm{d}y\mathrm{d}z.$

8.7　场　论　简　介

设 V 是空间区域，若对 V 中每一点都有一个数量（或向量）与之对应，则称在 V 中给定了一个**数量场**（或**向量场**）.

（1）三元数值函数 $u(x,y,z)$ 的梯度为

$$\mathbf{grad}u = \left(\frac{\partial u}{\partial x}, \frac{\partial u}{\partial y}, \frac{\partial u}{\partial z} \right).$$

由梯度 $\mathbf{grad}u$ 给出的向量场，称为**梯度场**.

（2）设向量值函数 $\boldsymbol{F}(x,y,z) = (P(x,y,z),Q(x,y,z),R(x,y,z))$，称数值函数 $\dfrac{\partial P}{\partial x} + \dfrac{\partial Q}{\partial y} + \dfrac{\partial R}{\partial z}$ 为向量值函数 $\boldsymbol{F}$ 的**散度**，记为 $\mathrm{div}\boldsymbol{F}$，即

$$\mathrm{div}\boldsymbol{F} = \frac{\partial P}{\partial x} + \frac{\partial Q}{\partial y} + \frac{\partial R}{\partial z}.$$

$\mathrm{div}\boldsymbol{F}$ 给出一个数量场——**散度场**.

在流量问题中，若在点 M 有 $\mathrm{div}\boldsymbol{F}|_M > 0$，则意味着在单位时间内，有一定数量的流体流出点 M，此时称点 M 为**源**. 当 $\mathrm{div}\boldsymbol{F}|_M < 0$ 时，说明流体在点 M 被吸收，此时称点 M 为**汇**. 若在向量场 $\boldsymbol{F}$ 中每一点都有 $\mathrm{div}\boldsymbol{F} = 0$，则称此场为**无源场**.

（3）设向量值函数 $\boldsymbol{F}(x,y,z) = (P(x,y,z),Q(x,y,z),R(x,y,z))$，称向量值函数 $\left(\dfrac{\partial R}{\partial y} - \dfrac{\partial Q}{\partial z}, \dfrac{\partial P}{\partial z} - \dfrac{\partial R}{\partial x}, \dfrac{\partial Q}{\partial x} - \dfrac{\partial P}{\partial y} \right)$ 为向量值函数 $\boldsymbol{F}$ 的**旋度**，记为 $\mathbf{rot}\boldsymbol{F}$，即

$$\mathbf{rot}\boldsymbol{F} = \left(\frac{\partial R}{\partial y} - \frac{\partial Q}{\partial z}, \frac{\partial P}{\partial z} - \frac{\partial R}{\partial x}, \frac{\partial Q}{\partial x} - \frac{\partial P}{\partial y} \right).$$

rotF 构成一个向量场——**旋度场**.

当 **rotF**$|_M \neq \mathbf{0}$ 时,表明在 M 点存在涡旋,且 $|$**rotF**$|$ 越大,旋转越快. 当 **rotF**$|_M = \mathbf{0}$ 时,表明 M 点不是涡旋.

例 8. 29　求向量场 $u(x,y,z) = xy^2\boldsymbol{i} + ye^z\boldsymbol{j} + x\ln(1+z^2)\boldsymbol{k}$ 在点 $(1,1,0)$ 处的散度 div$u$.

解　在这里,

$$P(x,y,z) = xy^2, \quad Q(x,y,z) = ye^z, \quad R(x,y,z) = x\ln(1+z^2),$$

则

$$\text{div}\boldsymbol{u}\,|_{(1,1,0)} = \left(\frac{\partial P}{\partial x} + \frac{\partial Q}{\partial y} + \frac{\partial R}{\partial z}\right)\bigg|_{(1,1,0)} = \left(y^2 + e^z + \frac{2xz}{1+z^2}\right)\bigg|_{(1,1,0)}$$
$$= 1 + 1 = 2.$$

第 8 章总练习题

1. 设 $S: x^2 + y^2 + z^2 = a^2 (z \geqslant 0)$,$S_1$ 为 S 在第一卦限中的部分,则有_____.

(A) $\iint\limits_{S} x\,\mathrm{d}S = 4\iint\limits_{S_1} x\,\mathrm{d}S$;　　　　　　　(B) $\iint\limits_{S} y\,\mathrm{d}S = 4\iint\limits_{S_1} y\,\mathrm{d}S$;

(C) $\iint\limits_{S} z\,\mathrm{d}S = 4\iint\limits_{S_1} z\,\mathrm{d}S$;　　　　　　　(D) $\iint\limits_{S} xy\,\mathrm{d}S = 4\iint\limits_{S_1} xy\,\mathrm{d}S$.

2. 设 $L: x^2 + y^2 = 1$,L_1 为 L 在第一象限中的部分,则有_____.

(A) $\int_{L} xy\,\mathrm{d}s = 4\int_{L_1} xy\,\mathrm{d}s$;　　　　　　　(B) $\int_{L} xy^2\,\mathrm{d}s = 4\int_{L_1} xy^2\,\mathrm{d}s$;

(C) $\int_{L} x^2 y^2\,\mathrm{d}s = 4\int_{L_1} x^2 y^2\,\mathrm{d}s$;　　　　(D) $\int_{L} x^2 y\,\mathrm{d}s = 4\int_{L_1} x^2 y\,\mathrm{d}s$.

3. 设曲面 $S: x^2 + y^2 \leqslant 1, z = 0$,取下侧. 它在 xOy 上的投影记为 D,$f(x,y)$ 在 S 上连续,则下列各式中不正确的是_____.

(A) $\iint\limits_{S} f(x,y)\,\mathrm{d}S = \iint\limits_{D} f(x,y)\,\mathrm{d}x\mathrm{d}y$;

(B) $\iint\limits_{S} f(x,y)\,\mathrm{d}x\mathrm{d}y = \iint\limits_{D} f(x,y)\,\mathrm{d}x\mathrm{d}y$;

(C) $\iint\limits_{S} f(x,y)\,\mathrm{d}y\mathrm{d}z = 0$;

(D) $\iint\limits_{S} f(x,y)\,\mathrm{d}z\mathrm{d}x = 0$.

4. 设 L_1, L_2 是包含原点在其内部的互不相交的光滑封闭曲线,取逆时针方向. 若已知 $\int_{L_1} \frac{x\mathrm{d}x - y\mathrm{d}y}{x^2 + y^2} = k \neq 0$,则 $\int_{L_2} \frac{x\mathrm{d}x - y\mathrm{d}y}{x^2 + y^2}$ _____.

(A) 一定等于 k;

(B) 一定等于 $-k$;

(C) 不一定等于 k,且与 L_1 的形状有关;

(D) 不一定等于 k,且与 L_2 的形状有关.

5. 求曲线积分

$$\oint_L \frac{(x+4y)\mathrm{d}y + (x-y)\mathrm{d}x}{x^2 + 4y^2},$$

其中 L 为逆时针方向.

6. 计算 $\oint_L (y-z)\mathrm{d}x + (z-x)\mathrm{d}y + (x-y)\mathrm{d}z$,其中 $L : \begin{cases} x^2 + y^2 = 1, \\ x + z = 1, \end{cases}$ 若从 x 轴正向看去,L 的方向为逆时针.

7. 计算 $\displaystyle\oiint_S \frac{\mathrm{d}y\mathrm{d}z}{x} + \frac{\mathrm{d}z\mathrm{d}x}{y} + \frac{\mathrm{d}x\mathrm{d}y}{z}$,其中 S 为 $x^2 + y^2 + z^2 = 1$ 的外侧.

8. 计算 $\displaystyle\iint_S \frac{x\mathrm{d}y\mathrm{d}z + y\mathrm{d}z\mathrm{d}x + z\mathrm{d}x\mathrm{d}y}{(x^2+y^2+z^2)^{\frac{3}{2}}}$,其中

(1) S 为 $z = \sqrt{a^2 - x^2 - y^2}$ 的上侧;

(2) S 为上半椭球面 $\dfrac{x^2}{4} + \dfrac{y^2}{9} + \dfrac{z^2}{25} = 1 (z \geqslant 0)$ 的上侧.

9. 已知曲线积分 $\displaystyle\oint_L \frac{x\mathrm{d}y - y\mathrm{d}x}{\varphi(x) + y^2} \equiv A$,其中 A 为常数,$\varphi(x)$ 具有连续的导数,$\varphi(1) = 1$,L 是绕原点一周的任意正向简单闭曲线,试求 $\varphi(x)$ 及 A.

10. 设 L 是圆周 $(x-a)^2 + (y-a)^2 = 1$ 的逆时针方向,$f(x)$ 恒正且连续,试证:$\displaystyle\oint_L xf(y)\mathrm{d}y - \frac{y\mathrm{d}x}{f(x)} \geqslant 2\pi$.

11. 求向量 $\boldsymbol{A} = x\boldsymbol{i} + y\boldsymbol{j} + z\boldsymbol{k}$ 通过闭区域 $\Omega : 0 \leqslant x, y, z \leqslant 1$ 的边界曲面 S 流向外侧的流量.

12. 在变力 $\boldsymbol{F} = yz\boldsymbol{i} + xz\boldsymbol{j} + xy\boldsymbol{k}$ 的作用下,质点由原点沿直线运动到椭球面 $\dfrac{x^2}{a^2} + \dfrac{y^2}{b^2} + \dfrac{z^2}{c^2} = 1$ 上第一卦限点 $M(\xi, \eta, \zeta)$,问当 (ξ, η, ζ) 取何值时,力 $\boldsymbol{F}$ 所做的功最大? 并求出最大功的值.

13. 设 $P(x,y), Q(x,y)$ 在全平面上具有连续的偏导数,而且对以任意点 (x_0, y_0) 为中心,任意正数 r 为半径的上半圆周 $L : x = x_0 + r\cos\theta, y = y_0 + r\sin\theta (0 \leqslant \theta \leqslant \pi)$ 恒有 $\displaystyle\int_L P(x,y)\mathrm{d}x + Q(x, y)\mathrm{d}y = 0$. 试证:

$$P(x,y) \equiv 0, \qquad \frac{\partial Q}{\partial x} \equiv 0.$$

第9章 无穷级数

无穷级数是数值计算和研究函数的一种重要工具.本章首先建立数项级数的一些基本概念,其次讨论正项级数和任意项级数的敛散性,最后讨论函数项级数,着重讨论如何将函数展开成幂级数与傅里叶级数的问题.

9.1 常数项级数

9.1.1 基本概念

设有无穷数列 $\{a_n\}$,用加号把数列 $\{a_n\}$ 的各项依次连接而构成的表达式

$$a_1 + a_2 + \cdots + a_n + \cdots$$

称为**常数项无穷级数**,简称为**级数**,记为 $\sum\limits_{n=1}^{\infty} a_n$,即

$$\sum_{n=1}^{\infty} a_n = a_1 + a_2 + \cdots + a_n + \cdots,$$

其中 a_n 称为该级数的**第 n 项**或**通项**.记

$$S_n = a_1 + a_2 + \cdots + a_n = \sum_{k=1}^{n} a_k.$$

称 S_n 为级数 $\sum\limits_{n=1}^{\infty} a_n$ 的**(前 n 项)部分和**,数列 $\{S_n\}$ 称为级数 $\sum\limits_{n=1}^{\infty} a_n$ 的**部分和数列**.

定义 9.1 如果级数 $\sum\limits_{n=1}^{\infty} a_n$ 的部分和数列 $\{S_n\}$ 收敛于 S,即

$$\lim_{n \to \infty} S_n = S,$$

则称级数 $\sum\limits_{n=1}^{\infty} a_n$ **收敛**,并称极限 S 为级数 $\sum\limits_{n=1}^{\infty} a_n$ 的**和**,或称级数 $\sum\limits_{n=1}^{\infty} a_n$ 收敛于 S,记为

$$S = \sum_{n=1}^{\infty} a_n.$$

如果部分和数列 $\{S_n\}$ 极限不存在,则称级数 $\sum\limits_{n=1}^{\infty} a_n$ **发散**,发散的级数没有和.

显然,当级数收敛时,其部分和 S_n 是级数的和 S 的近似值,它们之间的差值

$$r_n = S - S_n = a_{n+1} + a_{n+2} + \cdots$$

称为级数的**余项**. 用近似值 S_n 代替和 S 所产生的误差即为 $|r_n|$.

例 9.1 讨论**等比级数**（或**几何级数**）

$$\sum_{n=1}^{\infty} r^{n-1} = 1 + r + r^2 + \cdots + r^n + \cdots$$

的敛散性.

解 当 $|r| \neq 1$ 时, 由于

$$S_n = 1 + r + r^2 + \cdots + r^{n-1} = \frac{1-r^n}{1-r},$$

所以

当 $|r| < 1$ 时, $\lim_{n \to \infty} S_n = \frac{1}{1-r}$, 即 $\sum_{n=1}^{\infty} r^n = \frac{1}{1-r}$;

当 $|r| > 1$ 时, $\lim_{n \to \infty} S_n$ 不存在;

当 $r = 1$ 时, 由于 $S_n = n$, 显然 $\lim_{n \to \infty} S_n$ 不存在;

当 $r = -1$ 时, 由于 $S_{2n} = 0$, $S_{2n+1} = 1$, 故 $\lim_{n \to \infty} S_n$ 不存在.

综上所述, 等比级数 $\sum_{n=1}^{\infty} r^{n-1}$ 当 $|r| < 1$ 时收敛, 和为 $\frac{1}{1-r}$; 当 $|r| \geqslant 1$ 时发散.

例 9.2 求下列级数的和:

$$\sum_{n=1}^{\infty} \frac{1}{n(n+1)} = \frac{1}{1 \cdot 2} + \frac{1}{2 \cdot 3} + \cdots + \frac{1}{n(n+1)} + \cdots.$$

解 由

$$S_n = \frac{1}{1 \cdot 2} + \frac{1}{2 \cdot 3} + \cdots + \frac{1}{n(n+1)}$$

$$= \left(1 - \frac{1}{2}\right) + \left(\frac{1}{2} - \frac{1}{3}\right) + \cdots + \left(\frac{1}{n} - \frac{1}{n+1}\right) = 1 - \frac{1}{n+1}.$$

故 $\lim_{n \to \infty} S_n = 1$, 即级数收敛, 其和为 1.

例 9.3 证明级数

$$1 + 2 + 3 + \cdots + n + \cdots$$

是发散的.

证明 该级数的部分和为

$$S_n = 1 + 2 + 3 + \cdots + n = \frac{n(n+1)}{2}.$$

显然有 $\lim_{n \to \infty} S_n = \infty$, 故所给级数是发散的.

9.1.2 柯西收敛准则

定理 9.1（柯西准则） 级数 $\sum_{n=1}^{\infty} a_n$ 收敛的充要条件是: $\forall \varepsilon > 0$, $\exists N > 0$, 当 $n >$

N 时,对任何自然数 p,有
$$|a_{n+1} + a_{n+2} + \cdots + a_{n+p}| < \varepsilon.$$

证明　设 $\sum\limits_{n=1}^{\infty} a_n$ 的部分和数列为 $\{S_n\}$,由数列极限的柯西准则知,$\{S_n\}$ 收敛的充要条件是:$\forall \varepsilon > 0$,$\exists N > 0$,当 $n > N$ 时,对任何自然数 p,有
$$|S_{n+p} - S_n| < \varepsilon,$$
即
$$|a_{n+1} + a_{n+2} + \cdots + a_{n+p}| < \varepsilon.$$

推论 9.1　若级数 $\sum\limits_{n=1}^{\infty} a_n$ 收敛,则 $\lim\limits_{n \to \infty} a_n = 0$.

证明　若级数 $\sum\limits_{n=1}^{\infty} a_n$ 收敛,根据柯西准则,$\forall \varepsilon > 0$,$\exists N > 0$,当 $n > N$ 时,对任何自然数 p,有
$$|a_{n+1} + a_{n+2} + \cdots + a_{n+p}| < \varepsilon.$$

特别地,取 $p = 1$,则有 $|a_{n+1}| < \varepsilon$,于是由极限定义,$\lim\limits_{n \to \infty} a_n = 0$.

注 9.1　$\lim\limits_{n \to \infty} a_n = 0$ 仅是级数 $\sum\limits_{n=1}^{\infty} a_n$ 收敛的必要条件,而非充分条件(见后面的例 9.5).

注 9.2　当 $\lim\limits_{n \to \infty} a_n \neq 0$ 时,级数 $\sum\limits_{n=1}^{\infty} a_n$ 一定发散.

例 9.4　证明:级数 $\sum\limits_{n=1}^{\infty} \dfrac{1}{n^2}$ 收敛.

证明　对 $\forall \varepsilon > 0$,对任何自然数 p,要使
$$|a_{n+1} + a_{n+2} + \cdots + a_{n+p}|$$
$$= \frac{1}{(n+1)^2} + \frac{1}{(n+2)^2} + \cdots + \frac{1}{(n+p)^2}$$
$$< \frac{1}{n(n+1)} + \frac{1}{(n+1)(n+2)} + \cdots + \frac{1}{(n+p-1)(n+p)}$$
$$= \left(\frac{1}{n} - \frac{1}{n+1}\right) + \left(\frac{1}{n+1} - \frac{1}{n+2}\right) + \cdots + \left(\frac{1}{n+p-1} - \frac{1}{n+p}\right)$$
$$= \frac{1}{n} - \frac{1}{n+p} < \frac{1}{n} < \varepsilon.$$

只需要 $n > \dfrac{1}{\varepsilon}$ 即可,故取 $N = \dfrac{1}{\varepsilon}$,则当 $n > N$ 时,对任何自然数 p,有
$$|a_{n+1} + a_{n+2} + \cdots + a_{n+p}| = \frac{1}{(n+1)^2} + \frac{1}{(n+2)^2} + \cdots + \frac{1}{(n+p)^2} < \varepsilon.$$

所以由柯西准则知,级数 $\sum\limits_{n=1}^{\infty} \dfrac{1}{n^2}$ 收敛.

例 9.5　证明**调和级数** $\sum\limits_{n=1}^{\infty} \dfrac{1}{n}$ 发散.

证明　对任何自然数 p,由于

$$|a_{n+1}+a_{n+2}+\cdots+a_{n+p}| > \frac{1}{n+p}+\frac{1}{n+p}+\cdots+\frac{1}{n+p} = \frac{p}{n+p}.$$

所以 $\varepsilon_0 = \dfrac{1}{2}$,对任何 $N>0$,总可取自然数 $n_0 > N$ 及 $p_0 = n_0$,使得

$$|a_{n_0+1}+a_{n_0+2}+\cdots+a_{n_0+p_0}| > \frac{p_0}{n_0+p_0} = \frac{1}{2} = \varepsilon_0.$$

故调和级数 $\sum\limits_{n=1}^{\infty} \dfrac{1}{n}$ 发散.

例 9.6　讨论级数 $\sum\limits_{n=1}^{\infty} (-1)^n \dfrac{n^2}{2n^2+1}$ 的敛散性.

解　因为 $\lim\limits_{n\to\infty} \left| (-1)^n \dfrac{n^2}{2n^2+1} \right| = \dfrac{1}{2} \neq 0$,所以由级数收敛的必要条件知,该级数发散.

9.1.3　收敛级数的性质

根据无穷级数收敛、发散以及和的概念,容易得到收敛级数的几个基本性质.

性质 9.1　若 $\sum\limits_{n=1}^{\infty} a_n$ 和 $\sum\limits_{n=1}^{\infty} b_n$ 都收敛,则 $\sum\limits_{n=1}^{\infty} (a_n \pm b_n)$ 也收敛,且

$$\sum_{n=1}^{\infty} (a_n \pm b_n) = \sum_{n=1}^{\infty} a_n \pm \sum_{n=1}^{\infty} b_n.$$

性质 9.2　若 $\sum\limits_{n=1}^{\infty} a_n$ 收敛,c 为常数,则 $\sum\limits_{n=1}^{\infty} ca_n$ 也收敛,且

$$\sum_{n=1}^{\infty} ca_n = c \sum_{n=1}^{\infty} a_n.$$

性质 9.3　任意增加或减少级数的有限项,或改变级数有限项的值,不会改变级数的敛散性.

性质 9.4　若级数 $\sum\limits_{n=1}^{\infty} a_n$ 收敛,不改变级数中各项的位置,将它的项任意加括号后所得的级数仍收敛,且其和不变.

性质 9.1～性质 9.3 是显然的,下面只证性质 9.4. 事实上,设级数 $\sum\limits_{n=1}^{\infty} a_n$ 的部分和数列为 $\{S_n\}$,任意加括号后所得的级数的部分和数列为 $\{\sigma_n\}$,则

$$\sigma_1 = a_1 + a_2 + \cdots + a_{i_1} = S_{i_1};$$

$$\sigma_2 = (a_1 + a_2 + \cdots + a_{i_1}) + (a_{i_1+1} + \cdots + a_{i_2}) = S_{i_2};$$

$$\cdots\cdots$$

$$\sigma_n = (a_1 + a_2 + \cdots + a_{i_1}) + \cdots + (a_{i_{n-1}+1} + \cdots + a_{i_n}) = S_{i_n}.$$

显然数列 $\{\sigma_n\}$ 是数列 $\{S_n\}$ 的子列 $\{S_{i_n}\}$，因为级数 $\sum_{n=1}^{\infty} a_n$ 收敛，所以 $\lim_{n\to\infty} S_n$ 存在，记为 S，从而也有 $\lim_{n\to\infty} S_{i_n} = S$，即 $\lim_{n\to\infty}\sigma_n = S$.

注 9.3　如果加括号后所得的级数收敛，则不能断定去括号后原来的级数也收敛.例如，级数

$$(1-1) + (1-1) + \cdots$$

收敛于零，但去括号后的原级数

$$1-1+1-1+\cdots \quad (\text{公比为} -1 \text{的等比级数})$$

却是发散的.

推论 9.2　如果加括号后所得的级数发散，则原来的级数一定发散.

习　题　9.1

1. 下列级数是否收敛，若收敛则求其和：

(1) $\left(\dfrac{1}{2}+\dfrac{1}{3}\right) + \left(\dfrac{1}{2^2}+\dfrac{1}{3^2}\right) + \cdots + \left(\dfrac{1}{2^n}+\dfrac{1}{3^n}\right) + \cdots$;

(2) $\dfrac{1}{1\cdot 6} + \dfrac{1}{6\cdot 11} + \cdots + \dfrac{1}{(5n-4)(5n+1)} + \cdots$;

(3) $\sum_{n=1}^{\infty} \dfrac{1}{4n^2-1}$.

2. 判定下列级数的敛散性：

(1) $-\dfrac{8}{9} + \dfrac{8^2}{9^2} - \dfrac{8^3}{9^3} + \cdots + (-1)^n \dfrac{8^n}{9^n} + \cdots$;

(2) $\dfrac{1}{3} + \dfrac{1}{\sqrt{3}} + \dfrac{1}{\sqrt[3]{3}} + \cdots + \dfrac{1}{\sqrt[n]{3}} + \cdots$;

(3) $\dfrac{3}{2} + \dfrac{3^2}{2^2} + \dfrac{3^3}{2^3} + \cdots + \dfrac{3^n}{2^n} + \cdots$.

3. 若 $\sum_{n=1}^{\infty} a_n$ 和 $\sum_{n=1}^{\infty} b_n$ 都收敛，且对一切自然数 n，有 $a_n \leqslant c_n \leqslant b_n$，证明 $\sum_{n=1}^{\infty} c_n$ 收敛.

4. 证明：若 $\lim_{n\to\infty} a_n = a$，则级数 $\sum_{n=1}^{\infty} (a_n - a_{n+1}) = a_1 - a$.

5. 证明：若数列 $\{b_n\}$ 有 $\lim_{n\to\infty} b_n = +\infty$，则

(1) $\sum_{n=1}^{\infty} (b_{n+1} - b_n)$ 发散；

(2) 若 $b_n \neq 0$，则 $\sum_{n=1}^{\infty} \left(\dfrac{1}{b_n} - \dfrac{1}{b_{n+1}}\right) = \dfrac{1}{b_1}$.

6. 利用柯西准则证明下列级数收敛:

(1) $1+\dfrac{1}{10}+\dfrac{1}{10^2}+\cdots+\dfrac{1}{10^n}+\cdots$;

(2) $\displaystyle\sum_{n=1}^{\infty}\dfrac{\sin nx}{2^n}$.

9.2　常数项级数收敛性的判别

设有数项级数 $\displaystyle\sum_{n=1}^{\infty}a_n$,若 $a_n\geqslant 0$,则称级数 $\displaystyle\sum_{n=1}^{\infty}a_n$ 为**正项级数**;若 $a_n\leqslant 0$,则称级

数 $\displaystyle\sum_{n=1}^{\infty}a_n$ 为**负项级数**.本节着重讨论正项级数的收敛判别法,至于负项级数可以转

化为正项级数的情形来讨论.

9.2.1　正项级数收敛判别法

定理 9.2(有界判别法)　设 $\displaystyle\sum_{n=1}^{\infty}a_n$ 为正项级数,则级数 $\displaystyle\sum_{n=1}^{\infty}a_n$ 收敛的充要条件

是:级数 $\displaystyle\sum_{n=1}^{\infty}a_n$ 的部分和数列 $\{S_n\}$ 有界,即存在正数 $M>0$,对一切自然数 n,有

$S_n\leqslant M$.

证明　充分性.设 $\displaystyle\sum_{n=1}^{\infty}a_n$ 为正项级数,从而对 $\displaystyle\sum_{n=1}^{\infty}a_n$ 的部分和数列 $\{S_n\}$,总有

$$S_n\leqslant S_{n+1}\leqslant M.$$

所以 $\{S_n\}$ 是单调递增有上界的数列,故 $\lim\limits_{n\to\infty}S_n$ 存在,即 $\displaystyle\sum_{n=1}^{\infty}a_n$ 收敛.

必要性.若 $\displaystyle\sum_{n=1}^{\infty}a_n$ 收敛,设其和为 M,则对一切自然数 n,有

$$S_n=\sum_{k=1}^{n}a_k\leqslant\sum_{n=1}^{\infty}a_n=M.$$

例 9.7　证明正项级数 $\displaystyle\sum_{n=0}^{\infty}\dfrac{1}{n!}$ 收敛.

证明　由

$$\frac{1}{n!}=\frac{1}{1\cdot 2\cdot 3\cdot\cdots\cdot n}\leqslant\frac{1}{1\cdot 2\cdot 2\cdot\cdots\cdot 2}=\frac{1}{2^{n-1}},\quad n=2,3,\cdots.$$

于是级数的部分和数列

$$S_n=1+\frac{1}{1!}+\frac{1}{2!}+\cdots+\frac{1}{(n-1)!}$$

$$< 1 + 1 + \frac{1}{2} + \frac{1}{2^2} + \cdots + \frac{1}{2^{n-2}} = 1 + \frac{1 - \dfrac{1}{2^{n-1}}}{1 - \dfrac{1}{2}} < 3,$$

即部分和数列 $\{S_n\}$ 有界,故 $\displaystyle\sum_{n=0}^{\infty} \frac{1}{n!}$ 收敛.

例 9.8　讨论正项级数

$$\sum_{n=1}^{\infty} \frac{1}{n^p} = 1 + \frac{1}{2^p} + \frac{1}{3^p} + \cdots + \frac{1}{n^p} + \cdots$$

的敛散性,其中 p 是任意实数. 此级数称为**广义调和级数**或 p **级数**.

解　(1) 当 $p=1$ 时,即为调和级数,显然发散.

(2) 当 $p<1$ 时,由

$$\frac{1}{n^p} \geqslant \frac{1}{n}.$$

记 p 级数与调和级数的部分和分别为 P_n 与 S_n,则有

$$P_n = 1 + \frac{1}{2^p} + \frac{1}{3^p} + \cdots + \frac{1}{n^p} \geqslant 1 + \frac{1}{2} + \frac{1}{3} + \cdots + \frac{1}{n} = S_n.$$

已知 $\displaystyle\lim_{n \to \infty} S_n = +\infty$,故 $\displaystyle\lim_{n \to \infty} P_n = +\infty$,所以此时 p 级数发散.

(3) 当 $p>1$ 时,有不等式

$$\frac{1}{n^p} < \frac{1}{p-1} \left[\frac{1}{(n-1)^{p-1}} - \frac{1}{n^{p-1}} \right].$$

(事实上,令 $f(x) = \dfrac{1}{x^{p-1}}$,在区间 $[n-1, n]$ $(n>1)$ 上应用微分中值定理即可证明.)

因此

$$\begin{aligned}
P_n &= 1 + \frac{1}{2^p} + \frac{1}{3^p} + \cdots + \frac{1}{n^p} \\
&< 1 + \frac{1}{p-1} \left(\frac{1}{1^{p-1}} - \frac{1}{2^{p-1}} \right) + \frac{1}{p-1} \left(\frac{1}{2^{p-1}} - \frac{1}{3^{p-1}} \right) \\
&\quad + \cdots + \frac{1}{p-1} \left[\frac{1}{(n-1)^{p-1}} - \frac{1}{n^{p-1}} \right] \\
&= 1 + \frac{1}{p-1} \left(1 - \frac{1}{n^{p-1}} \right) < 1 + \frac{1}{p-1} = \frac{p}{p-1},
\end{aligned}$$

即 p 级数部分和数列 $\{P_n\}$ 有界,于是 p 级数收敛.

综上所述,p 级数当 $p \leqslant 1$ 时发散;当 $p>1$ 时收敛.

定理 9.3(比较判别法)　设有正项级数 $\displaystyle\sum_{n=1}^{\infty} a_n$ 和 $\displaystyle\sum_{n=1}^{\infty} b_n$,若存在 $k>0$ 和 $N>0$,

当 $n > N$ 时,恒有

$$a_n \leqslant k b_n.$$

那么

(1) 当 $\sum_{n=1}^{\infty} b_n$ 收敛时,$\sum_{n=1}^{\infty} a_n$ 也收敛;

(2) 当 $\sum_{n=1}^{\infty} a_n$ 发散时,$\sum_{n=1}^{\infty} b_n$ 也发散.

证明 不妨设对一切自然数 n,有 $0 \leqslant a_n \leqslant k b_n$. 再设 $\{A_n\}$ 和 $\{B_n\}$ 分别是 $\sum_{n=1}^{\infty} a_n$

和 $\sum_{n=1}^{\infty} b_n$ 的部分和数列,则

$$0 \leqslant A_n \leqslant k B_n.$$

(1) 若 $\sum_{n=1}^{\infty} b_n$ 收敛,则存在 $M > 0$,对一切自然数 n,有 $0 \leqslant B_n \leqslant M$,从而 $0 \leqslant$

$A_n \leqslant k M$,于是由有界判别法知 $\sum_{n=1}^{\infty} a_n$ 收敛.

(2) 反证法易知结论成立.

推论 9.3(比较判别法的极限形式) 设有正项级数 $\sum_{n=1}^{\infty} a_n$ 和 $\sum_{n=1}^{\infty} b_n$, $b_n \neq 0$. 若

$$\lim_{n \to \infty} \frac{a_n}{b_n} = r.$$

(1) 当 $0 < r < +\infty$ 时,$\sum_{n=1}^{\infty} a_n$ 和 $\sum_{n=1}^{\infty} b_n$ 同时收敛或同时发散;

(2) 当 $r = 0$ 时,若 $\sum_{n=1}^{\infty} b_n$ 收敛,则 $\sum_{n=1}^{\infty} a_n$ 也收敛;

(3) 当 $r = +\infty$ 时,若 $\sum_{n=1}^{\infty} b_n$ 发散,则 $\sum_{n=1}^{\infty} a_n$ 也发散.

证明 (1) 若 $0 < r < +\infty$,则由极限的保号性,存在 $N > 0$,当 $n > N$ 时,有

$$\frac{r}{2} \leqslant \frac{a_n}{b_n} \leqslant \frac{3r}{2} \text{ 或 } \frac{r}{2} b_n \leqslant a_n \leqslant \frac{3r}{2} b_n.$$

根据比较判别法知 $\sum_{n=1}^{\infty} a_n$ 和 $\sum_{n=1}^{\infty} b_n$ 同时收敛或同时发散.

(2) 若 $r = 0$,则存在 $N > 0$,当 $n > N$ 时,有

$$0 \leqslant \frac{a_n}{b_n} \leqslant 1 \text{ 或 } 0 \leqslant a_n \leqslant b_n.$$

故由比较判别法知,当 $\sum_{n=1}^{\infty} b_n$ 收敛,$\sum_{n=1}^{\infty} a_n$ 也收敛.

（3）若 $r=+\infty$，则存在 $N>0$，当 $n>N$ 时，有

$$\frac{a_n}{b_n}\geqslant 1 \text{ 或 } a_n\geqslant b_n.$$

所以当 $\displaystyle\sum_{n=1}^{\infty} b_n$ 发散，$\displaystyle\sum_{n=1}^{\infty} a_n$ 也发散.

推论 9.4　设有正项级数 $\displaystyle\sum_{n=1}^{\infty} a_n$ 和 $\displaystyle\sum_{n=1}^{\infty} b_n$，$a_n\neq 0$，$b_n\neq 0$. 若存在 $N>0$，当 $n>N$ 时，有

$$\frac{a_{n+1}}{a_n}\leqslant\frac{b_{n+1}}{b_n},$$

则

（1）当 $\displaystyle\sum_{n=1}^{\infty} b_n$ 收敛时，$\displaystyle\sum_{n=1}^{\infty} a_n$ 也收敛；

（2）当 $\displaystyle\sum_{n=1}^{\infty} a_n$ 发散时，$\displaystyle\sum_{n=1}^{\infty} b_n$ 也发散.

证明　不妨设对一切自然数 n，有 $\dfrac{a_{n+1}}{a_n}\leqslant\dfrac{b_{n+1}}{b_n}$，于是

$$\frac{a_2}{a_1}\leqslant\frac{b_2}{b_1}, \quad \frac{a_3}{a_2}\leqslant\frac{b_3}{b_2}, \quad \cdots, \quad \frac{a_n}{a_{n-1}}\leqslant\frac{b_n}{b_{n-1}}.$$

两边相乘，得

$$\frac{a_n}{a_1}\leqslant\frac{b_n}{b_1} \text{ 或 } 0\leqslant a_n\leqslant\frac{a_1}{b_1}b_n.$$

由定理 9.3 得证.

例 9.9　判断 $\displaystyle\sum_{n=1}^{\infty}\frac{3+\sin^2(n+1)}{2^n+n}$ 的收敛性.

解　由于

$$0<\frac{3+\sin^2(n+1)}{2^n+n}\leqslant\frac{4}{2^n+n}\leqslant\frac{4}{2^n}.$$

而级数 $\displaystyle\sum_{n=1}^{\infty}\frac{1}{2^n}$ 收敛，所以根据比较判别法知 $\displaystyle\sum_{n=1}^{\infty}\frac{3+\sin^2(n+1)}{2^n+n}$ 收敛.

例 9.10　判断级数 $\displaystyle\sum_{n=1}^{\infty}\ln\left(1+\frac{1}{n}\right)$ 的敛散性.

解　由于

$$\lim_{n\to\infty}\frac{\ln\left(1+\dfrac{1}{n}\right)}{\dfrac{1}{n}}=\lim_{n\to\infty}n\ln\left(1+\frac{1}{n}\right)=\lim_{n\to\infty}\ln\left(1+\frac{1}{n}\right)^n$$

$$= \ln\left(\lim_{n\to\infty}\left(1+\frac{1}{n}\right)^n\right) = \mathrm{lne} = 1.$$

所以 $\sum\limits_{n=1}^{\infty}\ln\left(1+\frac{1}{n}\right)$ 与调和级数 $\sum\limits_{n=1}^{\infty}\frac{1}{n}$ 的敛散性相同,故 $\sum\limits_{n=1}^{\infty}\ln\left(1+\frac{1}{n}\right)$ 发散.

例 9.11 判断 $\sum\limits_{n=1}^{\infty}\frac{n^2-n+1}{n^4+n}$ 的敛散性.

解 由于 $\lim\limits_{n\to\infty}\dfrac{\dfrac{n^2-n+1}{n^4+n}}{\dfrac{1}{n^2}}=1$,以及级数 $\sum\limits_{n=1}^{\infty}\frac{1}{n^2}$ 收敛,故原级数收敛.

例 9.12 判断级数 $\sum\limits_{n=1}^{\infty}\frac{n^2-n+1}{n^3+n}$ 的敛散性.

解 由于 $\lim\limits_{n\to\infty}\dfrac{\dfrac{n^2-n+1}{n^3+n}}{\dfrac{1}{n}}=1$,以及级数 $\sum\limits_{n=1}^{\infty}\frac{1}{n}$ 发散,故原级数发散.

定理 9.4(比值判别法) 设有正项级数 $\sum\limits_{n=1}^{\infty}a_n,a_n\neq0$. 若存在自然数 $N>0$,当 $n>N$ 时,

(1) 若 $\dfrac{a_{n+1}}{a_n}\leqslant r<1$,则 $\sum\limits_{n=1}^{\infty}a_n$ 收敛;

(2) 若 $\dfrac{a_{n+1}}{a_n}\geqslant1$,则 $\sum\limits_{n=1}^{\infty}a_n$ 发散.

证明 (1) 当 $n>N$ 时,有

$$0\leqslant\frac{a_{N+1}}{a_N}\leqslant r,\quad 0\leqslant\frac{a_{N+2}}{a_{N+1}}\leqslant r,\quad\cdots,\quad 0\leqslant\frac{a_n}{a_{n-1}}\leqslant r.$$

两边相乘,得

$$0\leqslant\frac{a_n}{a_N}\leqslant r^{n-N}\text{ 或 }0\leqslant a_n\leqslant\frac{a_N}{r^N}r^n=cr^n\left(\text{其中 }c=\frac{a_N}{r^N}\right).$$

又 $\sum\limits_{n=1}^{\infty}r^n$ 收敛$(0<r<1)$,由比较判别法知级数 $\sum\limits_{n=1}^{\infty}a_n$ 收敛.

(2) 若 $\dfrac{a_{N+1}}{a_N}\geqslant1,\dfrac{a_{N+2}}{a_{N+1}}\geqslant1,\cdots,\dfrac{a_n}{a_{n-1}}\geqslant1$,两边相乘,得

$$\frac{a_n}{a_N}\geqslant1\text{ 或 }a_n\geqslant a_N.$$

于是 $\lim\limits_{n\to\infty}a_n\geqslant a_N\neq0$,故 $\sum\limits_{n=1}^{\infty}a_n$ 发散.

注 9.4 定理中的 r 必须是小于 1 的正常数,否则结论不真. 比如调和级数

$\sum\limits_{n=1}^{\infty} \dfrac{1}{n}$ 满足

$$\frac{a_{n+1}}{a_n} = \frac{n}{n+1} = 1 - \frac{1}{n+1} < 1,$$

但级数 $\sum\limits_{n=1}^{\infty} \dfrac{1}{n}$ 发散.

推论 9.5（比值判别法的极限形式）　设有正项级数 $\sum\limits_{n=1}^{\infty} a_n, a_n \neq 0$，且

$$\lim_{n\to\infty} \frac{a_{n+1}}{a_n} = r.$$

(1) 若 $r < 1$，则 $\sum\limits_{n=1}^{\infty} a_n$ 收敛；

(2) 若 $r > 1$，则 $\sum\limits_{n=1}^{\infty} a_n$ 发散.

证明　(1) 若 $\lim\limits_{n\to\infty} \dfrac{a_{n+1}}{a_n} = r < 1$，则存在自然数 $N > 0$，及 $r < r_0 < 1$，当 $n \geqslant N$ 时，有

$$0 \leqslant \frac{a_{n+1}}{a_n} \leqslant r_0 < 1.$$

由定理 9.4 得知 $\sum\limits_{n=1}^{\infty} a_n$ 收敛.

(2) 若 $\lim\limits_{n\to\infty} \dfrac{a_{n+1}}{a_n} = r > 1$，则存在自然数 $N > 0$，当 $n \geqslant N$ 时，有 $\dfrac{a_{n+1}}{a_n} \geqslant 1$，由定理 9.4 知 $\sum\limits_{n=1}^{\infty} a_n$ 发散.

注 9.5　若 $r = 1$，不能判定级数 $\sum\limits_{n=1}^{\infty} a_n$ 的敛散性. 例如，级数 $\sum\limits_{n=1}^{\infty} \dfrac{1}{n^2}$ 与 $\sum\limits_{n=1}^{\infty} \dfrac{1}{n}$，均有 $\lim\limits_{n\to\infty} \dfrac{a_{n+1}}{a_n} = 1$，但前者收敛，后者发散.

例 9.13　设 $0 \leqslant a \leqslant 1$，判断级数 $\sum\limits_{n=1}^{\infty} \dfrac{a^{\frac{n(n+1)}{2}}}{(1+a)(1+a^2)\cdots(1+a^n)}$ 的敛散性.

解　由于

$$\lim_{n\to\infty} \frac{a_{n+1}}{a_n} = \lim_{n\to\infty} \frac{a^{n+1}}{1+a^{n+1}} = \begin{cases} 0, & 0 \leqslant a < 1, \\ \dfrac{1}{2}, & a = 1. \end{cases}$$

由推论 9.5 知，级数 $\sum\limits_{n=1}^{\infty} \dfrac{a^{\frac{n(n+1)}{2}}}{(1+a)(1+a^2)\cdots(1+a^n)}$ 收敛.

例 9.14 判断级数 $\displaystyle\sum_{n=1}^{\infty} n\left(\frac{3}{4}\right)^n$ 的敛散性.

解 由于

$$\lim_{n\to\infty} \frac{a_{n+1}}{a_n} = \lim_{n\to\infty} \frac{n+1}{n} \cdot \frac{3}{4} = \frac{3}{4} < 1.$$

所以级数 $\displaystyle\sum_{n=1}^{\infty} n\left(\frac{3}{4}\right)^n$ 收敛.

定理 9.5(根值判别法) 设有正项级数 $\displaystyle\sum_{n=1}^{\infty} a_n$,若存在自然数 $N>0$,当 $n>N$ 时,

(1) 若 $\sqrt[n]{a_n} \leqslant r < 1$,则 $\displaystyle\sum_{n=1}^{\infty} a_n$ 收敛;

(2) 若 $\sqrt[n]{a_n} \geqslant 1$,则 $\displaystyle\sum_{n=1}^{\infty} a_n$ 发散.

证明 (1) 若 $\sqrt[n]{a_n} \leqslant r < 1$,则 $0 \leqslant a_n \leqslant r^n$,而级数 $\displaystyle\sum_{n=1}^{\infty} r^n$ 收敛,由比较判别法知 $\displaystyle\sum_{n=1}^{\infty} a_n$ 收敛.

(2) 若 $\sqrt[n]{a_n} \geqslant 1$,则 $a_n \geqslant 1$,从而 $\displaystyle\lim_{n\to\infty} a_n \geqslant 1 \neq 0$,故级数 $\displaystyle\sum_{n=1}^{\infty} a_n$ 发散.

推论 9.6(根值判别法的极限形式) 设有正项级数 $\displaystyle\sum_{n=1}^{\infty} a_n$,且

$$\lim_{n\to\infty} \sqrt[n]{a_n} = r.$$

(1) 若 $r < 1$,则 $\displaystyle\sum_{n=1}^{\infty} a_n$ 收敛;

(2) 若 $r > 1$,则 $\displaystyle\sum_{n=1}^{\infty} a_n$ 发散.

证明 (1) 若 $\displaystyle\lim_{n\to\infty} \sqrt[n]{a_n} = r < 1$,则存在自然数 $N>0$,及 $r < r_0 < 1$,当 $n \geqslant N$ 时,有

$$\sqrt[n]{a_n} \leqslant r_0 < 1.$$

由定理 9.5 即知 $\displaystyle\sum_{n=1}^{\infty} a_n$ 收敛.

(2) 若 $\displaystyle\lim_{n\to\infty} \sqrt[n]{a_n} = r > 1$,则存在 $N>0$,当 $n \geqslant N$ 时,有 $\sqrt[n]{a_n} \geqslant 1$,从而 $a_n \geqslant 1$. 于是 $\displaystyle\lim_{n\to\infty} a_n \geqslant 1 \neq 0$,故 $\displaystyle\sum_{n=1}^{\infty} a_n$ 发散.

注 9.6　若 $r=1$, 不能判定级数 $\sum\limits_{n=1}^{\infty} a_n$ 的敛散性. 例如, 级数 $\sum\limits_{n=1}^{\infty} \dfrac{1}{n^2}$ 与 $\sum\limits_{n=1}^{\infty} \dfrac{1}{n}$,

均有 $\lim\limits_{n\to\infty} \sqrt[n]{a_n}=1$, 但前者收敛, 后者发散.

例 9.15　判别级数 $\sum\limits_{n=1}^{\infty} \dfrac{3+(-1)^n}{2^n}$ 的敛散性.

解　由于

$$\frac{2}{2^n} \leqslant \frac{3+(-1)^n}{2^n} \leqslant \frac{4}{2^n} \quad \text{或} \quad \frac{\sqrt[n]{2}}{2} \leqslant \sqrt[n]{\frac{3+(-1)^n}{2^n}} \leqslant \frac{\sqrt[n]{4}}{2}.$$

又由 $\lim\limits_{n\to\infty} \dfrac{\sqrt[n]{2}}{2}=\lim\limits_{n\to\infty} \dfrac{\sqrt[n]{4}}{2}=\dfrac{1}{2}$, 所以 $\lim\limits_{n\to\infty} \sqrt[n]{\dfrac{3+(-1)^n}{2^n}}=\dfrac{1}{2}$, 故原级数收敛.

例 9.16　判别级数 $\sum\limits_{n=1}^{\infty} \dfrac{a^n}{1+a^{2n}}$ $(a>0)$ 的敛散性.

解　(1) 当 $a=1$ 时, 级数为 $\sum\limits_{n=1}^{\infty} \dfrac{1}{2}$, 显然发散.

(2) 当 $0<a<1$ 时, 由于

$$\frac{a^n}{2} \leqslant \frac{a^n}{1+a^{2n}} \leqslant a^n.$$

所以

$$a = \lim_{n\to\infty} \sqrt[n]{\frac{a^n}{2}} \leqslant \lim_{n\to\infty} \sqrt[n]{\frac{a^n}{1+a^{2n}}} \leqslant \lim_{n\to\infty} \sqrt[n]{a^n} = a,$$

故 $\lim\limits_{n\to\infty} \sqrt[n]{\dfrac{a^n}{1+a^{2n}}}=a<1$, 因此原级数收敛.

(3) 当 $a>1$ 时, 由于

$$\frac{a^n}{1+a^{2n}} = \frac{\left(\dfrac{1}{a}\right)^n}{1+\left(\dfrac{1}{a}\right)^{2n}}.$$

同理可得, 原级数仍收敛.

定理 9.6(拉阿伯判别法)　设有正项级数 $\sum\limits_{n=1}^{\infty} a_n$, 若存在正数 N, 当 $n>N$ 时,

(1) 若 $n\left(\dfrac{a_n}{a_{n+1}}-1\right) \geqslant r>1$, 则级数 $\sum\limits_{n=1}^{\infty} a_n$ 收敛;

(2) 若 $n\left(\dfrac{a_n}{a_{n+1}}-1\right) \leqslant 1$, 则级数 $\sum\limits_{n=1}^{\infty} a_n$ 发散.

推论 9.7(拉阿伯判别法的极限形式)　设有正项级数 $\sum\limits_{n=1}^{\infty} a_n$, 且

$$\lim_{n \to \infty} n\left(\frac{a_n}{a_{n+1}} - 1\right) = r,$$

则

(1) 当 $r > 1$ 时，级数 $\displaystyle\sum_{n=1}^{\infty} a_n$ 收敛；

(2) 当 $r < 1$ 时，级数 $\displaystyle\sum_{n=1}^{\infty} a_n$ 发散；

(3) 当 $r = 1$ 时，无法判断，即拉阿伯判别法失效.

例 9.17 判别级数 $\displaystyle\sum_{n=1}^{\infty} \frac{(2n-1)!!}{(2n)!!}$ 的敛散性.

解 记 $a_n = \dfrac{(2n-1)!!}{(2n)!!}$，则

$$\lim_{n \to \infty} n\left(\frac{a_n}{a_{n+1}} - 1\right) = \lim_{n \to \infty} n\left(\frac{2n+2}{2n+1} - 1\right) = \lim_{n \to \infty} \frac{n}{2n+1} = \frac{1}{2} < 1.$$

故由拉阿伯判别法的极限形式知，原级数发散.

9.2.2 交错级数收敛判别法

所谓交错级数就是这样的级数，它的各项是正负交错，从而可以写成下面的形式：

$$a_1 - a_2 + a_3 - a_4 + \cdots = \sum_{n=1}^{\infty} (-1)^{n-1} a_n$$

或者

$$-a_1 + a_2 - a_3 + a_4 - \cdots = \sum_{n=1}^{\infty} (-1)^n a_n,$$

其中 $a_1, a_2, \cdots$ 均为正数. 下面以交错级数 $\displaystyle\sum_{n=1}^{\infty} (-1)^{n-1} a_n$ 为例给出判断其收敛的一个定理.

定理 9.7(莱布尼茨判别法) 设有交错级数 $\displaystyle\sum_{n=1}^{\infty} (-1)^{n-1} a_n (a_n > 0)$，若满足下列两个条件：

(1) $\{a_n\}$ 单调递减；

(2) $\lim\limits_{n \to \infty} a_n = 0$，

则交错级数 $\displaystyle\sum_{n=1}^{\infty} (-1)^{n-1} a_n$ 收敛，且其和 $\displaystyle\sum_{n=1}^{\infty} (-1)^{n-1} a_n \leqslant a_1$，其余项满足估计式

$$|r_n| = \left| \sum_{k=n+1}^{\infty} (-1)^{k-1} a_k \right| \leqslant a_{n+1}.$$

证明　设 $\sum\limits_{n=1}^{\infty}(-1)^{n-1}a_n$ 的部分和数列为 $\{S_n\}$，由 $\{a_n\}$ 的递减性，对任何自然数 n，有

$$S_{2n}=a_1-(a_2-a_3)-(a_4-a_5)-\cdots-(a_{2n-2}-a_{2n-1})-a_{2n}\leqslant a_1,$$

$$0\leqslant S_{2n}=(a_1-a_2)+(a_3-a_4)+\cdots+(a_{2n-1}-a_{2n})$$

$$\leqslant(a_1-a_2)+(a_3-a_4)+\cdots+(a_{2n-1}-a_{2n})+(a_{2n+1}-a_{2n+2})\leqslant S_{2n+2}.$$

从而偶数项部分和数列 $\{S_{2n}\}$ 是单调递增有上界的，则极限 $\lim\limits_{n\to\infty}S_{2n}$ 存在，设为 S，则

$$\lim_{n\to\infty}S_{2n}=S\geqslant 0.$$

由于

$$\lim_{n\to\infty}S_{2n+1}=\lim_{n\to\infty}(S_{2n}+a_{2n+1})=S+0=S.$$

所以 $\{S_n\}$ 的极限存在，且 $\lim\limits_{n\to\infty}S_n=S$，交错级数 $\sum\limits_{n=1}^{\infty}(-1)^{n-1}a_n$ 收敛，且 $\sum\limits_{n=1}^{\infty}(-1)^{n-1}a_n=S\geqslant 0$. 又

$$S_{2n}=a_1-(a_2-a_3)-(a_4-a_5)-\cdots-(a_{2n-2}-a_{2n-1})-a_{2n}\leqslant a_1,$$

$$S_{2n+1}=a_1-(a_2-a_3)-(a_4-a_5)-\cdots-(a_{2n-2}-a_{2n-1})-(a_{2n}-a_{2n+1})\leqslant a_1.$$

所以对任何自然数 n，有 $S_n\leqslant a_1$，故 $\lim\limits_{n\to\infty}S_n\leqslant a_1$，即 $\sum\limits_{n=1}^{\infty}(-1)^{n-1}a_n\leqslant a_1$.

类似可证

$$|r_n|=\left|\sum_{k=n+1}^{\infty}(-1)^{k-1}a_k\right|\leqslant a_{n+1}.$$

例如，根据莱布尼茨判别法可得，级数 $\sum\limits_{n=1}^{\infty}(-1)^{n-1}\dfrac{1}{n}$ 收敛. 且其和 $S<1$，其余项满足 $|r_n|\leqslant\dfrac{1}{n+1}$.

9.2.3　绝对收敛和条件收敛级数

现在讨论一般项级数 $\sum\limits_{n=1}^{\infty}a_n$，它的各项为任意实数.

定义 9.2　若级数 $\sum\limits_{n=1}^{\infty}a_n$ 各项的绝对值所组成的正项级数 $\sum\limits_{n=1}^{\infty}|a_n|$ 收敛，则称原级数 $\sum\limits_{n=1}^{\infty}a_n$ **绝对收敛**；若级数 $\sum\limits_{n=1}^{\infty}a_n$ 收敛，而 $\sum\limits_{n=1}^{\infty}|a_n|$ 发散，则称原级数 $\sum\limits_{n=1}^{\infty}a_n$ **条件收敛**.

级数绝对收敛与级数收敛有以下重要关系：

定理 9.8　若级数 $\sum\limits_{n=1}^{\infty}a_n$ 绝对收敛，则级数 $\sum\limits_{n=1}^{\infty}a_n$ 必定收敛.

证明   若级数 $\sum\limits_{n=1}^{\infty} a_n$ 绝对收敛,则级数 $\sum\limits_{n=1}^{\infty} |a_n|$ 收敛,所以由柯西准则,对 $\forall \varepsilon > 0, \exists N > 0$,当 $n > N$ 时,对任意自然数 p,有

$$|a_{n+1}| + |a_{n+2}| + \cdots + |a_{n+p}| < \varepsilon.$$

从而

$$|a_{n+1} + a_{n+2} + \cdots + a_{n+p}| \leqslant |a_{n+1}| + |a_{n+2}| + \cdots + |a_{n+p}| < \varepsilon.$$

故 $\sum\limits_{n=1}^{\infty} a_n$ 收敛.

定理 9.8 说明:对于一般项级数 $\sum\limits_{n=1}^{\infty} a_n$,若用正项级数的判别法判定了级数 $\sum\limits_{n=1}^{\infty} |a_n|$ 收敛,则原级数一定收敛.这就使得一大类级数的收敛性判定问题,转化为正项级数的收敛性的判定.

注 9.7   当 $\sum\limits_{n=1}^{\infty} a_n$ 收敛时,$\sum\limits_{n=1}^{\infty} |a_n|$ 未必收敛,如级数 $\sum\limits_{n=1}^{\infty} (-1)^{n-1} \dfrac{1}{n}$.

注 9.8   一般地,如果级数 $\sum\limits_{n=1}^{\infty} |a_n|$ 发散,不能断定 $\sum\limits_{n=1}^{\infty} a_n$ 也发散.但是,如果用比值判别法或根值判别法根据 $\lim\limits_{n\to\infty} \dfrac{|a_{n+1}|}{|a_n|} = r > 1$ 或 $\lim\limits_{n\to\infty} \sqrt[n]{|a_{n+1}|} = r > 1$ 判定级数 $\sum\limits_{n=1}^{\infty} |a_n|$ 发散,则可以断定级数 $\sum\limits_{n=1}^{\infty} a_n$ 发散.这是由于从 $r > 1$ 可推出 $|a_n| \nrightarrow 0 (n \to \infty)$,从而 $a_n \nrightarrow 0 (n \to \infty)$,因此级数 $\sum\limits_{n=1}^{\infty} a_n$ 发散.

例 9.18   判定级数 $\sum\limits_{n=1}^{\infty} \dfrac{\sin na}{n^2}$ 的敛散性.

解   由于 $\left| \dfrac{\sin na}{n^2} \right| \leqslant \dfrac{1}{n^2}$,而级数 $\sum\limits_{n=1}^{\infty} \dfrac{1}{n^2}$ 收敛,故级数 $\sum\limits_{n=1}^{\infty} \left| \dfrac{\sin na}{n^2} \right|$ 收敛,从而原级数 $\sum\limits_{n=1}^{\infty} \dfrac{\sin na}{n^2}$ 绝对收敛.

例 9.19   判定级数 $\sum\limits_{n=1}^{\infty} (-1)^n \dfrac{1}{2^n} \left(1 + \dfrac{1}{n} \right)^{n^2}$ 的敛散性.

解   这里 $|a_n| = \dfrac{1}{2^n} \left(1 + \dfrac{1}{n} \right)^{n^2}$,则 $\sqrt[n]{|a_n|} = \dfrac{1}{2} \left(1 + \dfrac{1}{n} \right)^n \to \dfrac{e}{2} > 1 (n \to \infty)$,因此由注 9.8 可知,所给级数发散.

9.2.4   绝对收敛级数的性质

绝对收敛级数有许多性质是条件收敛级数所没有的,下面给出有关绝对收敛

级数的性质.

给定级数 $\sum\limits_{n=1}^{\infty} a_n$,用任意方式改变它项的次序后得到的新级数叫做原级数的**重排级数**.

下面不加证明地给出几个定理,通过这些定理可以看出绝对收敛级数的重要意义.

定理 9.9　若级数 $\sum\limits_{n=1}^{\infty} a_n$ 绝对收敛,则任意重排后所得到的新级数 $\sum\limits_{n=1}^{\infty} b_n$ 也绝对收敛,且与原级数有相同的和(即**绝对收敛级数具有可交换性**).

注 9.9　由条件收敛级数重排后所得到的级数,即使收敛,也不一定收敛于原来的和数.而且条件收敛级数重排后,可得到发散级数,或收敛于任何事先指定的数.

例如,级数 $\sum\limits_{n=1}^{\infty} (-1)^{n-1} \dfrac{1}{n}$ 条件收敛,设 $\sum\limits_{n=1}^{\infty} (-1)^{n-1} \dfrac{1}{n} = S$,即

$$1 - \frac{1}{2} + \frac{1}{3} - \frac{1}{4} + \frac{1}{5} - \frac{1}{6} + \cdots + (-1)^{n-1} \frac{1}{n} + \cdots = S. \tag{9.1}$$

两边乘以 $\dfrac{1}{2}$,得

$$\frac{1}{2} - \frac{1}{4} + \frac{1}{6} - \frac{1}{8} + \cdots + (-1)^{n-1} \frac{1}{2n} + \cdots = \frac{1}{2} S.$$

把上式改写为

$$0 + \frac{1}{2} + 0 - \frac{1}{4} + 0 + \frac{1}{6} + 0 - \frac{1}{8} + \cdots = \frac{1}{2} S. \tag{9.2}$$

将式(9.1)与(9.2)对应的项相加,得

$$1 + 0 + \frac{1}{3} - \frac{1}{2} + \frac{1}{5} + 0 + \frac{1}{7} - \frac{1}{4} + \frac{1}{9} + \cdots = \frac{3}{2} S$$

或

$$1 + \frac{1}{3} - \frac{1}{2} + \frac{1}{5} + \frac{1}{7} - \frac{1}{4} + \frac{1}{9} + \cdots = \frac{3}{2} S. \tag{9.3}$$

而式(9.3)左端是原级数 $\sum\limits_{n=1}^{\infty} (-1)^{n-1} \dfrac{1}{n}$ 的一个重排级数.

在给出绝对收敛级数的另一个性质以前,先来讨论级数的乘法运算.

设有两个收敛级数 $\sum\limits_{n=1}^{\infty} a_n$ 和 $\sum\limits_{n=1}^{\infty} b_n$,把这两个级数的项的所有可能的乘积写成如下无穷方阵:

$$\begin{array}{ccccc}
a_1 b_1 & a_1 b_2 & a_1 b_3 & \cdots & a_1 b_n & \cdots \\
a_2 b_1 & a_2 b_2 & a_2 b_3 & \cdots & a_2 b_n & \cdots \\
\vdots & \vdots & \vdots & & \vdots & \\
a_n b_1 & a_n b_2 & a_n b_3 & \cdots & a_n b_n & \cdots \\
\vdots & \vdots & \vdots & & \vdots &
\end{array}$$

这无穷多个乘积可以按照各种排列顺序排成无穷数列,并用加号连接构成无穷级数.最常见的是按"对角线法"和"正方形"法排列这些乘积项,从而得到相应的级数.

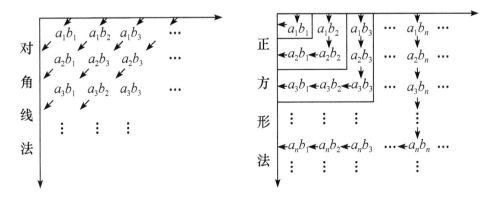

用对角线法构成的级数为

$$a_1b_1 + a_1b_2 + a_2b_1 + a_1b_3 + a_2b_2 + a_3b_1 + \cdots,$$

用正方形法构成的级数为

$$a_1b_1 + a_1b_2 + a_2b_2 + a_2b_1 + a_1b_3 + a_2b_3 + a_3b_3 + a_3b_2 + a_3b_1 + \cdots.$$

无论用对角线法还是用正方形法得到的级数,都称为级数 $\sum\limits_{n=1}^{\infty} a_n$ 与 $\sum\limits_{n=1}^{\infty} b_n$ 的乘积级数. 特别称用对角线法构成的乘积级数为 **柯西乘积级数**. 自然会问:当 $\sum\limits_{n=1}^{\infty} a_n = A, \sum\limits_{n=1}^{\infty} b_n = B$ 时,在什么条件下它们的乘积级数收敛,且其和为 $A \cdot B$? 下面的柯西定理回答了这个问题.

定理 9.10 设 $\sum\limits_{n=1}^{\infty} a_n$ 和 $\sum\limits_{n=1}^{\infty} b_n$ 都绝对收敛,且 $\sum\limits_{n=1}^{\infty} a_n = A$, $\sum\limits_{n=1}^{\infty} b_n = B$,则由 $\sum\limits_{n=1}^{\infty} a_n$ 与 $\sum\limits_{n=1}^{\infty} b_n$ 按任何次序构成的乘积级数也绝对收敛,并且乘积级数的和等于 $A \cdot B$.

注 9.10 对于条件收敛级数,定理 9.10 的结论不一定成立.

例 9.20 求级数 $\sum\limits_{n=0}^{\infty} x^n\ (|x|<1)$ 自乘的柯西乘积级数.

解 当 $|x|<1$ 时,原级数绝对收敛,所以

$$\sum_{n=0}^{\infty} x^n = \lim_{n \to \infty}(1 + x + x^2 + x^3 + \cdots + x^{n-1}) = \lim_{n \to \infty} \frac{1-x^n}{1-x} = \frac{1}{1-x}.$$

于是柯西乘积级数为

$$\frac{1}{(1-x)^2} = 1 \cdot 1 + (1 \cdot x + x \cdot 1) + (1 \cdot x^2 + x \cdot x + x^2 \cdot 1)$$

$$+ \cdots + (1 \cdot x^n + x \cdot x^{n-1} + \cdots + x^{n-1} \cdot x + x^n \cdot 1) + \cdots$$

$$= 1 + 2x + 3x^2 + \cdots + (n+1)x^n + \cdots = \sum_{n=0}^{\infty} (n+1)x^n, \quad |x| < 1.$$

9.2.5　阿贝尔判别法与狄利克雷判别法

下面介绍两个判断一般项级数收敛性的判别法,即阿贝尔判别法与狄利克雷判别法.

引理 9.1(分部求和公式)　设 $\varepsilon_i, v_i (i = 1, 2, \cdots, n)$ 为两组实数,令

$$\sigma_k = v_1 + v_2 + \cdots + v_k, \quad k = 1, 2, \cdots, n,$$

则有分部求和公式

$$\sum_{i=1}^{n} \varepsilon_i v_i = \sum_{i=1}^{n-1} (\varepsilon_i - \varepsilon_{i+1}) \sigma_i + \varepsilon_n \sigma_n.$$

推论 9.8(阿贝尔引理)　若

(1) $\varepsilon_1, \varepsilon_2, \cdots, \varepsilon_n$ 是单调数组;

(2) 对任意 $1 \leqslant k \leqslant n$,有 $|\sigma_k| = |v_1 + v_2 + \cdots + v_k| \leqslant A$,

则有

$$\left| \sum_{k=1}^{n} \varepsilon_k v_k \right| \leqslant 3\varepsilon A,$$

其中 $\varepsilon = \max_k \{|\varepsilon_k|\}$.

证明　由条件(1)知,

$$\varepsilon_1 - \varepsilon_2, \quad \varepsilon_2 - \varepsilon_3, \quad \cdots, \quad \varepsilon_{n-1} - \varepsilon_n$$

都是同号的. 于是

$$\left| \sum_{k=1}^{n} \varepsilon_k v_k \right| = \left| (\varepsilon_1 - \varepsilon_2)\sigma_1 + (\varepsilon_2 - \varepsilon_3)\sigma_2 + \cdots + (\varepsilon_{n-1} - \varepsilon_n)\sigma_{n-1} + \varepsilon_n \sigma_n \right|$$

$$\leqslant A \left| (\varepsilon_1 - \varepsilon_2) + (\varepsilon_2 - \varepsilon_3) + \cdots + (\varepsilon_{n-1} - \varepsilon_n) \right| + A |\varepsilon_n|$$

$$= A |\varepsilon_1 - \varepsilon_n| + A |\varepsilon_n| \leqslant A(|\varepsilon_1| + 2|\varepsilon_n|) \leqslant 3\varepsilon A.$$

定理 9.11(阿贝尔判别法)　若 $\{a_n\}$ 为单调有界数列,且 $\displaystyle\sum_{n=1}^{\infty} b_n$ 收敛,则级数 $\displaystyle\sum_{n=1}^{\infty} a_n b_n$ 收敛.

证明　由 $\displaystyle\sum_{n=1}^{\infty} b_n$ 收敛及柯西准则,即对 $\forall \varepsilon > 0, \exists N > 0$,当 $n > N$ 时,对任一正整数 $p > 0$,有

$$\left| \sum_{k=n}^{n+p} b_k \right| < \varepsilon.$$

再由 $\{a_n\}$ 有界,即存在 $M > 0$,使得 $|a_n| \leqslant M$. 据阿贝尔引理

$$\left| \sum_{k=n}^{n+p} a_k b_k \right| \leqslant 3M\varepsilon.$$

故 $\displaystyle\sum_{n=1}^{\infty} a_n b_n$ 收敛.

定理 9.12(狄利克雷判别法) 若 $\{a_n\}$ 单调,且 $\lim\limits_{n\to\infty} a_n = 0$,又级数 $\displaystyle\sum_{n=1}^{\infty} b_n$ 的部分和有界,则级数 $\displaystyle\sum_{n=1}^{\infty} a_n b_n$ 收敛.

证明与定理 9.11 的证明类似.

注 9.11 上面两个判别法实际上是有联系的,事实上,由狄利克雷判别法可以推出阿贝尔判别法.

注 9.12 莱布尼茨定理可以看成是狄利克雷判别法的一个特殊情形.

例 9.21 若 $\displaystyle\sum_{n=1}^{\infty} a_n$ 单调趋于零,则级数

$$\sum_{n=1}^{\infty} a_n \sin nx \quad 和 \quad \sum_{n=1}^{\infty} a_n \cos nx$$

对 $\forall x \in (0, 2\pi)$ 都收敛.

证明 由公式

$$2\sin\frac{x}{2}\left(\frac{1}{2} + \sum_{k=1}^{n}\cos kx\right) = \sin\left(n+\frac{1}{2}\right)x,$$

得

$$\frac{1}{2} + \sum_{k=1}^{n}\cos kx = \frac{\sin\left(n+\frac{1}{2}\right)x}{2\sin\frac{x}{2}}.$$

从而级数 $\displaystyle\sum_{n=1}^{\infty}\cos nx$ 的部分和数列当 $\forall x \in (0, 2\pi)$ 时有界,由狄利克雷判别法,级数 $\displaystyle\sum_{n=1}^{\infty} a_n \cos nx$ 收敛.同理可证级数 $\displaystyle\sum_{n=1}^{\infty} a_n \sin nx$ 也收敛.

例 9.22 证明:若级数 $\displaystyle\sum_{n=1}^{\infty}\frac{a_n}{n^x}$ 在 $x = x_0$ 时收敛,则当 $x > x_0$ 时级数都收敛.

证明 当 $x > x_0$ 时,有

$$\frac{a_n}{n^x} = \frac{1}{n^{x-x_0}} \cdot \frac{a_n}{n^{x_0}},$$

则其中 $\left\{\dfrac{1}{n^{x-x_0}}\right\}$ 递减且趋于零,又 $\displaystyle\sum_{n=1}^{\infty}\frac{a_n}{n^{x_0}}$ 收敛,由阿贝尔判别法,当 $x > x_0$ 时级数 $\displaystyle\sum_{n=1}^{\infty}\frac{a_n}{n^x}$ 都收敛.

习　题　9.2

1. 用比较判别法判断下列级数的敛散性.

(1) $\sum\limits_{n=1}^{\infty} \dfrac{1}{\sqrt[3]{n^2+1}}$;

(2) $\sum\limits_{n=1}^{\infty} \dfrac{1}{\sqrt{n^2+1}}$;

(3) $\sum\limits_{n=1}^{\infty} \dfrac{|\sin n|}{n^2+1}$;

(4) $\sum\limits_{n=1}^{\infty} 2^n \sin \dfrac{\pi}{3^n}$;

(5) $\sum\limits_{n=1}^{\infty} \dfrac{1}{n^{\ln n}}$;

(6) $\sum\limits_{n=2}^{\infty} \dfrac{1}{(\ln n)^n}$;

(7) $\sum\limits_{n=2}^{\infty} \dfrac{1}{(\ln n)^{\ln n}}$;

(8) $\sum\limits_{n=2}^{\infty} \dfrac{1}{n^2 \ln n}$;

(9) $\sum\limits_{n=1}^{\infty} \left(1-\cos \dfrac{1}{n}\right)$;

(10) $\sum\limits_{n=1}^{\infty} \dfrac{1}{n \sqrt[n]{n}}$.

2. 利用级数收敛的必要条件证明下列极限:

(1) $\lim\limits_{n\to\infty} \dfrac{n^n}{(n!)^2}=0$;

(2) $\lim\limits_{n\to\infty} \dfrac{\sqrt[n]{n!}}{n^n}=0$.

3. 用比值判别法或根值判别法判断下列级数的敛散性:

(1) $\sum\limits_{n=1}^{\infty} \dfrac{2^n \cdot n!}{n^n}$;

(2) $\sum\limits_{n=1}^{\infty} \dfrac{n^{10}}{\left(2+\dfrac{1}{n}\right)^n}$;

(3) $\sum\limits_{n=1}^{\infty} \left(\dfrac{n}{2n+1}\right)^n$;

(4) $\sum\limits_{n=1}^{\infty} \dfrac{2\cdot5\cdot8\cdot\cdots\cdot(3n-1)}{1\cdot5\cdot9\cdot\cdots\cdot(4n-3)}$;

(5) $\sum\limits_{n=1}^{\infty} \dfrac{2^n}{n^2}$;

(6) $\sum\limits_{n=1}^{\infty} \dfrac{(2n-1)!!}{n!}$;

(7) $\sum\limits_{n=1}^{\infty} \left(\dfrac{b}{a_n}\right)^n$, 其中 $a_n \to a(n\to\infty)$,且 a,b 为正数;

(8) $\sum\limits_{n=1}^{\infty} \dfrac{2^n}{3^{\ln n}}$.

4. 利用拉阿伯判别法判断下列级数的敛散性:

(1) $\sum\limits_{n=1}^{\infty} \dfrac{n!}{(x+1)(x+2)\cdots(x+n)} (x>0)$;　　　　(2) $\sum\limits_{n=1}^{\infty} \dfrac{n! e^n}{n^{n+p}}$.

5. 若正项级数 $\sum\limits_{n=1}^{\infty} a_n$ 收敛,证明:级数 $\sum\limits_{n=1}^{\infty} \sqrt{a_n a_{n+1}}$ 与级数 $\sum\limits_{n=1}^{\infty} a_n^2$ 都收敛.

6. 证明:若级数 $\sum\limits_{n=1}^{\infty} a_n^2$ 收敛 $(a_n>0)$,则级数 $\sum\limits_{n=1}^{\infty} \dfrac{a_n}{n}$ 收敛.

7. 若 $a_n \geqslant 0$ 且 $\{na_n\}$ 有界,证明:级数 $\sum\limits_{n=1}^{\infty} a_n^2$ 收敛.

8. 若正项级数 $\sum\limits_{n=1}^{\infty} a_n$ 收敛,且 $\{a_n\}$ 是递减数列,证明: $\lim\limits_{n\to\infty} na_n=0$.

9. 设 $a_n>0$,证明:数列 $\{(1+a_1)(1+a_2)\cdots(1+a_n)\}$ 与级数 $\sum\limits_{n=1}^{\infty} a_n$ 同时收敛或同时发散.

10. 判别下列级数是绝对收敛、条件收敛、还是发散?

(1) $\sum_{n=1}^{\infty} (-1)^n \frac{\sqrt{n}}{n+1}$;

(2) $\sum_{n=1}^{\infty} (-1)^n \sin \frac{x}{n}$;

(3) $\sum_{n=1}^{\infty} (-1)^n \left(\frac{2n+2}{3n+1} \right)^n$;

(4) $\sum_{n=1}^{\infty} (-1)^n \frac{\ln(n+1)}{n}$;

(5) $\sum_{n=1}^{\infty} (-1)^n \frac{1}{n^p}, (p > 0)$;

(6) $\sum_{n=1}^{\infty} (-1)^n \frac{n}{2n+1}$.

11. 设 $a_n > a_{n+1} > 0, n = 1, 2, \cdots,$ 且 $\lim_{n \to \infty} a_n = 0.$ 证明:级数

$$\sum_{n=1}^{\infty} (-1)^{n-1} \frac{a_1 + a_2 + \cdots + a_n}{n}$$

收敛.

12. 证明:级数 $\sum_{n=0}^{\infty} \frac{a^n}{n!}$ 和 $\sum_{n=0}^{\infty} \frac{b^n}{n!}$ 都绝对收敛,且

$$\left(\sum_{n=0}^{\infty} \frac{a^n}{n!} \right) \left(\sum_{n=0}^{\infty} \frac{b^n}{n!} \right) = \sum_{n=0}^{\infty} \frac{(a+b)^n}{n!}.$$

13. 设 $\sum_{n=1}^{\infty} a_n^2$ 与 $\sum_{n=1}^{\infty} b_n^2$ 收敛,证明: $\sum_{n=1}^{\infty} a_n b_n$ 绝对收敛.

9.3 幂 级 数

9.3.1 函数项级数的概念

设 $u_n(x)(n = 1, 2, \cdots)$ 是数集 E 上的函数列,称

$$\sum_{n=1}^{\infty} u_n(x) = u_1(x) + u_2(x) + \cdots + u_n(x) + \cdots$$

为数集 E 上的**函数项级数**,称

$$S_n(x) = \sum_{k=1}^{n} u_k(x)$$

为函数项级数 $\sum_{n=1}^{\infty} u_n(x)$ 的(前 n 项)**部分和函数列**.

设 $x_0 \in E$,若常数项级数 $\sum_{n=1}^{\infty} u_n(x_0)$ 收敛,则称 x_0 是函数项级数 $\sum_{n=1}^{\infty} u_n(x)$ 的**收敛点**;若 $\sum_{n=1}^{\infty} u_n(x_0)$ 发散,则称 x_0 是函数项级数 $\sum_{n=1}^{\infty} u_n(x)$ 的**发散点**.函数项级数 $\sum_{n=1}^{\infty} u_n(x)$ 的所有收敛点的全体称为它的**收敛域**,所有发散点的全体称为它的**发散域**.

对于收敛域中的任意一个数 x,有

$$S(x) = \sum_{n=1}^{\infty} u_n(x) = \lim_{n\to\infty} \sum_{k=1}^{n} u_k(x) = \lim_{n\to\infty} S_n(x).$$

称 $S(x)$ 为函数项级数 $\sum_{n=1}^{\infty} u_n(x)$ 的**和函数**.

仍把 $R_n(x) = S(x) - S_n(x)$ 叫做函数项级数的**余项**(当然,只有 x 属于收敛域,$R_n(x)$ 才有意义),于是有

$$\lim_{n\to\infty} R_n(x) = \lim_{n\to\infty}(S(x) - S_n(x)) = 0.$$

9.3.2　幂级数及其收敛性

函数项级数中简单并且常见的一类级数就是各项都是幂函数的函数项级数——**幂级数**.它的形式是

$$\sum_{n=0}^{\infty} a_n(x-x_0)^n = a_0 + a_1(x-x_0) + \cdots + a_n(x-x_0)^n + \cdots \tag{9.4}$$

或

$$\sum_{n=0}^{\infty} a_n x^n = a_0 + a_1 x + \cdots + a_n x^n + \cdots, \tag{9.5}$$

其中常数 $a_0, a_1, a_2, \cdots, a_n, \cdots$ 叫做**幂级数的系数**.若令 $t = x - x_0$,则可把幂级数(9.4)转化为(9.5)的情形.为简单起见,仅讨论形如式(9.5)的幂级数.

先看一个例子,考虑幂级数

$$\sum_{n=0}^{\infty} x^n = 1 + x + x^2 + \cdots + x^n + \cdots$$

的收敛域.当 $|x| < 1$ 时,级数收敛于和 $\frac{1}{1-x}$;当 $|x| \geq 1$ 时,级数发散.故级数 $\sum_{n=0}^{\infty} x^n$ 的收敛域是 $(-1,1)$,发散域是 $(-\infty,-1] \cup [1,+\infty)$.

从上面的例子可以看出,这个幂级数的收敛域是一个区间.事实上,这个结论对于一般的幂级数也是成立的.任何幂级数 $\sum_{n=0}^{\infty} a_n x^n$ 在 $x=0$ 点总是收敛的.在 $x \neq 0$ 处的收敛情况,有下面的定理.

定理 9.13　对于幂级数 $\sum_{n=0}^{\infty} a_n x^n$,

(1) 若此级数在 $x = x_0 \neq 0$ 处收敛,则它在 $|x| < |x_0|$ 的每一点处绝对收敛;

(2) 若此级数在 $x = x_0 \neq 0$ 处发散,则它在 $|x| > |x_0|$ 的每一点处发散.

证明　(1) 任取 x,使 $|x| < |x_0|$,则

$$|a_n x^n| = |a_n x_0^n| \left| \frac{x}{x_0} \right|^n.$$

因为 $\sum_{n=0}^{\infty} a_n x_0^n$ 收敛,所以 $\lim_{n\to\infty} a_n x_0^n = 0$,从而 $|a_n x_0^n|$ 有界. 设 $|a_n x_0^n| \leqslant M$,则

$$|a_n x^n| = M \left| \frac{x}{x_0} \right|^n.$$

由 $|x| < |x_0|$ 知,级数 $\sum_{n=0}^{\infty} \left| \frac{x}{x_0} \right|^n$ 收敛,根据比较判别法知 $\sum_{n=0}^{\infty} |a_n x^n|$ 收敛. 故幂级

数 $\sum_{n=0}^{\infty} a_n x^n$ 在 $|x| < |x_0|$ 的每一点处绝对收敛.

(2) 设 $\sum_{n=0}^{\infty} a_n x_0^n$ 发散. 如果存在 $|x_1| > |x_0|$,使级数 $\sum_{n=0}^{\infty} a_n x_1^n$ 收敛,那么由(1)

可知,级数 $\sum_{n=0}^{\infty} |a_n x_0^n|$ 收敛,这与假设矛盾,故幂级数 $\sum_{n=0}^{\infty} a_n x^n$ 在 $|x| > |x_0|$ 的每一

点处发散.

上述定理表明,幂级数 $\sum_{n=0}^{\infty} a_n x^n$ 的收敛域或仅是 $x=0$ 一点,或是以原点为中

心的区间.

设幂级数在数轴上既有收敛点(不仅是原点)也有发散点,现在从原点沿数轴
向右走,最初只遇到收敛点,然后就只遇到发散点. 这两部分的界点可能是收敛点
也可能是发散点. 从原点沿数轴向左方走情
形也是如此. 两个界点 P 与 P' 在原点的两
侧,且由定理 9.13 可以证明它们到原点的距
离是一样的(图 9.1).

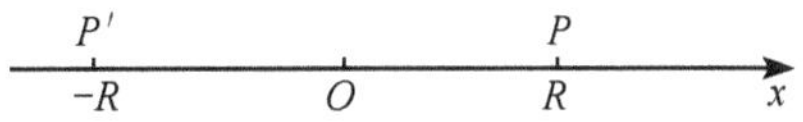

图 9.1

推论 9.9 如果幂级数 $\sum_{n=0}^{\infty} a_n x^n$ 不是仅在 $x=0$ 一点收敛,也不是在整个数轴

上都收敛,则必有一个确定的正数 R 存在,使得

(1) 当 $|x| < R$ 时,幂级数绝对收敛;

(2) 当 $|x| > R$ 时,幂级数发散;

(3) 当 $x=R$ 与 $x=-R$ 时,幂级数可能收敛也可能发散.

推论 9.9 中的正数 R 称为幂级数 $\sum_{n=0}^{\infty} a_n x^n$ 的**收敛半径**,开区间 $(-R,R)$ 称为

幂级数的**收敛区间**. 再由幂级数在 $x=\pm R$ 处的收敛性就可决定幂级数的收敛域
是 $(-R,R)$,$(-R,R]$,$[-R,R)$ 或 $[-R,R]$ 这四个区间之一.

如果幂级数 $\sum_{n=0}^{\infty} a_n x^n$ 只在 $x=0$ 处收敛,这时收敛域只有一点 $x=0$. 但为了方

便起见,规定这时收敛半径 $R=0$;如果幂级数对一切 $x \in \mathbf{R}$ 都收敛,则规定收敛半
径 $R=+\infty$,这是收敛域是 $(-\infty,\infty)$.

定理 9.14　如果

$$\lim_{n\to\infty} \sqrt[n]{|a_n|} = \rho,$$

则

(1) 当 $0 < \rho < +\infty$ 时,幂级数的收敛半径 $R = \dfrac{1}{\rho}$;

(2) 当 $\rho = 0$ 时,幂级数的收敛半径 $R = +\infty$;

(3) 当 $\rho = +\infty$ 时,幂级数的收敛半径 $R = 0$.

证明　(1) 当 $0 < \rho < +\infty$ 时,由 $\lim\limits_{n\to\infty} \sqrt[n]{|a_n|} = \rho$ 得 $\lim\limits_{n\to\infty} \sqrt[n]{|a_n x^n|} = \rho |x|$. 根据级

数收敛的根值判别法,当 $\rho|x| < 1$ 时,即 $|x| < \dfrac{1}{\rho}$ 时,级数 $\sum\limits_{n=0}^{\infty} |a_n x^n|$ 收敛,从而

$\sum\limits_{n=0}^{\infty} a_n x^n$ 收敛;而当 $\rho|x| > 1$ 时,即 $|x| > \dfrac{1}{\rho}$ 时,级数 $\sum\limits_{n=0}^{\infty} |a_n x^n|$ 发散,由定理 9.13

的 (2) 知,$\sum\limits_{n=0}^{\infty} a_n x^n$ 发散,所以级数 $\sum\limits_{n=0}^{\infty} a_n x^n$ 的收敛半径 $R = \dfrac{1}{\rho}$.

(2) 当 $\rho = 0$ 时,对一切 $x \in (-\infty, \infty)$,有

$$\lim_{n\to\infty} \sqrt[n]{|a_n x^n|} = |x| \cdot \lim_{n\to\infty} \sqrt[n]{|a_n|} = 0.$$

由根值判别法知,$\sum\limits_{n=0}^{\infty} a_n x^n$ 绝对收敛,所以 $R = +\infty$.

(3) 当 $\rho = +\infty$ 时,对一切 $x \neq 0$,有

$$\lim_{n\to\infty} \sqrt[n]{|a_n x^n|} = |x| \cdot \lim_{n\to\infty} \sqrt[n]{|a_n|} = +\infty.$$

从而存在 $N > 0$,当 $n > N$ 时,有

$$\sqrt[n]{|a_n x^n|} \geqslant 1 \ \text{或} \ |a_n x^n| \geqslant 1.$$

于是

$$\lim_{n\to\infty} |a_n x^n| \geqslant 1 \neq 0.$$

故 $\sum\limits_{n=0}^{\infty} a_n x^n$ 发散. 所以 $\sum\limits_{n=0}^{\infty} a_n x^n$ 仅在 $x = 0$ 处收敛,故 $R = 0$.

例 9.23　求幂级数 $\sum\limits_{n=0}^{\infty} \dfrac{x^n}{2^n}$ 的收敛半径和收敛域.

解　$\lim\limits_{n\to\infty} \sqrt[n]{|a_n|} = \lim\limits_{n\to\infty} \sqrt[n]{\dfrac{1}{2^n}} = \dfrac{1}{2}$,所以 $R = 2$,收敛区间为 $(-2, 2)$.

当 $x = \pm 2$ 时,级数为 $\sum\limits_{n=0}^{\infty} (\pm 1)^n$,显然发散,故收敛域为 $(-2, 2)$.

例 9.24　求幂级数 $\sum\limits_{n=0}^{\infty} \dfrac{(x-1)^n}{n 2^n}$ 收敛半径和收敛域.

解 $\lim\limits_{n\to\infty}\sqrt[n]{\dfrac{1}{n2^n}}=\lim\limits_{n\to\infty}\sqrt[n]{\dfrac{1}{n}}\cdot\dfrac{1}{2}=\dfrac{1}{2}.$ 所以收敛半径 $R=2.$ 由 $|x-1|<2$ 得幂

级数 $\sum\limits_{n=0}^{\infty}\dfrac{(x-1)^n}{n2^n}$ 的收敛区间为 $(-1,3).$ 当 $x=3$ 时,原级数为 $\sum\limits_{n=0}^{\infty}\dfrac{1}{n},$ 显然发散;

当 $x=-1$ 时,原级数为 $\sum\limits_{n=0}^{\infty}\dfrac{(-1)^n}{n},$ 显然收敛.故原幂级数的收敛域为 $[-1,3).$

定理 9.15 设幂级数 $\sum\limits_{n=0}^{\infty}a_nx^n$ 的收敛半径为 $R,$ 如果

$$\lim_{n\to\infty}\left|\dfrac{a_{n+1}}{a_n}\right|=\rho,$$

则

(1) 当 $0<\rho<+\infty$ 时, $R=\dfrac{1}{\rho}$;

(2) 当 $\rho=0$ 时, $R=+\infty$;

(3) 当 $\rho=+\infty$ 时, $R=0.$

例 9.25 求幂级数 $\sum\limits_{n=0}^{\infty}\dfrac{x^n}{n^2}$ 的收敛半径和收敛域.

解 $\lim\limits_{n\to\infty}\left|\dfrac{a_{n+1}}{a_n}\right|=\lim\limits_{n\to\infty}\dfrac{n^2}{(n+1)^2}=1,$ 所以收敛半径 $R=1,$ 收敛区间 $(-1,1).$

当 $x=\pm1$ 时,级数为 $\sum\limits_{n=0}^{\infty}\dfrac{(\pm1)^n}{n^2},$ 显然收敛,故该幂级数的收敛域为 $[-1,1].$

例 9.26 求幂级数 $\sum\limits_{n=0}^{\infty}\dfrac{\ln(n+1)}{n+1}(x-1)^n$ 的收敛半径和收敛域.

解 $\lim\limits_{n\to\infty}\left|\dfrac{a_{n+1}}{a_n}\right|=\lim\limits_{n\to\infty}\left[\dfrac{\ln(n+2)}{n+2}\Big/\dfrac{\ln(n+1)}{n+1}\right]=1,$ 所以收敛半径 $R=1,$ 收敛区

间为 $(0,2).$

当 $x=0$ 时,级数为 $\sum\limits_{n=0}^{\infty}(-1)^n\dfrac{\ln(n+1)}{n+1},$ 由莱布尼茨判别法知,此交错级数

收敛.

当 $x=2$ 时,级数为 $\sum\limits_{n=0}^{\infty}\dfrac{\ln(n+1)}{n+1},$ 由于

$$\dfrac{\ln(n+1)}{n+1}>\dfrac{1}{n+1},\quad n>2.$$

而 $\sum\limits_{n=0}^{\infty}\dfrac{1}{n+1}$ 发散,故 $\sum\limits_{n=0}^{\infty}\dfrac{\ln(n+1)}{n+1}$ 发散.因此该幂级数的收敛域为 $[0,2).$

9.3.3 幂级数和函数的分析性质

在幂级数的收敛域内,其和函数作为函数,可进行函数运算,亦可以讨论其连

续性、可导性与可积性.

定理 9.16　设幂级数 $\sum\limits_{n=0}^{\infty} a_n x^n$ 和 $\sum\limits_{n=0}^{\infty} b_n x^n$ 的收敛半径分别为 R_1 和 R_2,则

(1) 它们的和、差分别定义为如下的幂级数:

$$
\begin{aligned}
\sum_{n=0}^{\infty} a_n x^n + \sum_{n=0}^{\infty} b_n x^n &= \sum_{n=0}^{\infty} (a_n + b_n) x^n \\
&= (a_0 + b_0) + (a_1 + b_1) x + \cdots + (a_n + b_n) x^n + \cdots, \\
\sum_{n=0}^{\infty} a_n x^n - \sum_{n=0}^{\infty} b_n x^n &= \sum_{n=0}^{\infty} (a_n - b_n) x^n \\
&= (a_0 - b_0) + (a_1 - b_1) x + \cdots + (a_n - b_n) x^n + \cdots.
\end{aligned}
$$

上面两式在 $(-R, R)$ 内成立,其中 $R = \min\{R_1, R_2\}$.

(2) 它们的积定义为如下的幂级数:

$$
\sum_{n=0}^{\infty} a_n x^n \cdot \sum_{n=0}^{\infty} b_n x^n = \sum_{n=0}^{\infty} c_n x^n,
$$

其中

$$
c_n = \sum_{\substack{0 \leqslant i, j \leqslant n \\ i+j=n}} a_i b_j = a_0 b_n + a_1 b_{n-1} + \cdots + a_n b_0.
$$

且上式在 $(-R, R)$ 内成立,其中 $R = \min\{R_1, R_2\}$.

定理 9.17　设幂级数 $\sum\limits_{n=0}^{\infty} a_n x^n$ 的收敛半径为 $R (R > 0)$,则

(1) $\sum\limits_{n=0}^{\infty} a_n x^n$ 的和函数 $S(x)$ 在级数的收敛域内是连续函数,即对收敛域内任一点 x_0,有 $\lim\limits_{x \to x_0} S(x) = S(x_0)$,从而有下面的**逐项求极限公式**:

$$
\lim_{x \to x_0} \sum_{n=0}^{\infty} a_n x^n = \sum_{n=0}^{\infty} a_n x_0^n = \sum_{n=0}^{\infty} \lim_{x \to x_0} (a_n x^n)
$$

(在收敛域的端点取单侧极限).

(2) $\sum\limits_{n=0}^{\infty} a_n x^n$ 的和函数 $S(x)$ 在收敛区间 $(-R, R)$ 内可导,且有下面的**逐项求导公式**:

$$
\left(\sum_{n=0}^{\infty} a_n x^n \right)' = \sum_{n=0}^{\infty} (a_n x^n)' = \sum_{n=1}^{\infty} n a_n x^{n-1}, \quad x \in (-R, R).
$$

且逐项求导后的幂级数具有与原幂级数相同的收敛半径,但在收敛区间端点处的敛散性可能会有所改变.

(3) $\sum\limits_{n=0}^{\infty} a_n x^n$ 的和函数 $S(x)$ 在收敛区间 $(-R, R)$ 内可积,且有下面的**逐项积分公式**:

$$\int_0^x \Big(\sum_{n=0}^\infty a_n x^n\Big) \mathrm{d}x = \sum_{n=0}^\infty \int_0^x (a_n x^n) \mathrm{d}x = \sum_{n=0}^\infty \frac{a_n}{n+1} x^{n+1}, \quad x \in (-R, R).$$

且逐项积分后的幂级数具有与原幂级数相同的收敛半径,但在收敛区间端点处的敛散性可能会有所改变.

注 9.13 由定理 9.17,幂级数的导数仍是幂级数,从而可以继续求导,所以**幂级数在其收敛区间内有任意阶导数,且收敛半径不变**.

推论 9.10 设幂级数 $\sum\limits_{n=0}^\infty a_n x^n$ 的和函数为 $S(x)$,则

$$a_0 = S(0), a_n = \frac{S^{(n)}(0)}{n!}, \quad n = 1, 2, \cdots.$$

例 9.27 求幂级数 $\sum\limits_{n=0}^\infty (-1)^{n-1} \dfrac{x^n}{n}$ 的和函数,并求 $\sum\limits_{n=0}^\infty (-1)^{n-1} \dfrac{1}{n}$ 的值.

解 幂级数 $\sum\limits_{n=0}^\infty (-1)^{n-1} \dfrac{x^n}{n}$ 的收敛半径为 $R=1$,收敛区间为 $(-1, 1)$.

当 $x=-1$ 时,级数发散;当 $x=1$ 时,级数 $\sum\limits_{n=0}^\infty (-1)^{n-1} \dfrac{1}{n}$ 收敛,故该级数的收敛域为 $(-1, 1]$. 设 $S(x) = \sum\limits_{n=0}^\infty (-1)^{n-1} \dfrac{x^n}{n}$,则在 $(-1, 1)$ 内逐项求导得

$$S'(x) = \sum_{n=0}^\infty \Big((-1)^{n-1} \frac{x^n}{n} \Big)' = \sum_{n=0}^\infty (-x)^{n-1} = \frac{1}{1+x}.$$

于是

$$S(x) = \int_0^x S'(t) \mathrm{d}t = \int_0^x \frac{1}{1+t} \mathrm{d}t = \ln(1+x),$$

所以幂级数的和函数为

$$\ln(1+x) = \sum_{n=0}^\infty (-1)^{n-1} \frac{x^n}{n}, \quad -1 < x < 1.$$

因为 $x=1$ 时,级数收敛,故其和函数 $\ln(1+x)$ 在 $x=1$ 处左连续,因此

$$\ln 2 = \lim_{x \to 1-0} \ln(1+x) = \sum_{n=0}^\infty \Big(\lim_{x \to 1-0} (-1)^{n-1} \frac{x^n}{n} \Big) = \sum_{n=0}^\infty (-1)^{n-1} \frac{1}{n}.$$

例 9.28 求幂级数 $\sum\limits_{n=0}^\infty n x^{n-1}$ 的和函数.

解 幂级数 $\sum\limits_{n=0}^\infty n x^{n-1}$ 的收敛半径为 $R=1$,收敛区间为 $(-1, 1)$. 当 $x=\pm 1$ 时,幂级数 $\sum\limits_{n=0}^\infty n x^{n-1}$ 均发散,故该幂级数的收敛域为 $(-1, 1)$. 设其和函数为 $S(x)$,由逐项积分公式知,对任何 $x \in (-1, 1)$,有

$$F(x) = \int_0^x S(t)\mathrm{d}t = \sum_{n=0}^{\infty} \int_0^x nt^{n-1}\mathrm{d}t = \sum_{n=0}^{\infty} x^{n+1} = n\left(\sum_{n=0}^{\infty} x^n\right) = x \cdot \frac{1}{1-x} = \frac{x}{1-x}.$$

故

$$S(x) = F'(x) = \frac{1}{(1-x)^2}, \quad -1 < x < 1.$$

例 9.29　求数项级数 $\displaystyle\sum_{n=0}^{\infty} \frac{2n-1}{2^n}$ 的和.

解　因为 $\displaystyle\sum_{n=0}^{\infty} \frac{2n}{2^n} = \sum_{n=0}^{\infty} n\left(\frac{1}{2}\right)^{n-1}$. 由例 9.28 知, $\displaystyle\sum_{n=0}^{\infty} \frac{2n}{2^n} = \frac{1}{\left(1-\dfrac{1}{2}\right)^2} = 4$, 又

$\displaystyle\sum_{n=0}^{\infty} \frac{1}{2^n} = 1$. 所以

$$\sum_{n=0}^{\infty} \frac{2n-1}{2^n} = \sum_{n=0}^{\infty} \frac{2n}{2^n} - \sum_{n=0}^{\infty} \frac{1}{2^n} = 4 - 1 = 3.$$

例 9.30　求幂级数 $\displaystyle\sum_{n=0}^{\infty} \frac{x^n}{n!} = 1 + x + \frac{x^2}{2!} + \cdots + \frac{x^n}{n!} + \cdots$ 的和函数 $E(x)$.

解　易知幂级数 $\displaystyle\sum_{n=0}^{\infty} \frac{x^n}{n!}$ 的收敛半径为 $+\infty$, 收敛域为 $(-\infty, +\infty)$. 由逐项微分公式, 对任何 $x \in (-\infty, +\infty)$, 有

$$E'(x) = \sum_{n=0}^{\infty} \left(\frac{x^n}{n!}\right)' = 1 + x + \frac{x^2}{2!} + \cdots + \frac{x^n}{n!} + \cdots = E(x).$$

于是

$$\left(\frac{E(x)}{\mathrm{e}^x}\right)' = \frac{E'(x)\mathrm{e}^x - E(x)\mathrm{e}^x}{\mathrm{e}^{2x}} \equiv 0,$$

所以 $\dfrac{E(x)}{\mathrm{e}^x} \equiv c$（常数）. 注意到 $E(0) = 1$, 故 $c = 1$. 于是

$$\mathrm{e}^x = E(x) = 1 + x + \frac{x^2}{2!} + \cdots + \frac{x^n}{n!} + \cdots, \quad x \in (-\infty, +\infty).$$

9.3.4　函数的幂级数展开

幂级数在收敛区间内具有许多重要性质（如连续性、逐项微分、逐项积分等）. 如果能把初等函数表示成幂级数的形式, 这对于深入研究函数将会带来很多方便. 但并非所有的函数都可以展开成幂级数. 先看一个例子.

设函数

$$f(x) = \begin{cases} \mathrm{e}^{-\frac{1}{x^2}}, & x \neq 0, \\ 0, & x = 0. \end{cases}$$

可以证明在 $x=0$ 处，$f(x)$ 的任意阶导数均存在且为零，即

$$f^{(n)}(0) = 0, \quad n = 1, 2, \cdots.$$

如果 $f(x)$ 在 $x=0$ 的附近可展开成幂级数：

$$f(x) = \sum_{n=0}^{\infty} a_n x^n,$$

则 $a_n = \dfrac{f^{(n)}(0)}{n!} = 0$，从而在 $x=0$ 的附近 $f(x)=0$，这与 $f(x)$ 的定义矛盾.

上例说明，函数 $f(x)$ 在 x_0 处有任意阶导数，级数 $\displaystyle\sum_{n=0}^{\infty} \dfrac{f^{(n)}(x_0)}{n!}(x-x_0)^n$ 也不一定收敛于 $f(x)$，还必须满足其他条件.

1. 函数可展开成幂级数的条件

3.4 节中的泰勒定理表明，若 $f(x)$ 在 x_0 的某邻域内存在直至 $n+1$ 阶的导数，则在该邻域内 $f(x)$ 的**泰勒公式**为

$$f(x) = f(x_0) + f'(x_0)(x-x_0) + \frac{f''(x_0)}{2!}(x-x_0)^2$$
$$+ \cdots + \frac{f^{(n)}(x_0)}{n!}(x-x_0)^n + R_n(x),$$

其中 $R_n(x)$ 为**拉格朗日型余项**：

$$R_n(x) = \frac{f^{(n+1)}(\xi)}{(n+1)!}(x-x_0)^{n+1},$$

ξ 在 x 与 x_0 之间. 这时，在该邻域内 $f(x)$ 可以用 n 次多项式

$$S_n(x) = f(x_0) + f'(x_0)(x-x_0) + \frac{f''(x_0)}{2!}(x-x_0)^2$$
$$+ \cdots + \frac{f^{(n)}(x_0)}{n!}(x-x_0)^n$$

来近似代替，并且误差等于余项的绝对值 $|R_n(x)|$.

如果函数 $f(x)$ 在 x_0 的某邻域内存在任意阶导数，这时称形式为

$$f(x_0) + f'(x_0)(x-x_0) + \frac{f''(x_0)}{2!}(x-x_0)^2 + \cdots + \frac{f^{(n)}(x_0)}{n!}(x-x_0)^n + \cdots$$

$$(9.6)$$

的级数为函数 f 在 x_0 处的**泰勒级数**.

若存在 $\delta > 0$，对任何 $x \in (x_0 - \delta, x_0 + \delta)$，函数 f 在 x_0 处的泰勒级数收敛于 $f(x)$，即

$$f(x) = f(x_0) + f'(x_0)(x-x_0) + \frac{f''(x_0)}{2!}(x-x_0)^2$$

$$+ \cdots + \frac{f^{(n)}(x_0)}{n!}(x - x_0)^n + \cdots, \tag{9.7}$$

则称函数 $f(x)$ 在 x_0 处可展成**泰勒级数**或**幂级数**,并称式(9.7)为 $f(x)$ 在 x_0 处的**泰勒级数展开式**或**幂级数展开式**.

一般来说,如果函数 $f(x)$ 在 x_0 的某邻域内存在任意阶导数,总能够写出 $f(x)$ 的泰勒级数(9.6),但是泰勒级数(9.6)在 $(x_0 - \delta, x_0 + \delta)$ 内不一定就收敛于函数 $f(x)$. 那么在什么条件下函数 $f(x)$ 的泰勒级数(9.6)收敛于 $f(x)$ 本身呢?

定理 9.18 设函数 $f(x)$ 在 x_0 处具有任意阶导数,则 $f(x)$ 在 x_0 处可展成幂级数的充要条件是:存在 $\delta > 0$,对每个 $x \in (x_0 - \delta, x_0 + \delta)$,有

$$\lim_{n \to \infty} R_n(x) = 0.$$

这里 $R_n(x)$ 是 $f(x)$ 在 x_0 处的泰勒公式余项.

证明 必要性. 若函数 $f(x)$ 在 x_0 处可展成幂级数,则存在 $\delta > 0$,对一切 $x \in (x_0 - \delta, x_0 + \delta)$,有

$$f(x) = \sum_{n=0}^{\infty} \frac{f^{(n)}(x_0)}{n!}(x - x_0)^n = S_n(x) + R_n(x).$$

由于 $\lim\limits_{n \to \infty} S_n(x) = f(x)$,所以

$$\lim_{n \to \infty} R_n(x) = \lim_{x \to \infty} [f(x) - S_n(x)] = f(x) - \lim_{x \to \infty} S_n(x) = 0.$$

充分性. 若存在 $\delta > 0$,对一切 $x \in (x_0 - \delta, x_0 + \delta)$,有 $\lim\limits_{x \to \infty} R_n(x) = 0$,即

$$\lim_{x \to \infty} [f(x) - S_n(x)] = 0,$$

则

$$\lim_{n \to \infty} S_n(x) = \lim_{x \to \infty} [f(x) - (f(x) - S_n(x))]$$
$$= f(x) - \lim_{x \to \infty} (f(x) - S_n(x)) = f(x).$$

所以

$$f(x) = \sum_{n=0}^{\infty} \frac{f^{(n)}(x_0)}{n!}(x - x_0)^n, \quad x \in (x_0 - \delta, x_0 + \delta).$$

应用定理 9.18 判断一个函数是否可展成幂级数并不方便,下面给出一个函数可展成幂级数的充分条件:

推论 9.11 若存在正数 M 和自然数 N,当 $n > N$ 时,对一切 $x \in (x_0 - \delta, x_0 + \delta)$ 都有

$$|f^{(n)}(x)| \leqslant M, \quad n = 0, 1, 2, \cdots,$$

则

$$f(x) = \sum_{n=0}^{\infty} \frac{f^{(n)}(x_0)}{n!}(x - x_0)^n, \quad x \in (x_0 - \delta, x_0 + \delta).$$

证明 根据泰勒公式的拉格朗日型余项，$R_n(x) = \dfrac{f^{(n+1)}(\xi)}{(n+1)!}(x-x_0)^{n+1}$（$\xi$ 位于 x_0 与 x 之间），于是

$$|R_n(x)| \leqslant \frac{|f^{(n+1)}(\xi)|}{(n+1)!}|x-x_0|^{n+1} \leqslant M\frac{\delta^{n+1}}{(n+1)!} = \frac{M\delta^{n+1}}{(n+1)!}, \quad n > N.$$

易知正项级数 $\displaystyle\sum_{n=0}^{\infty}\frac{M\delta^n}{n!}$ 收敛，由级数收敛的必要条件知

$$\lim_{n\to\infty}\frac{M\delta^{n+1}}{(n+1)!} = 0.$$

从而

$$\lim_{n\to\infty}R_n(x) = 0.$$

所以函数 $f(x)$ 在 x_0 处可展开成幂级数.

定理 9.19 如果函数 $f(x)$ 在 x_0 处可展开成幂级数，即

$$f(x) = \sum_{n=0}^{\infty}a_n(x-x_0)^n, \quad x \in (x_0-\delta, x_0+\delta),$$

则幂级数的展开式是唯一的.

证明 设

$$f(x) = \sum_{n=0}^{\infty}a_n(x-x_0)^n, \quad f(x) = \sum_{n=0}^{\infty}b_n(x-x_0)^n, \quad x \in (x_0-\delta, x_0+\delta).$$

根据幂级数的系数与和函数各阶导数之间的关系，有

$$a_n = \frac{f^{(n)}(x_0)}{n!}, \quad b_n = \frac{f^{(n)}(x_0)}{n!}.$$

所以

$$a_n = b_n, \quad n = 0,1,2,\cdots.$$

2. 初等函数的幂级数展开式

有了上面的准备，可以把满足定理 9.18 或推论 9.11 的函数，在某给定点处展成幂级数. 实际应用中，通常考虑函数 $f(x)$ 在 $x_0=0$ 处的幂级数展开式，即

$$f(x) = f(0) + f'(0)x + \frac{f''(0)}{2!}x^2 + \cdots + \frac{f^{(n)}(0)}{n!}x^n + \cdots, \quad |x| < \delta.$$

上述特殊的幂级数展开式又称为函数 $f(x)$ 的**麦克劳林级数**.

要把函数 $f(x)$ 展开成麦克劳林级数，可以按照下列步骤进行：

第一步. 求出 $f(x)$ 的各阶导数 $f'(x), f''(x), \cdots, f^{(n)}(x), \cdots$，如果在 $x=0$ 处某阶导数不存在，就停止进行. 例如，函数 $f(x)=x^{\frac{7}{3}}$ 在 $x=0$ 处的三阶导数不存在，它就不能展开为麦克劳林级数.

第二步.求函数及其各阶导数在 $x=0$ 处的值:

$$f(0),f'(0),f''(0),\cdots,f^{(n)}(0),\cdots.$$

第三步.写出幂级数

$$f(0)+f'(0)x+\frac{f''(0)}{2!}x^2+\cdots+\frac{f^{(n)}(0)}{n!}x^n+\cdots,$$

并求出收敛半径 R.

第四步.考察当 $x\in(-R,R)$ 时,余项 $R_n(x)$ 的极限

$$\lim_{n\to\infty}R_n(x)=\lim_{n\to\infty}\frac{f^{(n+1)}(\xi)}{(n+1)!}x^{n+1},\quad \xi\text{ 在 }0\text{ 与 }x\text{ 之间}$$

是否为零? 如果为零,则函数 $f(x)$ 在收敛区间 $(-R,R)$ 内的幂级数展开式(即麦克劳林级数)为

$$f(x)=f(0)+f'(0)x+\frac{f''(0)}{2!}x^2+\cdots+\frac{f^{(n)}(0)}{n!}x^n+\cdots,\quad x\in(-R,R).$$

下面先讨论几个基本初等函数的幂级数展开式,然后利用这些展开式及幂级数的性质,把某些初等函数展开成幂级数.

(1) $f(x)=\mathrm{e}^x$.

$$f^{(n)}(x)=\mathrm{e}^x,f^{(n)}(0)=1,\quad n=0,1,2,\cdots.$$

对任何 $x\in[-R,R]\subset(-\infty,+\infty)$,有

$$|f^{(n)}(x)|=\mathrm{e}^x\leqslant\mathrm{e}^R.$$

根据推论 9.11 知,$f(x)=\mathrm{e}^x$ 可展开成幂级数:

$$\mathrm{e}^x=1+x+\frac{x^2}{2!}+\cdots+\frac{x^n}{n!}+\cdots=\sum_{n=0}^{\infty}\frac{x^n}{n!},\quad x\in(-\infty,+\infty).$$

(2) $f(x)=\sin x$.

$$f^{(n)}(x)=\sin\left(x+\frac{n}{2}\pi\right),\quad f^{(n)}(0)=\begin{cases}0,&n=2k,\\(-1)^k,&n=2k+1.\end{cases}$$

因为

$$|f^{(n)}(x)|=\left|\sin\left(x+\frac{n}{2}\pi\right)\right|\leqslant1,$$

所以由推论 9.11 知,$f(x)=\sin x$ 在 $(-\infty,+\infty)$ 上可以展开成幂级数:

$$\sin x=x-\frac{x^3}{3!}+\frac{x^5}{5!}-\frac{x^7}{7!}+\cdots+\frac{(-1)^n}{(2n+1)!}x^{2n+1}+\cdots,\quad x\in(-\infty,+\infty).$$

同理可得

(3) $\cos x=1-\frac{x^2}{2!}+\frac{x^4}{4!}-\frac{x^6}{6!}+\cdots+\frac{(-1)^n}{(2n)!}x^{2n}+\cdots,\quad x\in(-\infty,+\infty).$

(4) $f(x)=(1+x)^\alpha,\alpha\neq0$.

上述函数的麦克劳林展开式为

$$(1+x)^{\alpha} = 1 + \alpha x + \frac{\alpha(\alpha-1)}{2!}x^2 + \frac{\alpha(\alpha-1)(\alpha-2)}{3!}x^3$$

$$+ \cdots + \frac{\alpha(\alpha-1)\cdots(\alpha-n+1)}{n!}x^n + \cdots, \quad x \in (-1,1). \quad (9.8)$$

证明略去.

式(9.8)称为二项展开式. 特别地, 当 α 为正整数时, 展开式为 x 的 α 次多项式, 这就是代数学中的二项式定理.

注 9.14 对于收敛区间端点的情形, 它与 α 的取值有关, 其结果如下(其推导过程参见菲赫·金歌尔茨著的《微积分学教程》):

当 $\alpha \leqslant -1$ 时, 收敛域为 $(-1,1)$;

当 $-1 < \alpha < 0$ 时, 收敛域为 $(-1,1]$;

当 $\alpha > 0$ 时, 收敛域为 $[-1,1]$.

例如, 对应于 $\alpha = \frac{1}{2}, -\frac{1}{2}$ 的二项展开式分别为

$$\sqrt{1+x} = 1 + \frac{1}{2}x - \frac{1}{2 \cdot 4}x^2 + \frac{1 \cdot 3}{2 \cdot 4 \cdot 6}x^3 - \frac{1 \cdot 3 \cdot 5}{2 \cdot 4 \cdot 6 \cdot 8}x^4 + \cdots, \quad -1 \leqslant x \leqslant 1,$$

$$\frac{1}{\sqrt{1+x}} = 1 - \frac{1}{2}x + \frac{1 \cdot 3}{2 \cdot 4}x^2 - \frac{1 \cdot 3 \cdot 5}{2 \cdot 4 \cdot 6}x^3 + \frac{1 \cdot 3 \cdot 5 \cdot 7}{2 \cdot 4 \cdot 6 \cdot 8}x^4 + \cdots, \quad -1 < x \leqslant 1.$$

关于函数 $\frac{1}{1-x}$, e^x, $\sin x$, $\cos x$, $(1+x)^{\alpha}$ 和 $\ln(1+x)$ (例 9.34) 的幂级数展开式, 以后可以直接引用.

例 9.31 求 $\frac{1}{1+x^2}$ 在 $x=0$ 处的幂级数展开式.

解 已知 $\frac{1}{1-x} = \sum\limits_{n=0}^{\infty} x^n$, $|x| < 1$. 故

$$\frac{1}{1+x^2} = \frac{1}{1-(-x^2)} = \sum_{n=0}^{\infty} (-x^2)^n = \sum_{n=0}^{\infty} (-1)^n x^{2n}$$

$$= 1 - x^2 + x^4 - x^6 + \cdots + (-1)^n x^{2n} + \cdots,$$

其中 $|-x^2| < 1$ 或 $|x| < 1$.

例 9.32 求函数 $\frac{1}{\sqrt{1-x^2}}$ 在 $x=0$ 处的幂级数展开式.

解 $\frac{1}{\sqrt{1-x^2}} = [1+(-x^2)]^{-\frac{1}{2}}$, 取 $\alpha = -\frac{1}{2}$, 由二项式函数 $(1+x)^{\alpha}$ 的幂级数展开式, 有

$$\frac{1}{\sqrt{1-x^2}} = 1 + \frac{1}{2}x^2 + \frac{1}{2!}\frac{1}{2} \cdot \frac{3}{2}x^4 + \frac{1}{3!}\frac{1}{2} \cdot \frac{3}{2} \cdot \frac{5}{2}x^6$$

$$+ \cdots + \frac{1}{n!}\frac{1}{2} \cdot \frac{3}{2} \cdot \cdots \cdot \frac{2n-1}{2}x^{2n} + \cdots$$

$$= 1 + \frac{1}{2}x^2 + \frac{1 \cdot 3}{2 \cdot 4}x^4 + \frac{1 \cdot 3 \cdot 5}{2 \cdot 4 \cdot 6}x^6 + \cdots + \frac{(2n-1)!!}{(2n)!!}x^{2n} + \cdots,$$

其中 $|-x^2| < 1$ 或 $|x| < 1$.

例 9.33 求函数 $\arctan x, \arcsin x$ 在 $x = 0$ 处的幂级数展开式.

解 (1) 由例 9.31 知,

$$\frac{1}{1+x^2} = 1 - x^2 + x^4 - x^6 + \cdots + (-1)^n x^{2n} + \cdots, \quad |x| < 1.$$

利用幂级数的逐项积分公式得

$$\arctan x = \int_0^x \frac{1}{1+t^2} dt = \sum_{n=0}^{\infty} \int_0^x (-1)^n t^{2n} dt = \sum_{n=0}^{\infty} (-1)^n \frac{x^{2n+1}}{2n+1}$$

$$= x - \frac{1}{3}x^3 + \frac{1}{5}x^5 - \frac{1}{7}x^7 + \cdots + (-1)^n \frac{x^{2n+1}}{2n+1} + \cdots, \quad |x| < 1.$$

当 $x = 1$ 时,上述幂级数为收敛的交错级数,从而有

$$\frac{\pi}{4} = \arctan 1 = -\frac{1}{3} + \frac{1}{5} - \frac{1}{7} + \cdots + (-1)^n \frac{1}{2n+1} + \cdots.$$

(2) 由例 9.32 知,

$$\frac{1}{\sqrt{1-x^2}} = 1 + \frac{1}{2}x^2 + \frac{1 \cdot 3}{2 \cdot 4}x^4 + \cdots + \frac{(2n-1)!!}{(2n)!!}x^{2n} + \cdots, \quad |x| < 1.$$

根据幂级数的逐项积分公式得

$$\arcsin x = \int_0^x \frac{1}{\sqrt{1-t^2}} dt$$

$$= \int_0^x dt + \frac{1}{2}\int_0^x t^2 dt + \frac{1 \cdot 3}{2 \cdot 4}\int_0^x t^4 dt + \cdots + \frac{(2n-1)!!}{(2n)!!}\int_0^x t^{2n} dt + \cdots$$

$$= x + \frac{1}{2} \cdot \frac{1}{3}x^3 + \frac{1 \cdot 3}{2 \cdot 4} \cdot \frac{1}{5}x^5 + \cdots + \frac{(2n-1)!!}{(2n)!!} \frac{1}{(2n+1)!}x^{2n+1} + \cdots,$$

其中 $|x| < 1$.

例 9.34 求函数 $\ln(1+x)$ 在 $x = 0$ 处的幂级数展开式.

解 由于 $|x| < 1$ 时,

$$\frac{1}{1+x} = \frac{1}{1-(-x)} = \sum_{n=0}^{\infty} (-x)^n = 1 - x + x^2 - x^3 + x^4 + \cdots + (-1)^n x^n + \cdots.$$

根据幂级数的逐项积分公式得

$$\ln(1+x) = \int_0^x \frac{1}{1+t} dt = \int_0^x dt - \int_0^x t dt + \int_0^x t^2 dt + \cdots + (-1)^n \int_0^x t^n dt + \cdots$$

$$= x - \frac{x^2}{2} + \frac{1}{3}x^3 + \cdots + (-1)^n \frac{x^{n+1}}{n+1} + \cdots.$$

这个级数当 $x = 1$ 时显然收敛,且当 $x = 1$ 时,

$$\ln 2 = 1 - \frac{1}{2} + \frac{1}{3} + \cdots + (-1)^n \frac{1}{n+1} + \cdots.$$

例 9.35 求函数 $f(x) = \ln(x + \sqrt{1+x^2})$ 在 $x=0$ 处的幂级数展开式.

解 由于

$$\ln(x + \sqrt{1+x^2})' = \frac{1}{\sqrt{1+x^2}}.$$

$$\frac{1}{\sqrt{1+x^2}} = (1+x^2)^{-\frac{1}{2}} = 1 - \frac{1}{2}x^2 + x^4 - \frac{1}{2} \cdot \frac{3}{4} \cdot \frac{5}{6}x^6 + \frac{1}{2} \cdot \frac{3}{4} \cdot \frac{5}{6} \cdot \frac{7}{8}x^8$$

$$+ \cdots + (-1)^n \frac{(2n-1)!!}{(2n)!!}x^{2n} + \cdots.$$

于是

$$\ln(x + \sqrt{1+x^2}) = \int_0^x \frac{1}{\sqrt{1+t^2}}dt$$

$$= x - \frac{1}{2} \cdot \frac{1}{3}x^3 + \frac{1}{2} \cdot \frac{3}{4} \cdot \frac{1}{5}x^5 - \frac{1}{2} \cdot \frac{3}{4} \cdot \frac{5}{6} \cdot \frac{1}{7}x^7$$

$$+ \cdots + (-1)^n \frac{(2n-1)!!}{(2n)!!} \cdot \frac{1}{2n+1}x^{2n+1} + \cdots, \quad |x| < 1.$$

例 9.36 把 $\frac{1}{4-x}$ 在 $x=2$ 处展开成幂级数.

解

$$\frac{1}{4-x} = \frac{1}{2} \cdot \frac{1}{1 - \frac{x-2}{2}} = \frac{1}{2} \sum_{n=0}^{\infty} \left(\frac{x-2}{2} \right)^n = \sum_{n=0}^{\infty} \frac{(x-2)^n}{2^{n+1}},$$

其中 $\left| \frac{x-2}{2} \right| < 1$, 即 $|x-2| < 2$ 或 $0 < x < 4$.

习 题 9.3

1. 求下列幂级数的收敛半径、收敛区间和收敛域:

(1) $\sum_{n=0}^{\infty} \frac{(n!)^2}{(2n)!}x^n$;

(2) $\sum_{n=1}^{\infty} \frac{1}{(2n-1)!}(x-2)^{2n-1}$;

(3) $\sum_{n=1}^{\infty} \frac{x^n}{n^2 \ln n}$;

(4) $\sum_{n=0}^{\infty} (1+n)^n x^n$;

(5) $\sum_{n=1}^{\infty} \frac{\ln n}{n}x^n$;

(6) $\sum_{n=1}^{\infty} \frac{n!}{n^2 e^{2n}}x^n$.

2. 用逐项积分法求下列幂级数的和函数,并同时指出它们的定义域:

(1) $1 \cdot 2x + 2 \cdot 3x^2 + 3 \cdot 4x^3 + \cdots + n(n+1)x^n + \cdots$;

(2) $1 + \frac{2^2}{2!}x + \frac{3^2}{3!}x^2 + \cdots + \frac{n^2}{n!}x^{n-1} + \cdots$.

3. 用逐项微分法求下列幂级数的和函数,并同时指出它们的定义域:

(1) $x + \frac{x^3}{3} + \frac{x^5}{5} + \cdots + \frac{x^{2n+1}}{2n+1} + \cdots$;

(2) $1 + \frac{x^2}{2!} + \frac{x^4}{4!} + \cdots + \frac{x^{2n}}{(2n)!} + \cdots$;

(3) $\sum_{n=1}^{\infty} \dfrac{x^n}{n}$;　　　　　　　　　　　　(4) $\sum_{n=1}^{\infty} \dfrac{x^n}{n(n+1)}$.

4. 证明:幂级数 $y = \sum_{n=0}^{\infty} \dfrac{x^n}{(n!)^2}(0 \leqslant x \leqslant 1)$ 满足微分方程

$$xy'' + y' - y = 0.$$

5. 求下列函数在 $x=0$ 处的幂级数展开式,并确定展开式成立的区间:

(1) $f(x) = \dfrac{1}{2-x}$;　　　　　　　　　　(2) $f(x) = \sin^2 x$;

(3) $f(x) = \displaystyle\int_0^x \dfrac{\sin t}{t} dt$;　　　　　　　(4) $f(x) = \displaystyle\int_0^x \mathrm{e}^{-t^2} dt$;

(5) $f(x) = \dfrac{1}{x^2 - x - 6}$;　　　　　　　(6) $f(x) = a^x, (a > 0, a \neq 1)$.

6. 求下列函数在指定点处的幂级数展开式:

(1) $f(x) = \ln x$,在 $x=2$ 处;　　　　　　(2) $f(x) = \dfrac{1}{x}$,在 $x=1$ 处;

(3) $f(x) = \dfrac{1}{x^2 - x - 6}$,在 $x=1$ 处.

7. 求数项级数 $\sum_{n=1}^{\infty} \dfrac{1}{n2^n}$ 的值.

8. 已知 $\sum_{n=1}^{\infty} \dfrac{1}{n^2} = \dfrac{\pi^2}{6}$,设 $f(x) = \sum_{n=1}^{\infty} \dfrac{x^n}{n^2} (0 \leqslant x \leqslant 1)$. 证明当 $0 < x < 1$ 时,有 $f(x) + f(1-x) +$ $\ln x \cdot \ln(1-x) = \dfrac{\pi^2}{6}$.

9.4　傅里叶级数

从本节开始讨论由三角函数组成的函数项级数,即所谓**三角级数**,着重研究如何把函数展开成三角级数.

9.4.1　三角级数　三角函数系的正交性

形如

$$\dfrac{a_0}{2} + \sum_{n=1}^{\infty} (a_n \cos nx + b_n \sin nx)$$

的函数项级数称为**三角级数**,其中常数 $a_0, a_n, b_n (n = 1, 2, \cdots)$ 称为**三角级数的系数**.

定义 9.3　设函数列 $\{f_n(x)\}$ 定义在区间 $[a, b]$ 上,每个 $f_n(x)$ 在 $[a, b]$ 上可积且不恒为零,若对于函数列 $\{f_n(x)\}$ 中任意两个不同的函数 $f_n(x)$ 和 $f_m(x)$,都有

$$\int_a^b f_n(x) \cdot f_m(x) dx = 0,$$

则称函数列 $\{f_n(x)\}$ 为 $[a, b]$ 上的**正交函数列**或**正交函数系**.

例如,三角函数系
$$1, \quad \cos x, \quad \sin x, \quad \cos 2x, \quad \sin 2x, \quad \cdots, \quad \cos nx, \quad \sin nx, \quad \cdots$$ 是 $[-\pi, \pi]$ 上的正交函数系.

事实上,对于每个自然数 n 和 m,有

$$\int_{-\pi}^{\pi} 1 \cdot \cos nx \, dx = \int_{-\pi}^{\pi} 1 \cdot \sin nx \, dx = 0;$$

$$\int_{-\pi}^{\pi} \cos mx \sin nx \, dx = 0;$$

$$\int_{-\pi}^{\pi} \cos mx \cos nx \, dx = \begin{cases} 0, & m \neq n, \\ \pi, & m = n; \end{cases}$$

$$\int_{-\pi}^{\pi} \sin mx \sin nx \, dx = \begin{cases} 0, & m \neq n, \\ \pi, & m = n. \end{cases}$$

所以三角函数系是 $[-\pi, \pi]$ 上的正交函数系. 由于该函数系里的每个函数都以 2π 为周期,因而三角函数系在任何长度为 2π 的区间上都是正交的.

9.4.2 函数展开成傅里叶级数

设 $f(x)$ 是周期为 2π 的周期函数,且能展开成三角级数:

$$f(x) = \frac{a_0}{2} + \sum_{n=1}^{\infty} (a_n \cos nx + b_n \sin nx). \tag{9.9}$$

自然的问题就是:系数 $a_0, a_n, b_n (n=1, 2, \cdots)$ 与函数 $f(x)$ 之间存在着怎样的关系? 换言之,如何利用 $f(x)$ 把 $a_0, a_n, b_n (n=1, 2, \cdots)$ 表示出来? 为此,进一步假设级数(9.9)可以逐项积分.

先求 a_0. 对式(9.9)从 $-\pi$ 到 π 逐项积分,得

$$\int_{-\pi}^{\pi} f(x) \, dx = \int_{-\pi}^{\pi} \frac{a_0}{2} \, dx + \sum_{n=1}^{\infty} \left(a_n \int_{-\pi}^{\pi} \cos nx \, dx + b_n \int_{-\pi}^{\pi} \sin nx \, dx \right).$$

由三角函数系的正交性,可以得到

$$a_0 = \frac{1}{\pi} \int_{-\pi}^{\pi} f(x) \, dx.$$

其次求 $a_n (n=1, 2, \cdots)$. 用 $\cos nx$ 乘式(9.9)两端,再从 $-\pi$ 到 π 逐项积分,得

$$\int_{-\pi}^{\pi} f(x) \cos mx \, dx = \frac{a_0}{2} \int_{-\pi}^{\pi} \cos mx \, dx$$

$$+ \sum_{n=1}^{\infty} \left(a_n \int_{-\pi}^{\pi} \cos nx \cos mx \, dx + b_n \int_{-\pi}^{\pi} \sin nx \sin mx \, dx \right).$$

再由三角函数系的正交性,可以得到

$$a_n = \frac{1}{\pi} \int_{-\pi}^{\pi} f(x) \cos nx \, dx, \quad n = 1, 2, \cdots.$$

类似地,用 $\sin nx$ 乘式(9.9)两端,再从 $-\pi$ 到 π 逐项积分,得

$$b_n = \frac{1}{\pi}\int_{-\pi}^{\pi} f(x)\sin nx\, \mathrm{d}x, \quad n = 1,2,\cdots.$$

由于当 $n=0$ 时，a_n 的表达式正好给出 a_0. 因此所得结果可以合并写成

$$\begin{cases} a_n = \dfrac{1}{\pi}\displaystyle\int_{-\pi}^{\pi} f(x)\cos nx\, \mathrm{d}x, & n = 0,1,2,\cdots, \\[2mm] b_n = \dfrac{1}{\pi}\displaystyle\int_{-\pi}^{\pi} f(x)\sin nx\, \mathrm{d}x, & n = 1,2,\cdots. \end{cases} \tag{9.10}$$

如果式(9.10)中的积分都存在，这时它们定出的系数 $a_0, a_n, b_n(n=1,2,\cdots)$ 叫做函数 $f(x)$ 的**傅里叶系数**，将这些系数代入式(9.9)右端，所得的三角级数

$$\frac{a_0}{2} + \sum_{n=1}^{\infty}(a_n\cos nx + b_n\sin nx)$$

叫做函数 $f(x)$ 的**傅里叶级数**. 记为

$$f(x) \sim \frac{a_0}{2} + \sum_{n=1}^{\infty}(a_n\cos nx + b_n\sin nx).$$

记号"$\sim$"读作"生成". 显然，一个定义在 $(-\infty,+\infty)$ 上周期为 2π 的函数 $f(x)$，如果它在一个周期上可积，则一定可以写出 $f(x)$ 的傅里叶级数. 自然要问：由函数 $f(x)$ 生成的傅里叶级数是否一定收敛？ 如果收敛，是否处处收敛于 $f(x)$？ 一般来说，这两个问题的答案都不是肯定的. 那么在什么条件下，它的傅里叶级数不仅收敛，而且收敛于 $f(x)$？ 下面不加证明地给出关于上述问题的一个重要结论.

定理 9.20（收敛定理）　设 $f(x)$ 是以 2π 为周期的周期函数，且在一个周期上逐段光滑，则 $f(x)$ 的傅里叶级数收敛于 $f(x)$ 在点 x 的左、右极限的平均值，即

$$\frac{f(x+0)+f(x-0)}{2} = \frac{a_0}{2} + \sum_{n=1}^{\infty}(a_n\cos nx + b_n\sin nx),$$

其中 a_0, a_n, b_n 为 $f(x)$ 的傅里叶系数.

这个定理将在第 12 章给出证明.

注 9.15　若 $f(x)$ 的导函数在 $[a,b]$ 上连续，则称 $f(x)$ 在 $[a,b]$ 上**光滑**；若 $f(x)$ 在 $[a,b]$ 上除了至多有有限个第一类间断点外皆连续，且 $f(x)$ 的导函数在 $[a,b]$ 上除了至多有限个点外都存在且连续，在这有限个点上导函数 $f'(x)$ 的左、右极限存在，则称 $f(x)$ 在 $[a,b]$ 上**逐段光滑**.

注 9.16　收敛定理表明，即使函数 $f(x)$ 的傅里叶级数收敛，该级数也不一定收敛于 $f(x)$，而是处处收敛于 $\dfrac{f(x+0)+f(x-0)}{2}$.

注 9.17　当函数 $f(x)$ 在 $(-\infty,+\infty)$ 上连续时，则有

$$f(x) = \frac{f(x+0)+f(x-0)}{2}.$$

从而

$$f(x) = \frac{a_0}{2} + \sum_{n=1}^{\infty}(a_n \cos nx + b_n \sin nx).$$

注 9.18　在$[-\pi,\pi]$的端点 $x=\pm\pi$ 处,利用 $f(x)$ 的周期性,其傅里叶级数均收敛于

$$\frac{1}{2}[f(-\pi+0) + f(\pi-0)].$$

注 9.19　如果等式

$$f(x) = \frac{a_0}{2} + \sum_{n=1}^{\infty}(a_n \cos nx + b_n \sin nx)$$

成立,则称函数 $f(x)$ 可展开成**傅里叶级数**,并称这个等式为函数 $f(x)$ 的**傅里叶展开式**.

注 9.20　收敛定理中 $f(x)$ 为$(-\infty,+\infty)$上以 2π 为周期的函数,而在实际讨论函数 $f(x)$ 的傅里叶级数展开式时,常常只给出函数 $f(x)$ 在$(-\pi,\pi]$(或$[-\pi,\pi)$)上的解析表达式,这时可根据在$(-\pi,\pi]$(或$[-\pi,\pi)$)上的表达式把它延拓到整个数轴上. 如果不加说明,应理解为 $f(x)$ 为$(-\infty,+\infty)$上周期为 2π 的函数.

例 9.37　设函数

$$f(x) = \begin{cases} 0, & -\pi < x < 0, \\ x, & 0 \leqslant x \leqslant \pi. \end{cases}$$

求 $f(x)$ 的傅里叶展开式.

解　将函数 $f(x)$ 按周期 2π 延拓到整个数轴上(图 9.2). 显然 $f(x)$ 在$[-\pi,\pi]$上满足收敛定理的条件,则 $f(x)$ 可以展成傅里叶级数.

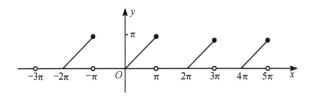

图 9.2

$$a_0 = \frac{1}{\pi}\int_{-\pi}^{\pi}f(x)\,\mathrm{d}x = \frac{1}{\pi}\int_0^{\pi}x\,\mathrm{d}x = \frac{\pi}{2},$$

$$a_n = \frac{1}{\pi}\int_{-\pi}^{\pi}f(x)\cos nx\,\mathrm{d}x = \frac{1}{\pi}\int_0^{\pi}x\cos nx\,\mathrm{d}x$$

$$= \frac{1}{n\pi}x\sin x\Big|_0^{\pi} - \frac{1}{n\pi}\int_0^{\pi}\sin nx\,\mathrm{d}x = \frac{1}{n^2\pi}(\cos n\pi - 1)$$

$$= \frac{1}{n^2\pi}[(-1)^n - 1] = \begin{cases} 0, & n \text{ 为偶数}, \\ -\dfrac{2}{n^2\pi}, & n \text{ 为奇数}, \end{cases}$$

$$b_n = \frac{1}{\pi} \int_{-\pi}^{\pi} f(x) \sin nx \, \mathrm{d}x = \frac{1}{\pi} \int_0^{\pi} x \sin nx \, \mathrm{d}x$$

$$= -\frac{1}{n\pi} x \cos nx \Big|_0^{\pi} + \frac{1}{n\pi} \int_0^{\pi} \cos nx \, \mathrm{d}x = \frac{(-1)^{n+1}}{n}.$$

所以当 $x \in (-\pi, \pi)$ 时,

$$f(x) = \frac{\pi}{4} - \left(\frac{2}{\pi} \cos x - \sin x \right) - \frac{1}{2} \sin 2x - \left(\frac{2}{9\pi} \cos 3x - \frac{1}{3} \sin 3x \right) \cdots,$$

在端点 $x = \pm \pi$ 处, $f(x)$ 的傅里叶级数收敛于

$$\frac{1}{2} \big[f(\pi - x) + f(-\pi + x) \big] = \frac{1}{2} (\pi + 0) = \frac{\pi}{2}.$$

记 $S(x)$ 为 $f(x)$ 的傅里叶级数在 $[-\pi, \pi]$ 上的和函数,则

$$S(x) = \begin{cases} f(x), & -\pi < x < \pi, \\ \dfrac{\pi}{2}, & x = \pm \pi. \end{cases}$$

和函数 $S(x)$ 及其在整个数轴的延拓见图 9.3,注意它与图 9.2 的区别.

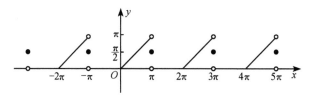

图 9.3

例 9.38　设函数 $f(x) = x^2, x \in (0, 2\pi]$,求 $f(x)$ 的傅里叶展开式.

解　将 $f(x) = x^2$ 按周期 2π 延拓到整个数轴上(图 9.4), $f(x)$ 在 $(0, 2\pi]$ 上满足收敛定理的条件,故 $f(x)$ 可以展开成傅里叶级数.

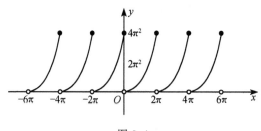

图 9.4

$$a_0 = \frac{1}{\pi} \int_0^{2\pi} f(x) \, \mathrm{d}x = \frac{1}{\pi} \int_0^{2\pi} x^2 \, \mathrm{d}x = \frac{8\pi^2}{3},$$

$$a_n = \frac{1}{\pi} \int_0^{2\pi} f(x) \cos nx \, \mathrm{d}x = \frac{1}{\pi} \int_0^{2\pi} x^2 \cos nx \, \mathrm{d}x = \frac{4}{n^2},$$

$$b_n = \frac{1}{\pi}\int_0^{2\pi} f(x)\sin nx\,\mathrm{d}x = \frac{1}{\pi}\int_0^{2\pi} x^2\sin nx\,\mathrm{d}x = -\frac{4\pi}{n}.$$

由于 $f(x)$ 在 $(0,2\pi)$ 上连续,所以由收敛定理知,对任何 $x\in(0,2\pi)$,

$$f(x) = \frac{4\pi^2}{3} + \sum_{n=1}^{\infty}\left(\frac{4}{n^2}\cos nx - \frac{4\pi}{n}\sin nx\right).$$

在端点 $x=0$ 和 $x=2\pi$ 处,其傅里叶级数收敛于

$$\frac{1}{2}\big[f(2\pi+0)+f(2\pi-0)\big] = \frac{1}{2}\big[f(0+0)+f(0-0)\big] = 2\pi^2.$$

9.4.3 奇、偶函数的傅里叶展开式

设 $f(x)$ 是以 2π 为周期的偶函数,且在 $[-\pi,\pi]$ 上可积,则 $f(x)\cos nx$ 是 $[-\pi,\pi]$ 上的偶函数,$f(x)\sin nx$ 是 $[-\pi,\pi]$ 上的奇函数,所以 $f(x)$ 的傅里叶系数

$$a_n = \frac{2}{\pi}\int_0^{\pi} f(x)\cos nx\,\mathrm{d}x, \quad n=0,1,2,\cdots,$$

$$b_n = \frac{2}{\pi}\int_0^{\pi} f(x)\sin nx\,\mathrm{d}x = 0, \quad n=1,2,\cdots.$$

从而偶函数 $f(x)$ 的傅里叶级数只含有常数项和余弦函数项,即

$$f(x) \sim \frac{a_0}{2} + \sum_{n=1}^{\infty} a_n\cos nx.$$

上式右端称为**余弦函数**.

设 $f(x)$ 是 2π 以为周期的奇函数,且在 $[-\pi,\pi]$ 上可积,则

$$a_n = 0, \quad n=0,1,2,\cdots,$$

$$b_n = \frac{2}{\pi}\int_0^{\pi} f(x)\sin nx\,\mathrm{d}x, \quad n=1,2,\cdots.$$

所以奇函数 $f(x)$ 的傅里叶级数只有正弦函数项,即

$$f(x) \sim \sum_{n=1}^{\infty} b_n\sin nx.$$

上式右端称为**正弦函数**.

例 9.39 设函数 $f(x)=x^2$,$x\in[-\pi,\pi]$,求 $f(x)$ 的傅里叶展开式.

解 将 $f(x)=x^2$,$x\in[-\pi,\pi]$ 延拓到整个数轴上(图 9.5).因为 $f(x)$ 是偶函数,所以它的傅里叶级数不含正弦函数项部分 ($b_n=0, n=1,2,\cdots$).由于

$$a_0 = \frac{2}{\pi}\int_0^{\pi} x^2\,\mathrm{d}x = \frac{2}{3}\pi^2,$$

$$a_n = \frac{2}{\pi}\int_0^{\pi} x^2\cos nx\,\mathrm{d}x = (-1)^n\frac{4}{n^2}, \quad n=1,2,\cdots.$$

故当 $x\in(-\pi,\pi)$ 时

$$f(x) = \frac{\pi^2}{3} + 4\sum_{n=1}^{\infty}(-1)^n\frac{\cos nx}{n^2}. \tag{9.11}$$

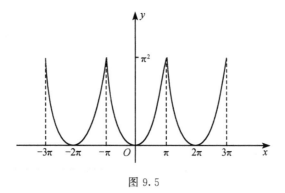

图 9.5

当 $x=\pm\pi$ 时，$f(x)$ 的傅里叶级数收敛于

$$\frac{1}{2}\big[f(\pi-0)+f(\pi+0)\big]=\pi^2.$$

特别地，当 $x=0$ 时，由式 (9.11)，有

$$\sum_{n=1}^{\infty}(-1)^{n-1}\frac{1}{n^2}=\frac{\pi^2}{12}.$$

同理，当 $x=\pi$ 时，有

$$\sum_{n=1}^{\infty}\frac{1}{n^2}=\frac{\pi^2}{6}.$$

在实际问题中，有时需要把函数展成余弦级函数或正弦级数. 为此，可把 $[0,\pi]$ 上的函数延拓为 $[-\pi,\pi]$ 上的偶函数或奇函数，并称对应的延拓为**偶延拓**或**奇延拓**. 在端点 $x=0$ 和 $x=\pi$ 处，偶延拓的傅里叶级数分别收敛于 $f(0)$ 和 $f(\pi)$；而奇延拓的傅里叶级数收敛于 $f(0)=f(\pi)=0$.

例 9.40　将函数 $f(x)=x^2$ 在 $[0,\pi]$ 上分别展成余弦级数与正弦级数.

解　将 $f(x)=x^2$ 延拓为 $[-\pi,\pi]$ 上的偶函数，再周期延拓，则 $f(x)$ 的傅里叶系数为

$$a_0=\frac{2}{\pi}\int_0^{\pi}x^2\,\mathrm{d}x=\frac{2}{3}\pi^2,$$

$$a_n=\frac{2}{\pi}\int_0^{\pi}x^2\cos nx\,\mathrm{d}x=(-1)^2\frac{4}{n^2},\quad n=1,2,\cdots,$$

$$b_n=0,\quad n=1,2,\cdots.$$

所以当 $x\in[0,\pi]$ 时，有

$$x^2=\frac{\pi^2}{3}+4\sum_{n=1}^{\infty}(-1)^n\frac{\cos nx}{n^2}.$$

再将 $f(x)=x^2$ 延拓为 $[-\pi,\pi]$ 上的奇函数，再周期延拓，则 $f(x)$ 的傅里叶系数为

$$a_n = 0, \quad n = 0,1,2,\cdots,$$

$$b_n = \frac{2}{\pi} \int_0^\pi x^2 \sin nx \, \mathrm{d}x = (-1)^{n+1} \frac{2\pi}{n} + \frac{4[(-1)^n - 1]}{n\pi^3}, \quad n = 1,2,\cdots.$$

所以当 $x \in [0,\pi)$ 时,有

$$x^2 = \left(2\pi - \frac{8}{\pi} \right) \sin x - \frac{2\pi}{2} \sin 2x + \left(\frac{2\pi}{3} - \frac{8}{\pi 3^3} \right) \sin 3x - \frac{2\pi}{4} \sin 4x + \cdots.$$

而当 $x = \pi$ 时,$f(x)$ 的傅里叶级数收敛于

$$\frac{f(-\pi + 0) + f(\pi - 0)}{2} = 0.$$

9.4.4 周期为 $2l$ 的函数的傅里叶展开式

设 $f(x)$ 是以 $2l$ 为周期的函数,作变量代换:

$$x = \frac{l}{\pi} t \ \text{或} \ t = \frac{\pi}{l} x,$$

则 $f(x)$ 化为以 2π 为周期的函数 $\varphi(t)$:

$$f(x) = f\left(\frac{l}{\pi} t \right) = \varphi(t).$$

当 $f(x)$ 在 $[-l,l]$ 上逐段光滑时,$\varphi(t)$ 在 $[-\pi,\pi]$ 上逐段光滑,于是由收敛定理知,对任何 $t \in [-\pi,\pi]$,有

$$\frac{1}{2} [\varphi(t+0) + \varphi(t-0)] = \frac{a_0}{2} + \sum_{n=1}^\infty (a_n \cos nt + b_n \sin nt),$$

其中

$$a_n = \frac{1}{\pi} \int_{-\pi}^\pi \varphi(t) \cos nt \, \mathrm{d}t, \quad n = 0,1,2,\cdots,$$

$$b_n = \frac{1}{\pi} \int_{-\pi}^\pi \varphi(t) \sin nt \, \mathrm{d}t, \quad n = 1,2,\cdots.$$

从而对任何 $x \in [-l,l]$,

$$\frac{f(x+0) + f(x-0)}{2} = \frac{a_0}{2} + \sum_{n=1}^\infty \left(a_n \cos \frac{n\pi}{l} x + b_n \sin \frac{n\pi}{l} x \right),$$

其中

$$a_n = \frac{1}{l} \int_{-l}^l f(x) \cos \frac{n\pi}{l} x \, \mathrm{d}x, \quad n = 0,1,2,\cdots,$$

$$b_n = \frac{1}{l} \int_{-l}^l f(x) \sin \frac{n\pi}{l} x \, \mathrm{d}x, \quad n = 1,2,\cdots.$$

例 9.41 将函数 $f(x) = x^2$ 在 $(0,4)$ 上展成正弦级数.

解 将函数 $f(x)$ 在 $(-4,4)$ 上作奇延拓,再作周期延拓,周期为 8,则 $f(x)$ 的傅里叶系数为

$$a_n = 0, \quad n = 0,1,2,\cdots,$$

$$b_n = \frac{2}{4}\int_0^4 f(x)\sin\frac{n\pi x}{2}\mathrm{d}x = \frac{1}{2}\int_0^4 x^2 \sin\frac{n\pi x}{4}\mathrm{d}x$$

$$= \frac{1}{2}\left(-\frac{4}{n\pi}x^2\cos\frac{n\pi x}{4}\Big|_0^4 + \frac{8}{n\pi}\int_0^4 x\cos\frac{n\pi x}{4}\mathrm{d}x\right)$$

$$= -\frac{32}{n\pi}(-1)^n + \frac{4}{n\pi}\left(\frac{4}{n\pi}x\sin\frac{n\pi x}{2}\Big|_0^4 - \frac{4}{n\pi}\int_0^4 \sin\frac{n\pi x}{4}\mathrm{d}x\right)$$

$$= -\frac{32}{n\pi}(-1)^n - \frac{16}{n^2\pi^2}\left(-\frac{4}{n\pi}\cos\frac{n\pi x}{4}\right)\Big|_0^4$$

$$= -\frac{32}{n\pi}(-1)^n - \frac{16}{n^2\pi^2}[1-(-1)^n].$$

所以当 $x\in(-4,4)$ 时,

$$x^2 = -\frac{32}{\pi}\sum_{n=1}^{\infty}\frac{(-1)^n}{n}\sin\frac{n\pi x}{4} - \frac{128}{\pi^3}\sum_{n=1}^{\infty}\frac{1}{(2n-1)^3}\sin\frac{(2n-1)\pi x}{4}.$$

例 9.42   设 $f(x)$ 为以 2π 为周期且在 $[-\pi,\pi]$ 上可积的函数,a_0,a_n 和 $b_n(n=1,2,\cdots)$ 为 $f(x)$ 的傅里叶系数,试求 $f(x+h)$ 的傅里叶系数 A_n,B_n(其中 h 为常数).

解

$$A_n = \frac{1}{\pi}\int_{-\pi}^{\pi} f(x+h)\cos nx\,\mathrm{d}x$$

$$= \frac{1}{\pi}\int_{-\pi+h}^{\pi+h} f(t)\cos n(t-h)\,\mathrm{d}t$$

$$= \frac{1}{\pi}\int_{-\pi+h}^{\pi+h} f(t)(\cos nt\cos nh + \sin nt\sin nh)\,\mathrm{d}t$$

$$= \cos nh\cdot\frac{1}{\pi}\int_{-\pi+h}^{\pi+h} f(t)\cos nt\,\mathrm{d}t + \sin nh\cdot\frac{1}{\pi}\int_{-\pi+h}^{\pi+h} f(t)\sin nt\,\mathrm{d}t$$

$$= \cos nh\cdot\frac{1}{\pi}\int_{-\pi}^{\pi} f(t)\cos nt\,\mathrm{d}t + \sin nh\cdot\frac{1}{\pi}\int_{-\pi}^{\pi} f(t)\sin nt\,\mathrm{d}t$$

$$= a_n\cos nh + b_n\sin nh,$$

即

$$A_0 = a_0, A_n = a_n\cos nh + b_n\sin nh, \quad n = 1,2,\cdots.$$

同理可得

$$B_n = b_n\cos nh - a_n\sin nh, \quad n = 1,2,\cdots.$$

习　题　9.4

1. 将下列函数在指定区间上展成傅里叶级数:

(1) $f(x) = \begin{cases} 0, & -\pi < x \leqslant 0, \\ \sin x, & 0 < x \leqslant \pi; \end{cases}$

(2) $f(x)=|x|(-\pi\leqslant x\leqslant\pi)$. 并证明: $\dfrac{\pi^2}{8}=\sum\limits_{n=1}^{\infty}\dfrac{1}{(2n-1)^2}$;

(3) $f(x)=x(-\pi<x\leqslant\pi)$. 并证明: $\dfrac{\pi}{4}=\sum\limits_{n=1}^{\infty}\dfrac{(-1)^{n+1}}{2n-1}$;

(4) $f(x)=\mathrm{sgn}x(-\pi<x\leqslant\pi)$.

2. 将函数 $f(x)=\dfrac{\pi}{2}-x$ 在 $(0,\pi)$ 上展开成余弦级数.

3. 将函数 $f(x)=\cos\dfrac{x}{2}$ 在 $(0,\pi)$ 上展开成正弦级数.

4. 将函数 $f(x)=(x-1)^2$ 在 $(0,1)$ 上展开成余弦级数,并证明:

$$\pi^2=6\left(1+\dfrac{1}{2^2}+\dfrac{1}{3^2}+\cdots+\dfrac{1}{n^2}+\cdots\right).$$

5. 将函数 $f(x)=3x^2-6\pi x$ 在 $[0,\pi]$ 上展开成余弦级数,并由此证明:

$$\sum\limits_{n=1}^{\infty}\dfrac{\cos nx}{n}=\dfrac{1}{12}(3x^2-6\pi x+2\pi^2).$$

6. 将函数 $f(x)=x(0<x<2)$ 展开成余弦级数.

7. 设函数

$$f(x)=\begin{cases}x, & 0<x\leqslant 1,\\ 1, & 1<x<2.\end{cases}$$

将其展开成正弦级数.

8. 设 $f(x)$ 是 $[-\pi,\pi]$ 上的逐段光滑的函数,且 $f(x+\pi)=f(x)$,证明: $f(x)$ 的傅里叶系数满足 $a_{2n-1}=b_{2n-1}=0(n=1,2,\cdots)$.

9. 设 $f(x)$ 是 $[-\pi,\pi]$ 上的逐段光滑的函数,且 $f(x+\pi)=-f(x)$,证明: $f(x)$ 的傅里叶系数满足 $a_{2n}=b_{2n}=0$.

10. 设 $f(x)$ 是以 2π 为周期的函数,且在 $[-\pi,\pi]$ 上可积,证明:对任何实数 c,都有

$$a_n=\dfrac{1}{\pi}\int_c^{c+2\pi}f(x)\cos nx\,\mathrm{d}x, \quad n=0,1,2,\cdots;$$

$$b_n=\dfrac{1}{\pi}\int_c^{c+2\pi}f(x)\sin nx\,\mathrm{d}x, \quad n=1,2,\cdots.$$

第 9 章总练习题

1. 下列各选项正确的是_____.

(A) 若 $\sum\limits_{n=1}^{\infty}a_n^2$ 与 $\sum\limits_{n=1}^{\infty}b_n^2$ 都收敛,则级数 $\sum\limits_{n=1}^{\infty}(a_n+b_n)^2$ 收敛;

(B) 若 $\sum\limits_{n=1}^{\infty}|a_nb_n|$ 收敛,则 $\sum\limits_{n=1}^{\infty}a_n^2$ 与 $\sum\limits_{n=1}^{\infty}b_n^2$ 都收敛;

(C) 若正项级数 $\sum\limits_{n=1}^{\infty}a_n$ 发散,则 $a_n\geqslant\dfrac{1}{n}$;

(D) 若级数 $\sum\limits_{n=1}^{\infty}a_n$ 收敛,且 $a_n\geqslant b_n(n=1,2,\cdots)$,则级数 $\sum\limits_{n=1}^{\infty}b_n$ 也收敛.

2. 设 $0\leqslant a_n<\dfrac{1}{n}(n=1,2,\cdots)$,则下列级数中一定收敛的是_____.

(A) $\displaystyle\sum_{n=1}^{\infty} a_n$;　　　　(B) $\displaystyle\sum_{n=1}^{\infty} (-1)^n a_n$;　　　　(C) $\displaystyle\sum_{n=1}^{\infty} \sqrt{a_n}$;　　　　(D) $\displaystyle\sum_{n=1}^{\infty} (-1)^n a_n^2$.

3. 设 α 为常数, 则级数 $\displaystyle\sum_{n=1}^{\infty}\left[\dfrac{\sin \alpha n}{n^2} - \dfrac{1}{\sqrt{n}}\right]$ _____.

(A) 绝对收敛;　　　　(B) 条件收敛;　　　　(C) 发散;　　　　(D) 收敛性与 α 有关.

4. 若 $\displaystyle\sum_{n=1}^{\infty} a_n(x-1)^n$ 在 $x=-1$ 处收敛, 则此级数在 $x=2$ 处 _____.

(A) 条件收敛;　　　　(B) 绝对收敛　　　　(C) 发散;　　　　(D) 收敛性不能确定.

5. 设函数 $f(x) = x^2, 0 \leqslant x \leqslant 1,$ 而

$$S(x) = \sum_{n=1}^{\infty} b_n \sin n\pi x, \quad -\infty < x < +\infty,$$

其中 $b_n = 2\displaystyle\int_0^1 f(x)\sin n\pi x \,\mathrm{d}x$, $n=1,2,\cdots,$ 则 $S\left(\dfrac{1}{2}\right) =$ _____.

(A) $-\dfrac{1}{2}$;　　　　(B) $-\dfrac{1}{4}$;　　　　(C) $\dfrac{1}{4}$;　　　　(D) $\dfrac{1}{2}$.

6. 判定下列级数的敛散性:

(1) $\displaystyle\sum_{n=2}^{\infty} n\tan\dfrac{\pi}{2^n}$;　　　　　　　　　　　(2) $\displaystyle\sum_{n=1}^{\infty} \dfrac{(n+1)!}{n^{n+1}}$;

(3) $\displaystyle\sum_{n=1}^{\infty} \dfrac{a^n}{1+a^{2n}}\,(a>0)$;　　　　　　　(4) $\displaystyle\sum_{n=1}^{\infty} \dfrac{q^n n!}{n^n}\,(q>0)$;

(5) $\displaystyle\sum_{n=2}^{\infty}\int_0^{\frac{1}{n}} \dfrac{x^a}{\sqrt{1+x^2}}\,\mathrm{d}x\,(a>-1)$;　　(6) $\displaystyle\sum_{n=1}^{\infty} (-1)^n \dfrac{\ln n}{\sqrt{n}}$.

7. 设正项数列 $\{a_n\}$ 单调减少, 且 $\displaystyle\sum_{n=1}^{\infty} (-1)^n a_n$ 发散, 试问级数 $\displaystyle\sum_{n=1}^{\infty}\left(\dfrac{1}{a_n+1}\right)^n$ 是否收敛? 说明理由.

8. 设 $a_n = \displaystyle\int_0^{\frac{\pi}{4}} \tan^n x \,\mathrm{d}x$

(1) 求 $\displaystyle\sum_{n=1}^{\infty} \dfrac{1}{n}(a_n + a_{n+2})$;

(2) 证明: 对任意的常数 $\lambda>0,$ 级数 $\displaystyle\sum_{n=1}^{\infty} \dfrac{a_n}{n^\lambda}$ 收敛.

9. 试求下列幂级数的收敛域:

(1) $\displaystyle\sum_{n=1}^{\infty} \dfrac{2^n + (-1)^n}{n}(x-1)^n$;　　　　(2) $\displaystyle\sum_{n=1}^{\infty} \dfrac{x^n}{a^n + b^n}\,(a>0, b>0)$;

(3) $\displaystyle\sum_{n=1}^{\infty} \dfrac{2^n}{n} x^{2n}$;　　　　　　　　　　　(4) $\displaystyle\sum_{n=1}^{\infty} \dfrac{(x-2)^{2n}}{n4^n}$.

10. 将下列函数展开成 x 的幂级数:

(1) $f(x) = \sqrt{4x^4 + x^5}$;　　　　　　　　(2) $f(x) = x\ln(x + \sqrt{1+x^2})$;

(3) $f(x) = \ln(1+x+x^2+x^3)$;　　　　　　(4) $f(x) = \dfrac{x}{2+x-x^2}$.

11. 设 $f(x)=\begin{cases} \dfrac{1+x^2}{x}\arctan x, & x\neq 0, \\ 1, & x=0, \end{cases}$ 试将 $f(x)$ 展开成 x 的幂级数,并求级数 $\sum\limits_{n=1}^{\infty}\dfrac{(-1)^n}{1-4n}$ 的和.

12. 求幂级数 $\sum\limits_{n=1}^{\infty}(-1)^n\left(1+\dfrac{1}{n(2n-1)}\right)x^{2n}$,收敛区间与和函数 $f(x)$.

13. 试求极限 $\lim\limits_{n\to\infty}\left(\dfrac{1}{a}+\dfrac{2}{a^2}+\cdots+\dfrac{n}{a^n}\right)(a>1)$ (提示:考虑级数 $\sum\limits_{n=1}^{\infty}nx^n$ 的和函数).

14. 设 $\lim\limits_{n\to\infty}n^{2n\sin\frac{1}{n}}\cdot a_n=1$,试讨论级数 $\sum\limits_{n=1}^{\infty}a_n$ 的敛散性.

15. 设 $a_n=\displaystyle\int_0^{n\pi}x\,|\sin x|\,\mathrm{d}x(n=1,2,\cdots)$,计算 $\lim\limits_{n\to\infty}\left(\dfrac{a_1}{2}+\dfrac{a_2}{2^2}+\cdots+\dfrac{a_n}{2^n}\right)$.

16. 设 $f(x)$ 在 $x=0$ 的某邻域内有连续的一阶导数,且 $\lim\limits_{x\to 0}\dfrac{f(x)}{x}=2$,试证:级数 $\sum\limits_{n=1}^{\infty}(-1)^nf\left(\dfrac{1}{n}\right)$ 条件收敛.

17. 将 $f(x)=x^2$ 在 $[-\pi,\pi]$ 上展开成傅里叶级数,并求级数 $\sum\limits_{n=1}^{\infty}\dfrac{1}{(2n-1)^2}$ 的和.

第 10 章　极限与实数理论

10.1　极 限 理 论

通过前面数学分析的学习,大家知道极限概念是数学分析中最重要的概念.这不仅仅是因为数学分析中的许多重要概念,如连续、导数、积分等都要用极限来定义,而且由极限出发形成的极限理论是数学分析乃至整个分析数学的基础.从极限理论出发产生的极限方法,是数学分析的最基本的方法.更好的理解极限思想,掌握极限理论,应用极限方法是继续学习数学分析的关键.本节将全面阐述极限的概念,极限的方法,解题技巧等.

10.1.1　极限的定义

数列极限的 ε-N 定义是极限理论的重点与核心.数列极限定义可简单地写作:
$$\lim_{n\to\infty} a_n = a \Leftrightarrow 对 \ \forall \varepsilon > 0, \exists N > 0, 当 n > N 时,有 |a_n - a| < \varepsilon.$$

上述定义的**几何意义**是:对于任何一个以 a 为中心,ε 为半径的开区间 $(a-\varepsilon, a+\varepsilon)$,总可以在数列 $\{a_n\}$ 中找到某一项 a_N,使得其后的所有项都位于这个开区间内,而在该区间之外,最多只有 $\{a_n\}$ 的有限项(N 项).

类似地,函数极限定义可简单地写作:
$$\lim_{x\to x_0} f(x) = A \Leftrightarrow 对 \forall \varepsilon > 0, \exists \delta > 0, 当 0 < |x - x_0| < \delta 时,有 |f(x) - A| < \varepsilon.$$
上述定义中,$f(x)$ 至少应在 x_0 的某空心邻域 $U^\circ(x_0)$ 内有定义.

上述定义的**几何意义**是:将极限定义中的四段话用几何语言表述为

(1) 对 $\forall \varepsilon > 0$:任意以两直线 $y = A \pm \varepsilon$ 为边界的带形区域;

(2) 总 $\exists \delta > 0$:总存在(以点 x_0 为中心的)半径 $\delta > 0$;

(3) 当 $0 < |x - x_0| < \delta$ 时:当点 x 位于以点 x_0 为中心的 δ 空心邻域时;

(4) 有 $|f(x) - A| < \varepsilon$:相应的函数 $f(x)$ 的图像位于这个带形区域之内.

对于数列与函数的其他类型的极限定义,全部放在附录中,供读者翻阅,在此不再多叙.

10.1.2　利用定义证明极限

下面介绍用"ε-δ(或 N)"证明极限的**一般步骤**.

极限值为有限的情形：

(1) 给定任意小正数 ε；

(2) 解不等式 $|f(x)-A|<\varepsilon$ 或 $|a_n-a|<\varepsilon$，找 δ 或 N；

(3) 取定 δ 或 N；

(4) 令 $0<|x-x_0|<\delta$ 或 $n>N$，由 $|f(x)-A|<\varepsilon$ 或 $|a_n-a|<\varepsilon$ 成立，推出 $\lim\limits_{x\to x_0}f(x)=A$ 或 $\lim\limits_{n\to\infty}a_n=a$.

极限值为无穷大的情形（仅以极限为 $+\infty$ 与自变量 $x\to x_0$ 为例）：

(1) 给定任意大正数 G；

(2) 解不等式 $f(x)>G$；

(3) 取定 δ；

(4) 令 $0<|x-x_0|<\delta$，由 $f(x)>G$ 成立，推出 $\lim\limits_{x\to x_0}f(x)=+\infty$.

利用极限的定义证明问题关键是步骤(2)，应该非常清楚从哪一种形式的不等式推起，最后得到一个什么形式的式子，由此即可找到所需要的 δ（或 N）. 详细情形见表 10.1 与表 10.2 的内容：

表 10.1　极限值为有限数

极限过程	从不等式…推起	得到不等式	N,δ 或 M 的取法
$n\to\infty$	$|a_n-a|<\varepsilon$	$n>\varphi(\varepsilon)$	$N=[\varphi(\varepsilon)]$
$x\to x_0$	$|f(x)-A|<\varepsilon$	$|x-x_0|<\varphi(\varepsilon)$	$\delta=\varphi(\varepsilon)$
$x\to x_0^+$	$|f(x)-A|<\varepsilon$	$x-x_0<\varphi(\varepsilon)$	$\delta=\varphi(\varepsilon)$
$x\to x_0^-$	$|f(x)-A|<\varepsilon$	$x-x_0>-\varphi(\varepsilon)$	$\delta=\varphi(\varepsilon)$
$x\to+\infty$	$|f(x)-A|<\varepsilon$	$x>\varphi(\varepsilon)$	$M=\varphi(\varepsilon)$
$x\to-\infty$	$|f(x)-A|<\varepsilon$	$x<-\varphi(\varepsilon)$	$M=\varphi(\varepsilon)$
$x\to\infty$	$|f(x)-A|<\varepsilon$	$|x|>\varphi(\varepsilon)$	$M=\varphi(\varepsilon)$

表 10.2　极限值为无穷大

极限过程	极限值	从不等式…推起	得到不等式	δ 或 M 取法
$x\to x_0$	$+\infty$	$f(x)>G$		
	$-\infty$	$f(x)<-G$	$|x-x_0|<\varphi(G)$	$\delta=\varphi(G)$
	∞	$|f(x)|>G$		
$x\to x_0^+$	$+\infty$	$f(x)>G$		
	$-\infty$	$f(x)<-G$	$x-x_0<\varphi(G)$	$\delta=\varphi(G)$
	∞	$|f(x)|>G$		
$x\to x_0^-$	$+\infty$	$f(x)>G$		
	$-\infty$	$f(x)<-G$	$x-x_0>-\varphi(G)$	$\delta=\varphi(G)$
	∞	$|f(x)|>G$		

续表

极限过程	极限值	从不等式…推起	得到不等式	δ 或 M 取法
	$+\infty$	$f(x)>G$		
$x\to+\infty$	$-\infty$	$f(x)<-G$	$x>\varphi(G)$	$M=\varphi(G)$
	∞	$\mid f(x)\mid>G$		
	$+\infty$	$f(x)>G$		
$x\to-\infty$	$-\infty$	$f(x)<-G$	$x<-\varphi(G)$	$M=\varphi(G)$
	∞	$\mid f(x)\mid>G$		
	$+\infty$	$f(x)>G$		
$x\to\infty$	$-\infty$	$f(x)<-G$	$\mid x\mid>\varphi(G)$	$M=\varphi(G)$
	∞	$\mid f(x)\mid>G$		

综上所述,函数值不等式的形式是由有限极限值或无穷大极限值所决定,而自变量不等式的形式是由自变量变化过程的类型所决定.因此,充分理解用不等式来描述极限的各种形式,以及用不等式来描述自变量的各种变化过程的形式是掌握用"ε-δ(或 N)"证明极限的基本功.

但是由不等式 $\mid a_n-a\mid<\varepsilon$ 推得 $n>\varphi(\varepsilon)$(或其他形式),除了少数题目可以直接得到,大多数题目需要间接得到,常用的方法有:利用常见的不等式、利用条件放大(缩小)法、借助二项式公式、分段放大(缩小)、利用递推公式放大(缩小)等.下面通过例题来说明这些方法的具体应用.

例 10.1　设 $\lim\limits_{n\to\infty}a_n=a$(这里 a 为有限数、$+\infty$ 或 $-\infty$),则
$$\lim_{n\to\infty}\frac{a_1+a_2+\cdots+a_n}{n}=a.$$

证明　(1)当 a 为有限数时,由 $\lim\limits_{n\to\infty}a_n=a$,即对 $\forall\varepsilon>0$,$\exists N_1>0$,当 $n>N_1$ 时,有
$$\mid a_n-a\mid<\frac{\varepsilon}{2}.$$

又当 $n>N_1$ 时
$$
\begin{aligned}
\left|\frac{a_1+a_2+\cdots+a_n}{n}-a\right| &\leqslant \frac{\mid a_1-a\mid+\mid a_2-a\mid+\cdots+\mid a_n-a\mid}{n}\\
&= \frac{\mid a_1-a\mid+\mid a_2-a\mid+\cdots+\mid a_{N_1}-a\mid}{n}\\
&\quad+\frac{\mid a_{N_1+1}-a\mid+\cdots+\mid a_n-a\mid}{n}\\
&< \frac{\mid a_1-a\mid+\mid a_2-a\mid+\cdots+\mid a_{N_1}-a\mid}{n}\\
&\quad+\frac{(n-N_1)}{n}\frac{\varepsilon}{2}.
\end{aligned}
$$

再由 $\lim\limits_{n\to\infty}\dfrac{|a_1-a|+|a_2-a|+\cdots+|a_{N_1}-a|}{n}=0$，则对上述 $\forall\varepsilon>0$，$\exists N_2>0$，当 $n>N_2$ 时，有

$$\frac{|a_1-a|+|a_2-a|+\cdots+|a_{N_1}-a|}{n}<\frac{\varepsilon}{2}.$$

故可取 $N=\max\{N_1,N_2\}$，当 $n>N$ 时，有

$$\left|\frac{a_1+a_2+\cdots+a_n}{n}-a\right|<\frac{\varepsilon}{2}+\frac{(n-N_1)}{n}\frac{\varepsilon}{2}<\frac{\varepsilon}{2}+\frac{\varepsilon}{2}=\varepsilon.$$

（2）当 $a=+\infty$ 时，由 $\lim\limits_{n\to\infty}a_n=+\infty$，即 $\forall G>0$，$\exists N_1>0$，当 $n>N_1$ 时，有

$$a_n>3G.$$

又当 $n>N_1$ 时

$$\frac{a_1+a_2+\cdots+a_n}{n}=\frac{a_1+a_2+\cdots+a_{N_1}}{n}+\frac{a_{N_1+1}+\cdots+a_n}{n}$$

$$>\frac{a_1+a_2+\cdots+a_{N_1}}{n}+\frac{n-N_1}{n}\cdot 3G.$$

由 $\lim\limits_{n\to\infty}\dfrac{a_1+a_2+\cdots+a_{N_1}}{n}=0$ 与 $\lim\limits_{n\to\infty}\dfrac{n-N_1}{n}=1$，利用极限的保号性，即 $\exists N_2>0$，当 $n>N_2$ 时，有

$$\left|\frac{a_1+a_2+\cdots+a_{N_1}}{n}\right|<\frac{G}{2},\qquad \frac{n-N_1}{n}>\frac{1}{2}.$$

故可取 $N=\max\{N_1,N_2\}$，当 $n>N$ 时，有

$$\frac{a_1+a_2+\cdots+a_n}{n}>-\frac{G}{2}+\frac{3}{2}G=G.$$

所以

$$\lim_{n\to\infty}\frac{a_1+a_2+\cdots+a_n}{n}=+\infty.$$

（3）类似可证 $a=-\infty$ 的情形.

注 10.1 当 $a=\infty$ 时，结论不再成立，如 $\{0,1,-1,2,-2,\cdots\}$.

注 10.2 本命题的逆命题不一定成立，如 $a_n=(-1)^n$.

注 10.3 命题的证明利用了分段放大（缩小）的方法，它适用于连加（减）式，原则是将其分为若干段，然后分别针对每一段的特点，采取不同的方法进行处理.

例 10.2 若 $\lim\limits_{n\to\infty}a_n=a$，$\lim\limits_{n\to\infty}b_n=b$，则

$$\lim_{n\to\infty}\frac{a_1b_n+a_2b_{n-1}+\cdots+a_nb_1}{n}=ab.$$

证明 令 $x_n=\dfrac{a_1b_n+a_2b_{n-1}+\cdots+a_nb_1}{n}$.

由 $\lim\limits_{n\to\infty}b_n=b$,则 $\exists M>0$,使得对一切 n,有

$$|b_n|\leqslant M.$$

又由 $\lim\limits_{n\to\infty}a_n=a$,则对 $\forall\varepsilon>0$,$\exists N_1>0$,当 $n>N_1$ 时,有

$$|a_n-a|<\frac{\varepsilon}{2M}.$$

因此当 $n>N_1$ 时,

$$x_n=\frac{(a_1-a)b_n+\cdots+(a_n-a)b_1}{n}+\frac{a(b_1+\cdots+b_n)}{n},$$

其中

$$\lim_{n\to\infty}\frac{a(b_1+\cdots+b_n)}{n}=ab,$$

$$\left|\frac{(a_1-a)b_n+\cdots+(a_n-a)b_1}{n}\right|$$

$$=\left|\frac{(a_1-a)b_n+\cdots+(a_{N_1}-a)b_{n-N_1+1}}{n}+\frac{(a_{N_1+1}-a)b_{n-N_1}+\cdots+(a_n-a)b_1}{n}\right|$$

$$\leqslant\frac{M(|a_1-a|+\cdots+|a_{N_1}-a|)}{n}+\frac{(n-N_1)M}{n}\cdot\frac{\varepsilon}{2M}<\frac{L}{n}+\frac{\varepsilon}{2},$$

其中 $L=M(|a_1-a|+\cdots+|a_{N_1}-a|)$ 是一常数.

故取 $N=\max\left\{N_1,\left[\frac{L}{\varepsilon}\right]\right\}$,则当 $n>N$ 时,有

$$\left|\frac{(a_1-a)b_n+\cdots+(a_n-a)b_1}{n}\right|<\frac{\varepsilon}{2}+\frac{\varepsilon}{2}=\varepsilon,$$

即

$$\lim_{n\to\infty}\frac{(a_1-a)b_n+\cdots+(a_n-a)b_1}{n}=0,$$

所以

$$\lim_{n\to\infty}\frac{a_1b_n+a_2b_{n-1}+\cdots+a_nb_1}{n}=ab.$$

例 10.3　设 $x\to0$ 时,$f(x)\sim x$. $x_n=\sum\limits_{i=1}^{n}f\left(\frac{2i-1}{n^2}a\right)$. 求证:

$$\lim_{n\to\infty}x_n=a,\quad a>0.$$

证明　利用 $\sum\limits_{i=1}^{n}\frac{2i-1}{n^2}=1$,得 $a=\sum\limits_{i=1}^{n}\frac{2i-1}{n^2}a$,则

$$|x_n-a|=\left|\sum_{i=1}^{n}f\left(\frac{2i-1}{n^2}a\right)-\sum_{i=1}^{n}\frac{2i-1}{n^2}a\right|\leqslant\sum_{i=1}^{n}\left|f\left(\frac{2i-1}{n^2}a\right)-\frac{2i-1}{n^2}a\right|.$$

由 $f(x)\sim x(x\to0)$,则对 $\forall\varepsilon>0$,$\exists\delta>0$,当 $0<|x|<\delta$ 时,有

$$\left|\frac{f(x)}{x} - 1\right| < \frac{\varepsilon}{a}.$$

故取 $N = \dfrac{a}{\delta}$，当 $n > N$ 时，有

$$0 < \frac{2i-1}{n^2}a < \frac{a}{n} < \delta, \quad i = 1,2,\cdots,n.$$

因此

$$\left|\frac{f\left(\dfrac{2i-1}{n^2}a\right)}{\dfrac{2i-1}{n^2}a} - 1\right| < \frac{\varepsilon}{a},$$

即

$$\left|f\left(\frac{2i-1}{n^2}a\right) - \frac{2i-1}{n^2}a\right| < \frac{2i-1}{n^2}\varepsilon.$$

所以

$$|x_n - a| \leqslant \varepsilon \sum_{i=1}^{n} \frac{2i-1}{n^2} = \varepsilon.$$

从而

$$\lim_{n\to\infty} x_n = a.$$

例 10.4 设 $\{x_n\}$ 严格递增，且 $\lim\limits_{n\to\infty} x_n = +\infty$，若

$$\lim_{n\to\infty} \frac{y_n - y_{n-1}}{x_n - x_{n-1}} = a, \quad a \text{ 为有限数、} +\infty \text{ 或 } -\infty,$$

则

$$\lim_{n\to\infty} \frac{y_n}{x_n} = a.$$

证明 （1）若 a 为有限数.

由 $\lim\limits_{n\to\infty} \dfrac{y_n - y_{n-1}}{x_n - x_{n-1}} = a$，即对 $\forall \varepsilon > 0, \exists N_1 > 0$，当 $n \geqslant N_1$ 时，有

$$\left|\frac{y_n - y_{n-1}}{x_n - x_{n-1}} - a\right| < \frac{\varepsilon}{2},$$

令

$$z_n = \frac{y_n - y_{n-1}}{x_n - x_{n-1}} - a,$$

则

$$y_n = y_{n-1} + (z_n + a)(x_n - x_{n-1})$$
$$= y_{n-2} + (z_{n-1} + a)(x_{n-1} - x_{n-2}) + (z_n + a)(x_n - x_{n-1}) = \cdots$$

$$= y_{N_1} + (z_{N_1+1} + a)(x_{N_1+1} - x_{N_1}) + \cdots + (z_n + a)(x_n - x_{n-1})$$

$$= y_{N_1} + z_{N_1+1}(x_{N_1+1} - x_{N_1}) + \cdots + z_n(x_n - x_{n-1}) + a(x_n - x_{N_1}).$$

所以

$$\left| \frac{y_n}{x_n} - a \right| \leqslant \frac{|y_{N_1} - ax_{N_1}|}{x_n} + \frac{|z_{N_1+1}|(x_{N_1+1} - x_{N_1}) + \cdots + |z_n|(x_n - x_{n-1})}{x_n}$$

$$< \frac{|y_{N_1} - ax_{N_1}|}{x_n} + \frac{\varepsilon}{2} \frac{x_n - x_{N_1}}{x_n} < \frac{|y_{N_1} - ax_{N_1}|}{x_n} + \frac{\varepsilon}{2}.$$

再由 $\lim\limits_{n \to \infty} \dfrac{|y_{N_1} - ax_{N_1}|}{x_n} = 0$,则对上述 $\forall \varepsilon > 0, \exists N_2 > 0$, 当 $n > N_2$ 时,有

$$\frac{|y_{N_1} - ax_{N_1}|}{x_n} < \frac{\varepsilon}{2}.$$

故取 $N = \max\{N_1, N_2\}$, 当 $n > N$ 时,有

$$\left| \frac{y_n}{x_n} - a \right| < \frac{\varepsilon}{2} + \frac{\varepsilon}{2} = \varepsilon.$$

(2) 若 $a = +\infty$.

由 $\lim\limits_{n \to \infty} \dfrac{y_n - y_{n-1}}{x_n - x_{n-1}} = +\infty$,则对 $G = 1, \exists N > 0$, 当 $n \geqslant N$ 时,有

$$\frac{y_n - y_{n-1}}{x_n - x_{n-1}} > 1 \ \text{或} \ y_n - y_{n-1} > x_n - x_{n-1}.$$

再由 $\{x_n\}$ 严格递增性,则有 $\{y_n\}$ 也是严格递增的,且有

$$y_n - y_N > x_n - x_N, \quad n > N.$$

所以

$$\lim_{n \to \infty} y_n = +\infty.$$

故由 $\lim\limits_{n \to \infty} \dfrac{x_n - x_{n-1}}{y_n - y_{n-1}} = 0, \lim\limits_{n \to \infty} y_n = +\infty$ 与 $\{y_n\}$ 的严格递增性,利用(1),得

$$\lim_{n \to \infty} \frac{x_n}{y_n} = 0.$$

因此

$$\lim_{n \to \infty} \frac{y_n}{x_n} = +\infty.$$

类似可证 $a = -\infty$ 的情形(考虑 $-y_n$).

注 10.4　当 $a = \infty$ 时,例 10.4 的结论不再成立.

注 10.5　例 10.4 也称为数列的 $\dfrac{\infty}{\infty}$ 型 **Stolz** 公式,相应的有数列的 $\dfrac{0}{0}$ 型 **Stolz**

公式:

设 $\{x_n\}$ 严格递减，$\lim\limits_{n\to\infty} x_n = 0$，且 $\lim\limits_{n\to\infty} y_n = 0$. 若

$$\lim_{n\to\infty} \frac{y_n - y_{n-1}}{x_n - x_{n-1}} = a, \quad a \text{ 为有限数、} +\infty \text{ 或 } -\infty,$$

则

$$\lim_{n\to\infty} \frac{y_n}{x_n} = a.$$

注 10.6 Stolz 公式还可以推广到函数极限的情形：

定理 10.1 $\left(\dfrac{\infty}{\infty}\text{型}\right)$ 若 $T > 0$ 为常数，且

(1) $g(x+T) > g(x)$，$\forall x \geqslant a$；

(2) $\lim\limits_{x\to +\infty} g(x) = +\infty$，$f(x)$ 与 $g(x)$ 在 $[a, +\infty)$ 内闭有界（即对 $\forall b > a$，有 $f(x)$ 与 $g(x)$ 在 $[a, b]$ 上有界）；

(3) $\lim\limits_{x\to +\infty} \dfrac{f(x+T) - f(x)}{g(x+T) - g(x)} = a$（$a$ 为有限数、$+\infty$ 或 $-\infty$），

则

$$\lim_{x\to +\infty} \frac{f(x)}{g(x)} = a.$$

定理 10.2 $\left(\dfrac{0}{0}\text{型}\right)$ 若 $T > 0$ 为常数，且

(1) $0 < g(x+T) < g(x)$，$\forall x \geqslant a$；

(2) $\lim\limits_{x\to +\infty} f(x) = \lim\limits_{x\to +\infty} g(x) = 0$；

(3) $\lim\limits_{x\to +\infty} \dfrac{f(x+T) - f(x)}{g(x+T) - g(x)} = a$（$a$ 为有限数、$+\infty$ 或 $-\infty$），

则

$$\lim_{x\to +\infty} \frac{f(x)}{g(x)} = a.$$

例 10.5 设函数 $f(x)$ 满足：对任意 $x, y \in (-\infty, +\infty)$，有

$$|f(x) - f(y)| \leqslant k|x - y|, \quad 0 < k < 1,$$

则存在唯一的 ξ，使得 $f(\xi) = \xi$.

证明 任取 $x_1 \in (-\infty, +\infty)$，令 $x_n = f(x_{n-1})$（$n \geqslant 2$），则

$$|x_{n+1} - x_n| = |f(x_n) - f(x_{n-1})| \leqslant k|x_n - x_{n-1}| \leqslant \cdots \leqslant k^{n-1}|x_2 - x_1|.$$

由于级数 $\sum\limits_{n=1}^{\infty} k^{n-1}$ 收敛，故级数 $\sum\limits_{n=1}^{\infty} |x_{n+1} - x_n|$ 也收敛，从而 $\sum\limits_{n=1}^{\infty} (x_{n+1} - x_n)$ 收敛. 进一步有数列 $\{x_n\}$ 收敛，记 $\lim\limits_{n\to\infty} x_n = \xi$，则有

$$|f(\xi) - \xi| \leqslant |f(\xi) - x_{n+1}| + |x_{n+1} - \xi| = |f(\xi) - f(x_n)| + |x_{n+1} - \xi|$$

$$\leqslant k \,|\, \xi - x_n \,|\, + \,|\, x_{n+1} - \xi \,|.$$

再由

$$\lim_{n \to \infty} (\xi - x_n) = 0, \quad \lim_{n \to \infty} (x_{n+1} - \xi) = 0.$$

所以

$$f(\xi) = \xi.$$

若还有 η，使得 $f(\eta) = \eta$，则

$$|\, \xi - \eta \,| = |\, f(\xi) - f(\eta) \,| \leqslant k \,|\, \xi - \eta \,|.$$

故

$$\xi \equiv \eta.$$

注 10.7　例 10.5 称为**不动点定理**（或**压缩映射原理**）．若 $f(x)$ 的定义域改为闭区间 $[a, b]$，相应的结论也成立．

10.1.3　计算极限的常用方法

前面主要讨论如何利用极限的定义证明极限，这是极限理论的基础，必须熟练掌握．另外计算极限也是数学分析的中心问题之一，到目前为止，计算数列或函数极限的方法有很多，而问题的关键则是综合运用各种计算极限的方法，下面作简要的概括，读者应该学会举一反三．

1. 利用洛必达法则

洛必达法则是计算函数极限的最常用的方法，它主要针对未定型极限：

$$\frac{0}{0}, \quad \frac{\infty}{\infty}, \quad \infty - \infty, \quad 0 \cdot \infty, \quad 1^{\infty}, \quad \infty^0.$$

在使用洛必达法则时，一定要注意所给函数是否满足洛必达法则的条件，其次在使用一次洛必达法则后，要把定型的极限分离出来，再继续使用洛必达法则，最后要注意洛必达法则与其他工具（无穷小代换、变量变换、不定式因子的分离、各种恒等变换、泰勒公式等）相结合．

例 10.6　设 $\delta_n = \mathrm{e} - \left(1 + \dfrac{1}{n} \right)^n$，计算极限 $\lim\limits_{n \to \infty} n\delta_n$．

解　由归结原则，只需计算函数极限 $\lim\limits_{x \to 0^+} \dfrac{\mathrm{e} - (1+x)^{\frac{1}{x}}}{x}$．由洛必达法则

$$\lim_{x \to 0^+} \frac{\mathrm{e} - (1+x)^{\frac{1}{x}}}{x} = - \lim_{x \to 0^+} (1+x)^{\frac{1}{x}} \frac{\dfrac{x}{1+x} - \ln(1+x)}{x^2}$$

$$= -\mathrm{e} \cdot \lim_{x \to 0^+} \frac{\dfrac{x}{1+x} - \ln(1+x)}{x^2} = -\mathrm{e} \cdot \lim_{x \to 0^+} \frac{\dfrac{1}{(1+x)^2} - \dfrac{1}{1+x}}{2x}$$

$$=-\mathrm{e}\cdot\lim_{x\to0^+}\frac{-1}{2(1+x)^2}=\frac{\mathrm{e}}{2}.$$

所以

$$\lim_{n\to\infty}n\delta_n=\frac{\mathrm{e}}{2}.$$

2. 利用已知极限

$$\lim_{x\to0}\frac{\sin x}{x}=1,\quad \lim_{x\to0}(1+x)^{\frac{1}{x}}=\mathrm{e},\quad \lim_{x\to\infty}\left(1+\frac{1}{x}\right)^x=\mathrm{e},$$

$$\lim_{x\to0}\frac{\ln(1+x)}{x}=1,\quad \lim_{x\to0}\frac{a^x-1}{x}=\ln a,\quad\cdots.$$

例 10.7 计算 $\lim\limits_{x\to0}\left(\dfrac{\arctan x}{\arcsin x}\right)^{\frac{1}{x^2}}$.

解

$$\lim_{x\to0}\left(\frac{\arctan x}{\arcsin x}\right)^{\frac{1}{x^2}}=\lim_{x\to0}\left(1+\frac{\arctan x-\arcsin x}{\arcsin x}\right)^{\frac{1}{x^2}}$$

$$=\lim_{x\to0}\left[\left(1+\frac{\arctan x-\arcsin x}{\arcsin x}\right)^{\frac{\arcsin x}{\arctan x-\arcsin x}}\right]^{\frac{\arctan x-\arcsin x}{x^2\arcsin x}}$$

$$=\mathrm{e}^{\lim\limits_{x\to0}\frac{\arctan x-\arcsin x}{x^2\arcsin x}}=\mathrm{e}^{\lim\limits_{x\to0}\frac{\arctan x-\arcsin x}{x^3}}=\mathrm{e}^{\lim\limits_{x\to0}\frac{\frac{1}{1+x^2}-\frac{1}{\sqrt{1-x^2}}}{3x^2}}$$

$$=\mathrm{e}^{\lim\limits_{x\to0}\frac{\sqrt{1-x^2}-(1+x^2)}{3x^2(1+x^2)\sqrt{1-x^2}}}=\mathrm{e}^{\lim\limits_{x\to0}\frac{\sqrt{1-x^2}-(1+x^2)}{3x^2}}=\mathrm{e}^{\lim\limits_{x\to0}\frac{\frac{-x}{\sqrt{1-x^2}}-2x}{6x}}$$

$$=\mathrm{e}^{\lim\limits_{x\to0}\frac{\frac{-1}{\sqrt{1-x^2}}-2}{6}}=\mathrm{e}^{-\frac{1}{2}}.$$

3. 利用泰勒公式

例 10.8 设 $\lim\limits_{n\to\infty}\dfrac{n^a}{n^\beta-(n-1)^\beta}=2008$,试求 α,β.

解 由题设条件,显然 $\beta\neq0$.

$$\frac{n^a}{n^\beta-(n-1)^\beta}=\frac{n^{a-\beta}}{1-\left(1-\frac{1}{n}\right)^\beta}=\frac{n^{a-\beta}}{1-\left[1-\frac{\beta}{n}+o\left(\frac{1}{n}\right)\right]}$$

$$=\frac{n^{a-\beta+1}}{\beta+\frac{o(1/n)}{1/n}}\to\begin{cases}+\infty,&\alpha-\beta+1>0,\\\dfrac{1}{\beta},&\alpha-\beta+1=0,\quad n\to\infty.\\0,&\alpha-\beta+1<0,\end{cases}$$

所以有

$$\begin{cases} \alpha - \beta + 1 = 0, \\ \dfrac{1}{\beta} = 2008. \end{cases}$$

因此

$$\alpha = -\frac{2007}{2008}, \quad \beta = \frac{1}{2008}.$$

例 10.9   设 $f(x)$ 至少有 k 阶导数，且对常数 α，有

$$\lim_{x \to \infty} x^\alpha f(x) = 0, \quad \lim_{x \to \infty} x^\alpha f^{(k)}(x) = 0,$$

则

$$\lim_{x \to \infty} x^\alpha f^{(i)}(x) = 0, \quad i = 1, 2, \cdots, k-1.$$

证明   由泰勒公式

$$\begin{cases} f(x+1) = f(x) + f'(x) + \dfrac{1}{2!}f''(x) + \cdots + \dfrac{1}{(k-1)!}f^{(k-1)}(x) + \dfrac{1}{k!}f^{(k)}(\xi_1), \\ f(x+2) = f(x) + 2f'(x) + \dfrac{2^2}{2!}f''(x) + \cdots + \dfrac{2^{k-1}}{(k-1)!}f^{(k-1)}(x) + \dfrac{2^k}{k!}f^{(k)}(\xi_2), \\ \qquad\qquad\qquad\qquad \cdots\cdots \\ f(x+k) = f(x) + kf'(x) + \dfrac{k^2}{2!}f''(x) + \cdots + \dfrac{k^{k-1}}{(k-1)!}f^{(k-1)}(x) + \dfrac{k^k}{k!}f^{(k)}(\xi_k), \end{cases}$$

其中 ξ_i 在 x 与 $x+i$ 之间 $(i = 1, 2, \cdots, k)$. 这时关于 $f(x), f'(x), \cdots, f^{(k-1)}(x)$ 的线性方程组，其系数矩阵的行列式为

$$\begin{vmatrix} 1 & 1 & \dfrac{1}{2!} & \cdots & \dfrac{1}{(k-1)!} \\ 1 & 2 & \dfrac{2^2}{2!} & \cdots & \dfrac{2^2}{(k-1)!} \\ \vdots & \vdots & \vdots & & \vdots \\ 1 & k & \dfrac{2^k}{2!} & \cdots & \dfrac{2^k}{(k-1)!} \end{vmatrix} = \frac{1}{1!2!\cdots(k-1)!} \begin{vmatrix} 1 & 1 & 1 & \cdots & 1 \\ 1 & 2 & 2^2 & \cdots & 2^{k-1} \\ \vdots & \vdots & \vdots & & \vdots \\ 1 & k & k^2 & \cdots & k^{k-1} \end{vmatrix} = 1.$$

故 $f'(x), \cdots, f^{(k-1)}(x)$ 分别可以写成 $f(x+i)$ 与 $f^{(k)}(\xi_i)(i = 1, 2, \cdots, k)$ 的线性组合，则下面只需证

$$\lim_{x \to \infty} x^\alpha f(x+i) = 0, \quad \lim_{x \to \infty} x^\alpha f^{(k)}(\xi_i) = 0, \quad i = 1, 2, \cdots, k. \qquad (10.1)$$

事实上，当 $x \leqslant t \leqslant x+k$ 时，有

$$\lim_{x \to \infty} x^\alpha f^{(i)}(t) = \lim_{x \to \infty} \left(\frac{x}{t}\right)^\alpha \lim_{t \to \infty} t^\alpha f^{(i)}(t) = 1 \cdot 0 = 0, \quad i = 0, k.$$

所以式 (10.1) 成立，从而

$$\lim_{x \to \infty} x^\alpha f^{(i)}(x) = 0, \quad i = 1, 2, \cdots, k-1.$$

4. 利用迫敛性

例 10.10 设 $f(x)$ 在 $[0, +\infty)$ 上单调递增,且 $\lim\limits_{x \to +\infty} \dfrac{1}{x} \displaystyle\int_0^x f(t)\mathrm{d}t = A$,则

$$\lim_{x \to +\infty} f(x) = A.$$

证明 对任意 $x > 0$,有

$$f(x) = \frac{1}{x}\int_0^x f(x)\mathrm{d}t \geqslant \frac{1}{x}\int_0^x f(t)\mathrm{d}t.$$

另一方面,有

$$f(x) = \frac{1}{x}\int_x^{2x} f(x)\mathrm{d}t \leqslant \frac{1}{x}\int_x^{2x} f(t)\mathrm{d}t$$

$$= \frac{1}{x}\left[\int_0^{2x} f(t)\mathrm{d}t - \int_0^x f(t)\mathrm{d}t\right]$$

$$= 2\frac{1}{2x}\int_0^{2x} f(t)\mathrm{d}t - \frac{1}{x}\int_0^x f(t)\mathrm{d}t.$$

由

$$\lim_{x \to +\infty} \frac{1}{x}\int_0^x f(t)\mathrm{d}t = A, \quad \lim_{x \to +\infty} \frac{1}{2x}\int_0^{2x} f(t)\mathrm{d}t = A.$$

所以

$$\lim_{x \to +\infty} f(x) = A.$$

5. 利用定积分求和式极限

例 10.11 求 $\lim\limits_{n \to \infty}\left[1 - \dfrac{1}{2} + \dfrac{1}{3} - \dfrac{1}{4} + \cdots + (-1)^{n-1}\dfrac{1}{n}\right]$.

解 设

$$S_n = 1 - \frac{1}{2} + \frac{1}{3} - \frac{1}{4} + \cdots + (-1)^{n-1}\frac{1}{n},$$

则

$$S_{2n} = \left(1 + \frac{1}{3} + \cdots + \frac{1}{2n-1}\right) - \left(\frac{1}{2} + \frac{1}{4} + \cdots + \frac{1}{2n}\right)$$

$$= \left(1 + \frac{1}{2} + \frac{1}{3} + \frac{1}{4} + \cdots + \frac{1}{2n-1} + \frac{1}{2n}\right) - 2\left(\frac{1}{2} + \frac{1}{4} + \cdots + \frac{1}{2n}\right)$$

$$= \left(1 + \frac{1}{2} + \frac{1}{3} + \frac{1}{4} + \cdots + \frac{1}{2n-1} + \frac{1}{2n}\right) - \left(1 + \frac{1}{2} + \cdots + \frac{1}{n}\right)$$

$$= \frac{1}{n+1} + \frac{1}{n+2} + \cdots + \frac{1}{2n} = \frac{1}{n}\left(\frac{1}{1+\frac{1}{n}} + \frac{1}{1+\frac{2}{n}} + \cdots + \frac{1}{1+\frac{n}{n}}\right).$$

故

$$\lim_{n\to\infty} S_{2n} = \int_0^1 \frac{1}{1+x}\mathrm{d}x = \ln 2.$$

又

$$\lim_{n\to\infty} S_{2n-1} = \lim_{n\to\infty}\left(S_{2n} + \frac{1}{2n}\right) = \ln 2.$$

所以

$$\lim_{n\to\infty}\left[1 - \frac{1}{2} + \frac{1}{3} - \frac{1}{4} + \cdots + (-1)^{n-1}\frac{1}{n}\right] = \ln 2.$$

6. 利用数列的递推关系计算极限

例 10.12　设 $S_n = 1 + \frac{1}{2} + \cdots + \frac{1}{n} - \ln n$,求证:$\{S_n\}$ 收敛.

解　由于数列 $\left\{\left(1+\frac{1}{n}\right)^n\right\}$ 单调递增趋于 e,而数列 $\left\{\left(1+\frac{1}{n}\right)^{n+1}\right\}$ 单调递减趋于 e,则有

$$\left(1+\frac{1}{n}\right)^n < \mathrm{e} < \left(1+\frac{1}{n}\right)^{n+1} \quad 或 \quad \frac{1}{n+1} < \ln\left(1+\frac{1}{n}\right) < \frac{1}{n}.$$

一方面,由

$$S_{n+1} - S_n = \frac{1}{n+1} - \ln\left(1+\frac{1}{n}\right) > 0,$$

即 $\{S_n\}$ 单调递减;

另一方面,由

$$S_n = 1 + \frac{1}{2} + \cdots + \frac{1}{n} - \ln n$$

$$> \ln(1+1) + \ln\left(1+\frac{1}{2}\right) + \cdots + \ln\left(1+\frac{1}{n}\right) - \ln n$$

$$> \ln(n+1) - \ln n > 0,$$

即 $\{S_n\}$ 有下界,从而 $\{S_n\}$ 收敛.

例 10.13　设函数 $f(x)$ 可导,且 $0 < f'(x) < \frac{k}{1+x^2}$($k$ 为正常数). 记

$$x_n = \begin{cases} x_0, & n = 0, \\ f(x_{n-1}), & n = 1, 2, \cdots. \end{cases}$$

试证:$\{x_n\}$ 收敛.

证明　由拉格朗日中值定理

$$x_{n+1} - x_n = f(x_n) - f(x_{n-1}) = f'(\xi_n)(x_n - x_{n-1}).$$

故 $x_{n+1} - x_n$ 与 $x_n - x_{n-1}$ 同号,即 $\{x_n\}$ 单调.

又

$$|x_n| = |f(x_{n-1})| = |f(x_0) + f(x_{n-1}) - f(x_0)|$$

$$\leqslant |f(x_0)| + \left| \int_{x_0}^{x_{n-1}} f'(x) \mathrm{d}x \right| \leqslant |f(x_0)| + \int_{-\infty}^{+\infty} |f'(x)| \mathrm{d}x$$

$$\leqslant |f(x_0)| + \int_{-\infty}^{+\infty} \frac{k}{1+x^2} \mathrm{d}x = |f(x_0)| + k\pi.$$

故 $\{x_n\}$ 有界. 因此 $\{x_n\}$ 收敛.

7. 利用级数的收敛性计算极限

例 10.14 设级数 $\displaystyle\sum_{n=1}^{\infty} \frac{a_{n+1}}{2^n \sqrt{a_1 a_2 \cdots a_{n+1}}}$ 收敛, 令 $x_n = \sqrt{a_1 + \sqrt{a_2 + \cdots + \sqrt{a_n}}}$,

$(a_i > 0, i=1,2,\cdots)$. 证明 $\{x_n\}$ 收敛.

证明

$$0 \leqslant x_{n+1} - x_n = \sqrt{a_1 + \sqrt{a_2 + \cdots + \sqrt{a_n + \sqrt{a_{n+1}}}}} - \sqrt{a_1 + \sqrt{a_2 + \cdots + \sqrt{a_n}}}$$

$$\leqslant \frac{\left(a_1 + \sqrt{a_2 + \cdots + \sqrt{a_n + \sqrt{a_{n+1}}}}\right) - \left(a_1 + \sqrt{a_2 + \cdots + \sqrt{a_n}}\right)}{2\sqrt{a_1}}$$

$$= \frac{\sqrt{a_2 + \cdots + \sqrt{a_n + \sqrt{a_{n+1}}}} - \sqrt{a_2 + \cdots + \sqrt{a_n}}}{2\sqrt{a_1}} \leqslant \cdots$$

$$= \frac{(a_n + \sqrt{a_{n+1}}) - a_n}{2^n \sqrt{a_1 a_2 \cdots a_n}} = \frac{a_{n+1}}{2^n \sqrt{a_1 a_2 \cdots a_{n+1}}}.$$

所以由题设条件与正项级数的比较判别法知, 级数 $\displaystyle\sum_{n=1}^{\infty} (x_{n+1} - x_n)$ 收敛, 从而数列 $\{x_n\}$ 收敛.

8. 利用积分中值定理计算极限

例 10.15 证明当 $m < 2$ 时, 有 $\displaystyle\lim_{x \to 0+} \frac{1}{x^m} \int_0^x \sin\frac{1}{t} \mathrm{d}t = 0$.

证明 当 $m < 1$ 时, 有

$$\left| \frac{1}{x^m} \int_0^x \sin\frac{1}{t} \mathrm{d}t \right| \leqslant \frac{1}{x^m} \int_0^x \left| \sin\frac{1}{t} \right| \mathrm{d}t = x^{1-m} \to 0, \quad x \to 0+.$$

当 $1 \leqslant m < 2$ 时, 不妨限制 $0 < x < 1$, 有

$$\left| \frac{1}{x^m} \int_0^x \sin\frac{1}{t} \mathrm{d}t \right| \leqslant \left| \frac{1}{x^m} \int_0^{x^2} \sin\frac{1}{t} \mathrm{d}t \right| + \left| \frac{1}{x^m} \int_{x^2}^x \sin\frac{1}{t} \mathrm{d}t \right|,$$

其中

$$\left| \frac{1}{x^m} \int_0^{x^2} \sin \frac{1}{t} \mathrm{d}t \right| \leqslant \frac{1}{x^m} \int_0^{x^2} \left| \sin \frac{1}{t} \right| \mathrm{d}t \leqslant \frac{1}{x^m} \int_0^{x^2} \mathrm{d}t = x^{2-m} \to 0, \quad x \to 0+$$

与

$$\left| \frac{1}{x^m} \int_{x^2}^x \sin \frac{1}{t} \mathrm{d}t \right| = \left| \frac{1}{x^m} \int_{\frac{1}{x}}^{\frac{1}{x^2}} \frac{\sin u}{u^2} \mathrm{d}u \right| \quad \left(\diamondsuit \frac{1}{t} = u \right)$$

$$= \left| \frac{x^2}{x^m} \int_{\frac{1}{x}}^{\xi} \sin u \mathrm{d}u \right| \quad (\text{积分第二中值定理})$$

$$\leqslant 2x^{2-m} \to 0, \quad x \to 0+.$$

所以

$$\lim_{x \to 0+} \frac{1}{x^m} \int_0^x \sin \frac{1}{t} \mathrm{d}t = 0.$$

9. 利用 Stolz 定理计算极限

例 10.16　已知 $\lim\limits_{n \to \infty} (a_n - a_{n-2}) = 0$，求证 $\lim\limits_{n \to \infty} \dfrac{a_n - a_{n-1}}{n} = 0$.

证明　令 $b_n = |a_n - a_{n-1}|$，则

$$0 \leqslant |b_n - b_{n-1}| = \big| |a_n - a_{n-1}| - |a_{n-1} - a_{n-2}| \big| \leqslant |a_n - a_{n-2}| \to 0, \quad n \to \infty.$$

所以

$$\lim_{n \to \infty} (b_n - b_{n-1}) = 0.$$

因此

$$\lim_{n \to \infty} \left| \frac{a_n - a_{n-1}}{n} \right| = \lim_{n \to \infty} \frac{|a_n - a_{n-1}|}{n} = \lim_{n \to \infty} \frac{b_n}{n}$$

$$= \lim_{n \to \infty} \frac{b_n - b_{n-1}}{n - (n-1)} = \lim_{n \to \infty} (b_n - b_{n-1}) = 0,$$

即

$$\lim_{n \to \infty} \frac{a_n - a_{n-1}}{n} = 0.$$

例 10.17　设 $f(x)$ 在 $[a, +\infty)$ 上内闭有界（即对任意 $[c,d] \subset [a, +\infty)$，$f(x)$ 在 $[c,d]$ 上有界），且

$$\lim_{x \to +\infty} \frac{f(x+1) - f(x)}{x^n} = l, \quad l \text{ 为有限数、} +\infty \text{ 或} -\infty,$$

则

$$\lim_{x \to +\infty} \frac{f(x)}{x^{n+1}} = \frac{l}{n+1}.$$

证明　由 Stolz 定理，得

$$\lim_{x \to +\infty} \frac{f(x)}{x^{n+1}} = \lim_{x \to +\infty} \frac{f(x+1) - f(x)}{(x+1)^{n+1} - x^{n+1}}$$

$$= \lim_{x \to +\infty} \frac{f(x+1) - f(x)}{(x+1)^n + (x+1)^{n-1}x + \cdots + (x+1)x^{n-1} + x^n}$$

$$= \lim_{x \to +\infty} \frac{\dfrac{f(x+1) - f(x)}{x^n}}{\left(1 + \dfrac{1}{x}\right)^n + \left(1 + \dfrac{1}{x}\right)^{n-1} + \cdots + \left(1 + \dfrac{1}{x}\right) + 1} = \frac{l}{n+1}.$$

以上只是介绍了计算数列与函数极限的常用的方法,需要读者不断总结,才能较好地掌握计算极限的方法.

10.1.4 极限不是某常数与极限不存在

对于数学概念,准确地给出它的否定叙述与概念本身同等重要,这是因为:一方面,准确叙述否定概念是建立在对所给概念的透彻理解基础之上;另一方面,在许多问题中,反证法是常用的证明方法,而反证法常常是以否定概念的正确叙述为出发点,所以在数学分析学习中应引起足够重视.

1. $\lim\limits_{n \to \infty} a_n \neq a$ 的叙述

$\lim\limits_{n \to \infty} a_n \neq a \Leftrightarrow \exists \varepsilon_0 > 0$,对 $\forall N > 0$,总存在相应的自然数 $n_0 > N$,使得

$$|a_{n_0} - a| \geqslant \varepsilon_0.$$

注 10.8 $\lim\limits_{n \to \infty} a_n \neq a$ 是 $\lim\limits_{n \to \infty} a_n = a$ 的否定,否定的方法是在数列极限的定义中,将不等式 $|a_n - a| < \varepsilon$ 里的严格小于"<"改为相反意义的大于等于"$\geqslant$",将"$\forall$"改为相反意义的"$\exists$",将"$\exists$"改为相反意义的"$\forall$".

注 10.9 $\lim\limits_{n \to \infty} a_n \neq a$ 的几何意义是:能够找到一个以 a 为中心,以某正数 ε_0 为半径的开区间 $(a - \varepsilon_0, a + \varepsilon_0)$,使得数列 $\{a_n\}$ 中任意一项 a_N 之后,都至少存在一项 a_{n_0} 落在该开区间之外.

2. 数列 $\{a_n\}$ 极限不存在的叙述

数列 $\{a_n\}$ 极限不存在 $\Leftrightarrow$ 对 $\forall a \in (-\infty, +\infty)$,$\exists \varepsilon_0 > 0$,对 $\forall N > 0$,总存在相应的自然数 $n_0 > N$,使得

$$|a_{n_0} - a| \geqslant \varepsilon_0.$$

注 10.10 数列 $\{a_n\}$ 极限不存在,是指任何实数都不是它的极限. $\lim\limits_{n \to \infty} a_n \neq a$ 和 $\{a_n\}$ 极限不存在,是个别与一般的关系,即若 $\lim\limits_{n \to \infty} a_n \neq a$,则 $\{a_n\}$ 极限可能不存在,也可能存在(但不是 a);若数列 $\{a_n\}$ 极限不存在,必有 $\lim\limits_{n \to \infty} a_n \neq a$.

3. $\lim\limits_{x \to x_0} f(x) \neq A$ 的叙述

$\lim\limits_{x \to x_0} f(x) \neq A \Leftrightarrow \exists \varepsilon_0 > 0$,对 $\forall \delta > 0$,总存在 x_δ,当 $0 < |x_\delta - x_0| < \delta$ 时,有

$$|f(x_\delta) - A| \geqslant \varepsilon_0.$$

4. $\lim\limits_{x \to x_0} f(x)$ 不存在的叙述

$\lim\limits_{x \to x_0} f(x)$ 不存在 $\Leftrightarrow$ 对 $\forall A \in (-\infty, +\infty)$，$\exists \varepsilon_0 > 0$，对 $\forall \delta > 0$，总存在 x_δ，当 $0 < |x_\delta - x_0| < \delta$ 时，有

$$|f(x_\delta) - A| \geqslant \varepsilon_0.$$

注 10.11　自变量其他变化趋势的情形，可类似得出。

证明极限不是某常数或极限不存在，除了可以应用上述极限定义的否定形式，还可以应用柯西收敛准则的否定形式与归结原则，叙述如下：

定理 10.3（柯西收敛准则的否定形式）　数列 $\{a_n\}$ 发散的充分必要条件是

若 $\exists \varepsilon_0 > 0$，对 $\forall N > 0$，总存在自然数 $n_0 > N$ 及自然数 p_0，使得

$$|a_{n_0 + p_0} - a_{n_0}| \geqslant \varepsilon_0.$$

定理 10.4（柯西收敛准则的否定形式）　极限 $\lim\limits_{x \to x_0} f(x)$ 不存在的充分必要条件是：$\exists \varepsilon_0 > 0$，对 $\forall \delta > 0$，总存在相应 $x', x'' \in U^\circ(x_0)$，尽管 $|x' - x''| < \delta$，但是

$$|f(x') - f(x'')| \geqslant \varepsilon_0.$$

定理 10.5（归结原则）　设 $f(x)$ 在 $U^\circ(x_0, \delta')$ 内有定义，极限 $\lim\limits_{x \to x_0} f(x)$ 存在的充要条件是：对任何含于 $U^\circ(x_0, \delta')$ 且以 x_0 为极限的数列 $\{x_n\}$，数列极限 $\lim\limits_{n \to \infty} f(x_n)$ 都存在且相等。

注 10.12　自变量其他变化趋势有相应的柯西收敛准则与归结原则。需要注意的是，在单侧极限（$x \to x_0^\pm$ 或 $x \to \pm\infty$）的情形，相应的归结原则可表现为更强的形式，以 $x \to x_0^+$ 这种类型为例阐述如下：

定理 10.6（归结原则）　设 $f(x)$ 在 $U_+^\circ(x_0, \delta')$ 内有定义，极限 $\lim\limits_{x \to x_0^+} f(x)$ 存在的充要条件是：对任何含于 $U_+^\circ(x_0, \delta')$ 且以 x_0 为极限的递减数列 $\{x_n\}$，数列极限 $\lim\limits_{n \to \infty} f(x_n)$ 都存在且相等。

例 10.18　证明 $\lim\limits_{x \to -\infty} \sin x \neq 1$.

证明　$\exists \varepsilon_0 = \dfrac{1}{2}$，对 $\forall M > 0$，取 $x_0 = -n_0 \pi$，使得 $x_0 < -M$（只需 n_0 充分大即可），但是

$$|\sin x_0 - 1| = |\sin(-n_0 \pi) - 1| = 1 > \frac{1}{2} = \varepsilon_0,$$

即

$$\lim_{x \to -\infty} \sin x \neq 1.$$

例 10.19　证明 $\lim\limits_{n \to \infty} \dfrac{n}{n+1} \neq 0$.

证明 $\exists \varepsilon_0 = \dfrac{1}{2}$，对 $\forall N > 0$，存在 $n_0 = 3N - 1 > N$，使得

$$\left| \frac{n_0}{n_0 + 1} - 0 \right| = \frac{3N - 1}{3N} = 1 - \frac{1}{3N} > 1 - \frac{1}{3} > \frac{1}{2} = \varepsilon_0,$$

即

$$\lim_{n \to \infty} \frac{n}{n + 1} \neq 0.$$

例 10.20 证明数列 $\left\{ (-1)^n \dfrac{n}{n+1} \right\}$ 不存在极限.

证明 只需证明对任意实数 a，都不是该数列的极限.

当 $a \geqslant 0$ 时，$\exists \varepsilon_0 = \dfrac{1}{2}$，对 $\forall N > 0$，存在奇数 $n_0 > N$，使得

$$\left| (-1)^{n_0} \frac{n_0}{n_0 + 1} - a \right| = \left| \frac{n_0}{n_0 + 1} + a \right| \geqslant \frac{1}{2} = \varepsilon_0.$$

当 $a < 0$ 时，$\exists \varepsilon_0 = \dfrac{1}{2}$，对 $\forall N > 0$，存在偶数 $n_0 > N$，使得

$$\left| (-1)^{n_0} \frac{n_0}{n_0 + 1} - a \right| = \left| \frac{n_0}{n_0 + 1} - a \right| \geqslant \frac{1}{2} = \varepsilon_0.$$

总之，对任意实数 a，都不是该数列的极限.

例 10.21 利用柯西收敛准则证明数列 $a_n = 1 + \dfrac{1}{\sqrt{2}} + \cdots + \dfrac{1}{\sqrt{n}}$ 发散.

证明 $\exists \varepsilon_0 = \dfrac{1}{2}$，对 $\forall N > 0$，取 $n_0 > \max\{N, 2\}$，$p_0 = n_0$，使得

$$\left| a_{n_0 + p_0} - a_{n_0} \right| = \left| a_{2n_0} - a_{n_0} \right| = \frac{1}{\sqrt{n_0 + 1}} + \cdots + \frac{1}{\sqrt{2n_0}}$$

$$\geqslant \frac{n_0}{\sqrt{2n_0}} = \sqrt{\frac{n_0}{2}} \geqslant 1 > \frac{1}{2} = \varepsilon_0.$$

故数列 $\{a_n\}$ 发散.

例 10.22 利用柯西收敛准则证明 $\lim\limits_{n \to \infty} \tan n$ 不存在.

证明 $\exists \varepsilon_0 = \sin 1$，对 $\forall N > 0$，取 $n_0 > N$ 与 $p_0 = 1$，则有

$$\left| \tan(n_0 + p_0) - \tan n_0 \right| = \left| \tan(n_0 + 1) - \tan n_0 \right|$$

$$= \left| \frac{\sin(n_0 + 1)\cos n_0 - \cos(n_0 + 1)\sin n_0}{\cos(n_0 + 1)\cos n_0} \right|$$

$$= \left| \frac{\sin 1}{\cos(n_0 + 1)\cos n_0} \right| \geqslant \sin 1 = \varepsilon_0.$$

故 $\lim\limits_{n \to \infty} \tan n$ 不存在.

例 10.23 证明 $\lim\limits_{x \to 0} \cos \dfrac{1}{x}$ 不存在.

证明   证法一 $\exists \varepsilon_0 = \dfrac{1}{2}$,对 $\forall \delta > 0$,取 $x_n' = \dfrac{1}{2n\pi}$,$x_n'' = \dfrac{1}{2n\pi + \dfrac{\pi}{2}}$,尽管 $0 < x_n'$,

$x_n'' < \delta$(只需 $n > \dfrac{1}{2\pi\delta}$),但是

$$\left| \cos\frac{1}{x_n'} - \cos\frac{1}{x_n''} \right| = \left| \cos 2n\pi - \cos\left(2n\pi + \frac{\pi}{2} \right) \right| = 1 > \frac{1}{2} = \varepsilon_0.$$

故由柯西收敛准则,$\lim\limits_{x \to 0}\cos\dfrac{1}{x}$ 不存在.

证法二   令 $f(x) = \cos\dfrac{1}{x}$,$x_n = \dfrac{1}{n\pi}$,则

$$\lim_{n \to \infty} x_n = \lim_{n \to \infty} \frac{1}{n\pi} = 0.$$

但是

$$\lim_{n \to \infty} f(x_n) = \lim_{n \to \infty}\cos n\pi = \lim_{n \to \infty}(-1)^n.$$

显然上式的极限不存在,故有归结原则知,$\lim\limits_{x \to 0}\cos\dfrac{1}{x}$ 不存在.

注 10.13   证明数列与函数极限不存在的方法还有:利用数列的子列证明数列极限不存在,利用单侧极限不相等证明函数极限不存在,或者用反证法证明数列或函数极限不存在等.

习   题   10.1

1. 用 $\varepsilon\text{-}N$ 或 $\varepsilon\text{-}\delta$ 定义证明下列极限:

(1) $\lim\limits_{n \to \infty}\dfrac{2n^2}{n^2 - 1} = 2$;

(2) $\lim\limits_{n \to \infty}\sqrt{\dfrac{n + \sqrt{n}}{n + 1}} = 1$;

(3) $\lim\limits_{x \to a}\sqrt[3]{x} = \sqrt[3]{a}$;

(4) $\lim\limits_{x \to x_0}\ln x = \ln x_0 \ (x_0 > 0)$;

(5) $\lim\limits_{x \to 0^+}\dfrac{1}{1 + 10^{\frac{1}{x}}} = 0$;

(6) $\lim\limits_{x \to 0^-}\dfrac{1}{1 + 10^{\frac{1}{x}}} = 1$;

(7) $\lim\limits_{x \to 1}\dfrac{1}{\ln|x|} = \infty$;

(8) $\lim\limits_{x \to \infty}\dfrac{x^2}{x - 1} = \infty$;

(9) $\lim\limits_{x \to +\infty} a^x = +\infty$;

(10) $\lim\limits_{x \to -1}\dfrac{x}{x + 1} = \infty$.

2. 用极限定义证明若 $\lim\limits_{n \to \infty} a_n = a$,则 $\lim\limits_{n \to \infty}\dfrac{a_1 + 2a_2 + \cdots + na_n}{1 + 2 + \cdots + n} = a$.

3. 计算 $\lim\limits_{n \to \infty} a_n$,其中

(1) $a_n = \sum\limits_{k=1}^{n}\dfrac{k^3 + 6k^2 + 11k + 5}{(k + 3)!}$;

(2) $a_n = \dfrac{\sum\limits_{k=1}^{n} k^k}{n^n}$;

(3) $a_n = \prod\limits_{k=1}^{n} \left(1 + \dfrac{1}{b_k}\right)$（其中 $b_1 = 1, b_{k+1} = k(1 + b_k)$）；

(4) $a_n = (n+1+\cos n)^{\frac{1}{2n+n\sin n}}$.

4. 试确定 λ 的值，使得

$$\lim_{n \to \infty} \frac{n^{2007}}{n^{\lambda} - (n-1)^{\lambda}} = \frac{1}{2008}, \quad \lambda \neq 0.$$

5. 应用 Stolz 定理计算下列极限：

(1) $\lim\limits_{n \to \infty} \dfrac{1}{\sqrt{n}} \sum\limits_{k=1}^{n} \dfrac{a_k}{\sqrt{k}}$（已知 $\lim\limits_{n \to \infty} a_n = a$）；   (2) $\lim\limits_{n \to \infty} \dfrac{1}{\ln n} \sum\limits_{k=1}^{n} \dfrac{1}{k}$；

(3) $\lim\limits_{n \to \infty} \dfrac{1 + a + 2a^2 + \cdots + na^n}{na^{n+2}} (a > 1)$；   (4) $\lim\limits_{n \to \infty} \dfrac{\sum\limits_{m=0}^{n} (k+m)!}{n^{k+1}}$；

(5) $\lim\limits_{n \to \infty} \dfrac{n}{a^{n+1}} \left(a + \dfrac{a^2}{2} + \cdots + \dfrac{a^n}{n}\right) (a > 1)$；   (6) $\lim\limits_{n \to \infty} \left(\dfrac{1 + 2^k + \cdots + n^k}{n^k} - \dfrac{n}{k+1}\right)$.

6. 设 $\{x_n\}$ 满足：$0 < x_n < 1, (1 - x_n) x_{n+1} > \dfrac{1}{4}$，证明：$\{x_n\}$ 收敛，并求其极限.

7. 设 $a_1 > 0, a_{n+1} = \dfrac{c(1 + a_n)}{c + a_n}, c > 1$. 证明：$\{a_n\}$ 收敛，并求其极限.

8. 设 $a_1 = \sin a > 0, a_{n+1} = \sin a_n$，证明：$\lim\limits_{n \to \infty} n a_n^2 = 3$.

9. 设 $f_n(x) = \mathrm{e}^{\frac{x}{n+1}}$，数列 $\{y_n\}$ 满足：$y_1 = c > 0, y_n = \dfrac{n}{n+1} \int_0^{y_{n+1}} f_n(x) \mathrm{d}x$. 求 $\lim\limits_{n \to \infty} y_n$.

10. 证明：$\lim\limits_{x \to 0} \left(\dfrac{\mathrm{e}^x + \mathrm{e}^{2x} + \cdots + \mathrm{e}^{nx}}{n}\right)^{\frac{1}{x}} = \mathrm{e}^{\frac{n+1}{2}}$.

11. 计算下列函数极限：

(1) $\lim\limits_{x \to 0} \dfrac{\cos(\sin x) - \cos x}{\sin^4 x}$；   (2) $\lim\limits_{x \to 0} \dfrac{\dfrac{x^2}{2} + 1 - \sqrt{1 + x^2}}{\sin^2 x (\cos x - \mathrm{e}^{x^2})}$.

12. 证明下列各题：

(1) $\lim\limits_{n \to \infty} \dfrac{n^2}{2n^2 + 1} \neq 1$；

(2) $\lim\limits_{x \to +\infty} x(1 + \sin x) \neq +\infty$；

(3) 设 $a_n = 1 + \dfrac{1}{2^p} + \cdots + \dfrac{1}{n^p} (0 < p < 1)$，证明数列 $\{a_n\}$ 发散；

(4) 证明：极限 $\lim\limits_{n \to \infty} \sin n$ 不存在；

(5) 证明：函数 $f(x) = \begin{cases} x, & x \text{ 为有理数}, \\ -x, & x \text{ 为无理数}, \end{cases}$ 仅在 $x = 0$ 处存在极限.

10.2   实数的完备性

极限理论建立的基础是实数，数学分析的研究又把极限作为主要的工具，因此

实数的完备性是数学分析的基石.掌握实数的这一基本特征,就可以方便的描述和度量各种连续变化的量,就可以正确的描述和解释各种连续变量之间的相互关系,刻画它们的变化趋势,研究它们的变化速度,讨论它们在变化过程中的效果.所以说**实数的完备性**是数学分析中各部分内容的基础和出发点,没有它数学分析中各类问题的研究将寸步难行.

为方便地使用实数的完备性,人们得到了各种各样的刻画实数完备性的若干等价命题,但在数学分析教材中通常是下述 6 个,分别是

Ⅰ. **确界定理**;

Ⅱ. **单调有界定理**;

Ⅲ. **闭区间套定理**;

Ⅳ. **有限覆盖定理**;

Ⅴ. **聚点定理**(或致密性定理);

Ⅵ. **柯西收敛准则**.

在上册中,我们不加证明地给出了关于实数集的确界定理、数列的单调有界定理与柯西收敛准则以及闭区间套定理.本节将详细阐述这 6 个基本定理,并证明这 6 个定理的等价性以及实数完备性定理的应用.

10.2.1　实数完备性定理

先将上册中提到的 4 个实数完备性定理的相关内容简述如下:

定义 10.1　设 $E \subseteq \mathbf{R}$,若存在数 β,满足

(1) β 是 E 的上界;

(2) 如果 β' 是 E 的任一上界,那么必有 $\beta \leqslant \beta'$,

则称 β 是 E 的最小上界或上**确界**,记作

$$\beta = \sup E \text{ 或 } \beta = \sup_{x \in E} x.$$

定义 10.2　设 $E \subseteq \mathbf{R}$,若存在数 α,满足

(1) α 是 E 的下界;

(2) 如果 α' 是 E 的任一下界,那么必有 $\alpha' \leqslant \alpha$,

则称 α 是 E 的最大下界或下**确界**,记作

$$\alpha = \inf E \text{ 或 } \alpha = \inf_{x \in E} x.$$

例 10.24　设 A, B 为非空数集,若对一切 $x \in A$ 与 $y \in B$ 都有 $x \leqslant y$. 证明:数集 A 存在上确界,数集 B 存在下确界,且

$$\sup A \leqslant \inf B.$$

证明　由条件知,数集 B 中的任一数 y 都可作为数集 A 的上界,而数集 A 中的任一数 x 都可作为数集 B 的下界,故 $\sup A$ 与 $\inf B$ 存在.

对任何 $y \in B$ 都是数集 A 的上界,则由上确界定义,$\sup A$ 是数集 A 的最小上界,故有 $\sup A \leqslant y$;而此式又表明 $\sup A$ 是数集 B 的一个下界,再由下确界定义,得

$$\sup A \leqslant \inf B.$$

例 10.25 设 A、B 为非空有界数集,$E = A \cup B$. 证明:

(1) $\sup E = \max\{\sup A, \sup B\}$;

(2) $\inf E = \min\{\inf A, \inf B\}$.

证明 由于 $E = A \cup B$ 显然也是非空有界数集,所以 E 的上、下确界都存在.

(1) 对 $\forall x \in E$,则有 $x \in A$ 或 $x \in B$,从而

$$x \leqslant \sup A \text{ 或 } x \leqslant \sup B,$$

即

$$\sup E \leqslant \max\{\sup A, \sup B\}.$$

另一方面,对 $\forall x \in A$,有 $\forall x \in E$,从而 $x \leqslant \sup E$,故 $\sup A \leqslant \sup E$. 同理可得 $\sup B \leqslant \sup E$. 所以

$$\sup E = \max\{\sup A, \sup B\}.$$

(2) 类似可得

定理 10.7(确界定理) 非空有上界的数集必有上确界;非空有下界的数集必有下确界.

定理 10.8(单调有界定理) 单调递增有上界的数列必存在极限;单调递减有下界的数列必存在极限.

定理 10.9(柯西收敛准则) 数列 $\{a_n\}$ 收敛的充要条件是

$$\forall \varepsilon > 0, \quad \exists N > 0, \quad \text{当 } n, m > N \text{ 时}, \quad \text{有 } |a_n - a_m| < \varepsilon.$$

注 10.14 函数同样存在相应的柯西收敛准则.

定理 10.10(闭区间套定理) 设 $\{[a_n, b_n]\}$ 是一闭区间套,则存在唯一的 ξ 属于所有的闭区间 $[a_n, b_n]$ $(n = 1, 2, \cdots)$.

定义 10.3 设 E 为数轴上的点集,ξ 为定点(可以属于 E,也可以不属于 E). 若 ξ 的任何邻域内都含有 E 中的无穷多个点,则称 ξ 为点集 E 的**聚点**.

例如,

(1) 点集 $E_1 = \left\{(-1)^n + \dfrac{1}{n}\right\}$ 有两个聚点 1 与 -1(它们不属于 E_1);

(2) 点集 $E_2 = (a, b)$ 的全部聚点组成的集合为 $[a, b]$;

(3) 点集 $E_3 = \{2, 4, 7\}$(任何有限集)没有聚点.

聚点的概念还有两个等价定义如下:

定义 10.4 设 E 为数轴上的点集,若点 ξ 的任何 ε 邻域内都含有 E 中异于 ξ 的点,即 $U°(\xi; \varepsilon) \cap E \neq \varnothing$,则称 ξ 为点集 E 的**聚点**.

定义 10.5 若存在各项互异的收敛数列 $\{x_n\} \subset E$,且 $\lim\limits_{n \to \infty} x_n = \xi$,则称 ξ 为点集

E 的**聚点**.

注 10.15　第 5 章已经介绍过二维空间情形中相应的聚点的概念,那里是定义 10.3(或定义 10.4、定义 10.5)的推广.

定理 10.11(聚点定理)　实轴上的任一有界无限点集 E 至少存在一个聚点.

推论 10.1(致密性定理)　有界数列必含有收敛子列.

证明　设 $\{x_n\}$ 为有界数列,若 $\{x_n\}$ 中有无穷多个相等的项,则由这些项构成的子列是一个常数列,显然收敛.

若 $\{x_n\}$ 中不含有无穷多个相等的项,则 $\{x_n\}$ 在数轴上对应的点集必为有界无限点集,故由聚点定理,点集 $\{x_n\}$ 至少有一个聚点,记为 ξ,于是由定义 10.5,存在 $\{x_n\}$ 的一个收敛子列(以 ξ 为其极限).

定义 10.6　设 E 为数轴上的点集,H 为开区间集(即 H 中的每一个元素都是开区间).若对 E 中任何一点 x,H 至少存在一个开区间 Δ,使得 $x \in \Delta$,则称 H 为点集 E 的一个**开覆盖**,或称 H 覆盖了 E.若 H 中开区间的个数是无限(有限)的,则称 H 为点集 E 的一个**无限(有限)开覆盖**.

例如,

(1) 若 $E_1=(0,1)$,$H_1=\left\{\left.\left(\dfrac{1}{n+1},\dfrac{1}{n}\right)\right|n=1,2,\cdots\right\}$,则开区间集 H_1 没有覆盖区间 E_1. 事实上,对 $\forall \dfrac{1}{n} \in (0,1)$,$H_1$ 中没有开区间包含 $\dfrac{1}{n}$.

(2) 若 $E_2=(0,1)$,$H_2=\left\{\left.\left(\dfrac{1}{n+1},1\right)\right|n=1,2,\cdots\right\}$,则开区间集 H_2 覆盖区间 E_2. 事实上,对 $\forall x \in (0,1)$,一定存在充分大的自然数 n_0,使得 $\dfrac{1}{n_0+1}<x$,也即 H_2 中存在开区间 $\left(\dfrac{1}{n_0+1},1\right)$,使得 $x \in \left(\dfrac{1}{n_0+1},1\right)$.

(3) 若 $E_3=[a,b]$,$H_3=\{(x-\delta_x,x+\delta_x)\,|\,x\in[a,b],\delta_x>0\}$,则开区间集 H_3 覆盖闭区间 E_3. 事实上,对 $\forall x \in [0,1]$,显然 H_3 中存在相应的开区间 $(x-\delta_x,x+\delta_x)$,使得 $x \in (x-\delta_x,x+\delta_x)$.

定理 10.12(有限覆盖定理)　若 H 为闭区间 $[a,b]$ 的一个(无限)开覆盖,则在 H 中必存在有限个开区间就可以覆盖闭区间 $[a,b]$.

注 10.16　定理 10.12 的结论只对闭区间成立,而对开区间不一定成立.

例 10.26　证明:开区间集合 $H=\left\{\left.\left(\dfrac{1}{n+1},1\right)\right|n=1,2,\cdots\right\}$ 覆盖了开区间 $E=(0,1)$,但不能从中选出有限个开区间覆盖 E.

证明　只需证明不能从 H 中选出有限个开区间覆盖 E.

反证法.假设 H 中存在有限个开区间 $\Delta_i=\left(\dfrac{1}{n_i+1},1\right)$ $(i=1,2,\cdots,k)$ 覆盖了开

区间 E. 记 $n^* = \max\{n_1, n_2, \cdots, n_k\}$,则

$$\frac{1}{n^*+1} \in E, \text{但} \frac{1}{n^*+1} \notin \Delta_i, \quad i=1,2,\cdots,k.$$

这是矛盾的.

10.2.2 实数完备性定理的等价性

实数完备性定理各自从不同的侧面刻画了实数的完备性,这 6 个定理是相互等价的,也就是说,若以其中任何一个定理作为基础,都可以推出其余 5 个,那么总共可得出 30 个命题,从理论上说这样做完全是可行的,但事实上这 30 个命题的证明的难易程度差别很大,有些需要相当的技巧.通常较为简洁的处理方法是采用循环证明.

定理 10.13(实数完备性定理的等价性)   实数完备性定理 Ⅰ ～ Ⅵ 是等价的.

证明

Ⅰ ⇒ Ⅱ. 由确界定理证明单调有界定理.

只证数列 $\{x_n\}$ 单调增加且有上界 M 时,数列存在极限.

由确界定理知,数列 $\{x_n\}$ 有上确界,记为 $\sup\{x_n\} = \beta$. 由上确界定义知:对一切自然数 n,有 $x_n \leqslant \beta$,并且对任意的 $\varepsilon > 0$,存在 $x_N \in \{x_n\}$,使得

$$\beta - \varepsilon < x_N \leqslant \beta.$$

由于 $\{x_n\}$ 是单调增加的,所以当 $n > N$ 时,

$$\beta - \varepsilon < x_N < x_n \leqslant \beta < \beta + \varepsilon$$

或

$$|x_n - \beta| < \varepsilon.$$

故

$$\lim_{x \to \infty} x_n = \beta.$$

同理可证单调减少有下界的数列也存在极限.

Ⅱ ⇒ Ⅲ. 由单调有界定理证明闭区间套定理.

设 $[a_n, b_n](n=1,2,\cdots)$ 是闭区间套,即满足:

(1) $[a_n, b_n] \supset [a_{n+1}, b_{n+1}](n=1,2,\cdots)$,

(2) $\lim_{n \to \infty}(b_n - a_n) = 0$,

则由所给条件知 $\{a_n\}$ 是单调增加且有上界(如 b_1)的数列,所以由单调有界定理知 $\{a_n\}$ 收敛,记 $\lim_{x \to \infty} a_n = c$,则 $a_n \leqslant c$. 同理数列 $\{b_n\}$ 单调递减有下界,所以 $\{b_n\}$ 收敛. 又 $\lim_{n \to \infty}(b_n - a_n) = 0$,故

$$\lim_{n \to \infty} b_n = \lim_{n \to \infty}[a_n + (b_n - a_n)] = c.$$

显然对一切自然数 $n, b_n \geqslant c$. 于是

$$a_n \leqslant c \leqslant b_n, \quad n = 1, 2, \cdots.$$

下证 c 的唯一性.

事实上,若另有 d 满足

$$a_n \leqslant d \leqslant b_n, \quad n = 1, 2, \cdots,$$

则

$$|d - c| \leqslant |b_n - a_n| = b_n - a_n \to 0, \quad n \to \infty.$$

于是

$$c = d.$$

故存在唯一的 $c \in [a_n, b_n] (n = 1, 2, \cdots)$.

Ⅲ⇒Ⅴ. 由闭区间套定理证明有限覆盖定理.

用反证法. 设 H 是闭区间 $[a, b]$ 的开覆盖,但 H 中不能选出有限个开区间构成 $[a, b]$ 的开覆盖.

现将 $[a, b]$ 等分成两个子区间,则其中至少有一个子区间不能被 H 中有限个开区间所覆盖. 记这个子区间为 $[a_1, b_1]$,则有

(1) $[a_1, b_1] \subset [a, b]$;

(2) $b_1 - a_1 = \dfrac{b - a}{2}$;

(3) $[a_1, b_1]$ 不能被 H 中有限个开区间覆盖.

再将 $[a_1, b_1]$ 等分成两个子区间,同样至少有一个子区间不能被 H 中有限个开区间覆盖. 记这个子区间为 $[a_2, b_2]$,则

(1) $[a_2, b_2] \subset [a_1, b_1]$;

(2) $b_2 - a_2 = \dfrac{b_1 - a_1}{2} = \dfrac{b - a}{2^2}$;

(3) $[a_2, b_2]$ 不能被 H 中有限个开区间覆盖.

重复上述步骤并一直进行下去,则得到一个闭区间列 $\{[a_n, b_n]\}$,满足

(1) $[a_{n+1}, b_{n+1}] \subset [a_n, b_n] (n = 1, 2, \cdots)$;

(2) $b_n - a_n = \dfrac{b - a}{2^n} \to 0 (n \to \infty)$;

(3) $[a_n, b_n]$ 不能被 H 中有限个开区间覆盖,

即 $\{[a_n, b_n]\}$ 是一个闭区间套,故存在唯一的 $x_0 \in [a_n, b_n] (n = 1, 2, \cdots)$,从而

$$0 \leqslant x_0 - a_n \leqslant b_n - a_n \to 0, \quad n \to \infty;$$
$$0 \leqslant b_n - x_0 \leqslant b_n - a_n \to 0, \quad n \to \infty.$$

所以

$$\lim_{n \to \infty} b_n = \lim_{n \to \infty} a_n = x_0.$$

由于 $x_0 \in [a, b]$,又 H 是 $[a, b]$ 的开覆盖,所以存在 H 中的开区间 (α, β),使得 $x_0 \in$

(α,β). 取 $\varepsilon=\min\{x_0-\alpha,\beta-x_0\}$,则存在 $N>0$,当 $n>N$ 时,有

$$0\leqslant x_0-a_n<\varepsilon, \quad 0\leqslant b_n-x_0<\varepsilon.$$

从而

$$\alpha\leqslant x_0-\varepsilon<a_n\leqslant x_0\leqslant b_n<x_0+\varepsilon\leqslant\beta.$$

这表明当 $n>N$ 时,$[a_n,b_n]\subset(\alpha,\beta)$,即 H 中的一个开区间就覆盖了 $[a_n,b_n]$,这与闭区间列 $[a_n,b_n]$ 的选取矛盾.

Ⅴ⇒Ⅳ. **由有限覆盖定理证明聚点定理.**

用反证法.由于 E 是有界点集,即存在闭区间 $[a,b]$,使得 $E\subset[a,b]$.

假设 E 没有聚点,则 $[a,b]$ 中的每个点都不是 E 的聚点.于是对每个 $x\in[a,b]$,必有 $\delta_x>0$,使得开区间 $(x-\delta_x,x+\delta_x)$ 中至多只含 E 中有限个点.记 $I_x=(x-\delta_x,x+\delta_x)$,$H=\{I_x\mid x\in[a,b]\}$,则 H 是 $[a,b]$ 的一个开覆盖.由有限覆盖定理知,H 中可选出有限个开区间构成 $[a,b]$ 的开覆盖,因而它们也是集 E 的有限开覆盖.记这有限个开区间为 $I_1,I_2,\cdots,I_k$.由于每个开区间 $I_i(i=1,2,\cdots,k)$ 中至多只含 E 的有限个点,故 E 中只有有限点,这与 E 是无限集矛盾.

Ⅳ⇒Ⅵ. **由聚点定理(致密性定理)证明柯西收敛准则.**

仅证明充分性,即已知 $\forall\varepsilon>0$,$\exists N>0$,当 $n,m>N$ 时,有

$$|a_n-a_m|<\varepsilon.$$

下证数列 $\{a_n\}$ 收敛.

特别地,取 $\varepsilon=1$,$\exists N_1>0$,当 $n>N_1$ 时,有

$$|a_n-a_{N_1+1}|<1 \text{ 或 } |a_n|<1+|a_{N_1+1}|.$$

令

$$M=\max\{|a_1|,|a_2|,\cdots,|a_{N_1}|,|a_{N_1+1}|+1\},$$

则对一切 n,有

$$|a_n|\leqslant M.$$

所以数列 $\{a_n\}$ 为有界数列.由致密性定理,存在收敛子列 $\{a_{n_k}\}$,设其极限为 a,即对 $\forall\varepsilon>0$,$\exists N>0$,当 $n,k>N$ 时(此时 $n_k\geqslant k>N$),有

$$|a_n-a_{n_k}|<\varepsilon \text{ 或 } a_{n_k}-\varepsilon<a_n<a_{n_k}+\varepsilon.$$

在上式中令 $k\to\infty$,得

$$a-\varepsilon\leqslant a_n\leqslant a+\varepsilon.$$

这就证明了数列 $\{a_n\}$ 收敛.

Ⅵ⇒Ⅰ. **由柯西收敛准则证明确界定理.**

只证非空有上界的数集必有上确界.

设 E 非空有上界 M 的数集,任取 $x_0\in E$.若 x_0 为 E 的上界,则 x_0 即为 E 的上确界.若 x_0 不为 E 的上界,考虑点 $\dfrac{x_0+M}{2}$.

若 $\dfrac{x_0+M}{2}$ 为 E 的上界,令 $\dfrac{x_0+M}{2}=y_1$;若 $\dfrac{x_0+M}{2}$ 不为 E 的上界,则令 $M=y_1$, 则 y_1 满足:

(1) y_1 是 E 的上界;

(2) $\left[y_1-\dfrac{M-x_0}{2},y_1\right]\bigcap E\neq\varnothing.$

再考虑 $y_1-\dfrac{M-x_0}{2}$, y_1 两点,重复上述过程,得到 y_2,满足:

(1) y_2 是 E 的上界;

(2) $\left[y_2-\dfrac{M-x_0}{2^2},y_2\right]\bigcap E\neq\varnothing;$

(3) $|y_2-y_1|\leqslant\dfrac{M-x_0}{2^2}.$

这样可得到数列 $\{y_n\}$,满足:

(1) y_n 是 E 的上界;

(2) $\left[y_n-\dfrac{M-x_0}{2^n},y_n\right]\bigcap E\neq\varnothing;$

(3) $|y_n-y_{n-1}|\leqslant\dfrac{M-x_0}{2^n}.$

所以当 $m>n$ 时,有

$$|y_m-y_n|\leqslant|y_m-y_{m-1}|+|y_{m-1}-y_{m-2}|+\cdots+|y_{n+1}-y_n|$$
$$\leqslant\frac{M-x_0}{2^m}+\frac{M-x_0}{2^{m-1}}+\cdots+\frac{M-x_0}{2^{n+1}}\leqslant\frac{M-x_0}{2^n}.$$

由 $\lim\limits_{n\to\infty}\dfrac{M-x_0}{2^n}=0$,即 $\forall\varepsilon>0$,$\exists N>0$,当 $n>N$ 时,有

$$\frac{M-x_0}{2^n}<\varepsilon.$$

故当 $m>n>N$ 时,有

$$|y_m-y_n|\leqslant\frac{M-x_0}{2^n}<\varepsilon.$$

由柯西收敛准则,数列 $\{y_n\}$ 收敛,记 $\lim\limits_{n\to\infty}y_n=\beta$. 下证 $\sup E=\beta$.

(1) 若 β 不是 E 的上界,则存在 $x_1\in E$,使得 $x_1>\beta$. 又当 n 充分大时,有 $x_1>y_n$,这与 y_n 是 E 的上界矛盾.

(2) 若 β 不是 E 的最小上界,则存在 $c(<\beta)$,使得 c 是 E 的上界,即对 $\forall x\in E$,有 $x\leqslant c$. 又当 n 充分大时,有 $y_n-\dfrac{M-x_0}{2^n}>c$,这与 $\left[y_n-\dfrac{M-x_0}{2^n},y_n\right]\bigcap E\neq\varnothing$ 矛盾.

所以

$$\sup E = \beta.$$

10.2.3 实数完备性定理应用举例

实数完备性的 6 个等价定理,从不同侧面刻画了实数域的完备性.下面将通过一些例子说明它的应用,由此了解极限理论中一些典型的论证方法.

例 10.27 函数 $f(x)$ 在闭区间 $[a,b]$ 上处处局部有界,则 $f(x)$ 在 $[a,b]$ 上有界.

证明 证法一 利用有限覆盖定理.

由 $f(x)$ 在 $[a,b]$ 上处处局部有界,即 $\forall x \in [a,b]$,相应存在 x 的某邻域 $U(x)$ 和常数 M_x,使得

$$|f(x)| \leqslant M_x, \quad x \in U(x) \bigcap [a,b].$$

显然开区间集 $H = \{U(x) | x \in [a,b]\}$ 覆盖了闭区间 $[a,b]$.由有限覆盖定理,H 中存在有限个开区间:

$$U(x_1), \quad U(x_2), \quad \cdots, \quad U(x_k)$$

就可以覆盖 $[a,b]$.取 $M = \max\{M_{x_1}, M_{x_2}, \cdots, M_{x_k}\}$,则

$$|f(x)| \leqslant M, \quad \forall x \in [a,b],$$

即 $f(x)$ 在 $[a,b]$ 上有界.

证法二 利用闭区间套定理.用反证法.

假设 $f(x)$ 在 $[a,b]$ 上无界.记 $[a,b] = [a_1, b_1]$,将 $[a_1, b_1]$ 二等分,则 $f(x)$ 至少在一个子区间上无界,记这个区间为 $[a_2, b_2]$(若两个子区间上 $f(x)$ 均无界,则任取其一).

依此类推,则得到一个区间列 $\{[a_n, b_n]\}$,满足

(1) $[a_{n+1}, b_{n+1}] \subset [a_n, b_n] (n = 1, 2, \cdots)$;

(2) $\lim\limits_{n \to \infty} (b_n - a_n) = 0$;

(3) $f(x)$ 在每个闭区间 $[a_n, b_n]$ 上都无界.

由闭区间套定理,存在唯一的 $\xi \in [a_n, b_n] \subset [a,b] (n = 1, 2, \cdots)$,且

$$\lim\limits_{n \to \infty} b_n = \lim\limits_{n \to \infty} a_n = \xi.$$

由题设,$f(x)$ 在 ξ 局部有界,即存在 $M > 0$ 与 $\delta > 0$,当 $x \in (\xi - \delta, \xi + \delta) \bigcap [a,b]$ 时,有 $|f(x)| \leqslant M$.又由 $\lim\limits_{n \to \infty} b_n = \lim\limits_{n \to \infty} a_n = \xi$ 知,存在 $N > 0$,使得

$$[a_N, b_N] \subset (\xi - \delta, \xi + \delta).$$

这与 $f(x)$ 在闭区间 $[a_N, b_N]$ 上无界矛盾.

证法三 利用致密性定理.用反证法.

假设 $f(x)$ 在 $[a,b]$ 上无界,则对 $\forall n$,存在相应的 $x_n \in [a,b]$,使得

$$|f(x_n)| \geqslant n,$$

则由致密性定理,有界数列 $\{x_n\}$ 存在收敛子列 $\{x_{n_k}\}$,记 $\lim\limits_{k\to\infty} x_{n_k} = \xi$.

由 $f(x)$ 在 ξ 局部有界,即存在 $M>0$ 与 $\delta>0$,当 $x\in(\xi-\delta,\xi+\delta)\bigcap[a,b]$ 时,有 $|f(x)| \leqslant M$.

当 $k(k>M)$ 充分大时,必有 $x_{n_k}\in(\xi-\delta,\xi+\delta)$,且

$$|f(x_{n_k})| > n_k \geqslant k > M.$$

这与 $|f(x_{n_k})| \leqslant M$ 显然矛盾.

例 10.28　设函数 $f(x)$ 在 $[a,b]$ 上连续,且有无穷多个零点.证明 $f(x)$ 在 $[a,b]$ 上存在最大零点.

证明　设 $E=\{x\,|\,f(x)=0, x\in[a,b]\}$.由条件知 E 是有界的无限点集,所以 E 的上确界存在,记为 $\sup E = c$,且易知 $c\in(a,b)$.

下面只需证明 $c\in E$,即证 $f(c)=0$.

假设 $f(c)\neq 0$,不妨设 $f(c)>0$,由 $f(x)$ 在 c 点连续,则存在 $\delta>0$(充分小),使得

$$f(x) > 0, \quad x\in(c-\delta,c+\delta).$$

由上确界定义,存在 $x_0\in E$,使得

$$c > x_0 > c-\delta \text{ 且 } f(x_0) = 0.$$

这显然是矛盾的.所以 $c\in E$,即 $f(c)=0$.

例 10.29　设函数 $f(x)$ 在 (a,b) 内有定义,若对 $\forall x\in(a,b)$,都存在 $\delta_x>0$,使得 $f(x)$ 在 $(x-\delta_x,x+\delta_x)$ 内递增.求证 $f(x)$ 在 (a,b) 内也递增.

证明　对 $x_1,x_2\in(a,b)$,且 $x_1<x_2$,只需证 $f(x_1)\leqslant f(x_2)$.

对 $\forall x\in[x_1,x_2]$,存在 $\delta_x>0$,使得 $f(x)$ 在 $(x-\delta_x,x+\delta_x)$ 内递增.故

$$H = \{(x-\delta_x,x+\delta_x)\,|\,\forall x\in[x_1,x_2]\}$$

是 $[x_1,x_2]$ 的一个无限开覆盖,由有限覆盖定理,存在

$$H^* = \{(x_i-\delta_{x_i},x_i+\delta_{x_i})\,|\,1\leqslant i\leqslant k\} \subset H$$

为 $[x_1,x_2]$ 的有限开覆盖,且

$$(x_i-\delta_{x_i},x_i+\delta_{x_i})\bigcap(x_{i+1}-\delta_{x_{i+1}},x_{i+1}+\delta_{x_{i+1}})\neq\varnothing, \quad 1\leqslant i\leqslant k-1.$$

任取 $u_i\in(x_i-\delta_{x_i},x_i+\delta_{x_i})\bigcap(x_{i+1}-\delta_{x_{i+1}},x_{i+1}+\delta_{x_{i+1}})(1\leqslant i\leqslant k-1)$,则有

$$f(x_1)\leqslant f(a_1)\leqslant\cdots\leqslant f(a_{k-1})\leqslant f(x_2).$$

所以 $f(x)$ 在 (a,b) 内也递增.

例 10.30(Lebesgue 定理)　设闭区间 $[a,b]$ 被开区间族 H 所覆盖.证明:存在 $\delta>0$,使得对 $[a,b]$ 上任意两点 x_1,x_2,只要 $|x_1-x_2|<\delta$,这两点必同属于 H 中某一开区间.

证明　用反证法.假设结论不成立,则对任意正整数 n,存在点 $s_n,t_n\in[a,b]$,

使得 $|s_n-t_n|<\dfrac{1}{n}$，但 H 中没有一个开区间包含这两点．

由致密性定理，有界点列 $\{s_n\}$ 必有收敛子列 $\{s_{n_k}\}$，记其极限为 A．又由 $\lim\limits_{n\to\infty}(s_n-t_n)=0$，所以也有

$$\lim_{k\to\infty}t_{n_k}=A.$$

又 H 为 $[a,b]$ 的开覆盖，故 A 属于 H 中某一开区间，记为 $I=(u,v)$，即 $A\in(u,v)$．但可取 K 充分大时，使得

$$u<s_{n_K}<v,\quad u<t_{n_K}<v,$$

即 s_{n_K},t_{n_K} 同属于 (u,v)，矛盾．

10.2.4 $\mathbf{R}^2$ 上的完备性定理

实数完备性定理的几个等价定理，构成了一元函数极限理论的基础．现在把这些定理推广到 $\mathbf{R}^2$，它们同样是二元函数极限理论的基础．

由平面点列的收敛性可以得到平面点列的柯西准则．

定理 10.14（柯西准则） 平面点列 $\{P_n\}$ 收敛的充要条件是：对 $\forall\varepsilon>0$，$\exists N>0$，当 $n>N$ 时，对一切正整数 p，都有

$$\rho(P_n,P_{n+p})<\varepsilon.$$

定理 10.15（闭区域套定理） 设 $\{D_n\}$ 是 $\mathbf{R}^2$ 中的闭区域列，满足：

(1) $D_{n+1}\subset D_n$，$n=1,2,\cdots$；

(2) $d_n=d(D_n)$，且 $\lim\limits_{n\to\infty}D_n=0$，

则存在唯一的点 $P_0\in D_n$，$n=1,2,\cdots$（其中 $d(D_n)$ 表示闭区域 D_n 的直径．所谓点集 E 的直径就是：$d(E)=\sup\limits_{P_1,P_2\in E}\rho(P_1,P_2)$）．

定理 10.16（聚点定理） 设 $E\subset\mathbf{R}^2$ 是有界无限点集，则 E 在 $\mathbf{R}^2$ 中至少存在一个聚点．

推论 10.2 有界无限点列 $\{P_n\}\subset\mathbf{R}^2$ 必存在收敛子列 $\{P_{n_k}\}$．

定理 10.17（有限覆盖定理） 设 $D\subset\mathbf{R}^2$ 为一有界闭域，$\{\Delta_\alpha\}$ 为一开域族，它覆盖了 D，则在 $\{\Delta_\alpha\}$ 中必存在有限个开域 $\Delta_1,\Delta_2,\cdots,\Delta_k$ 即可覆盖 D．

注 10.17 定理 10.17 中的 D 改为有界闭集，而 $\{\Delta_\alpha\}$ 为一族开集，定理结论仍然成立．

习 题 10.2

1．证明：

（1）$\sup E=\eta\in E$ 的充要条件是 $\eta=\max E$；

（2）$\inf E=\xi\in E$ 的充要条件是 $\xi=\min E$．

2. 设 A,B 为非空有界数集,且 $A \subset B$,则

(1) $\inf A \geqslant \inf B$;

(2) $\sup A \leqslant \sup B$.

3. 设 A,B 为非空有界数集,定义数集

$$A + B = \{z \mid z = x + y, x \in A, y \in B\}.$$

证明:(1) $\sup(A+B) = \sup A + \sup B$;

(2) $\inf(A+B) = \inf A + \inf B$.

4. 设 $f(x)$ 与 $g(x)$ 为 D 上的有界函数,证明:

(1) $\inf\limits_{x \in D}\{f(x) + g(x)\} \leqslant \inf\limits_{x \in D} f(x) + \sup\limits_{x \in D} g(x)$;

(2) $\sup\limits_{x \in D} f(x) + \inf\limits_{x \in D} g(x) \leqslant \sup\limits_{x \in D}\{f(x) + g(x)\}$.

5. 设 $\{[a_n, b_n]\}$ 是一个严格开区间套,即满足

(1) $a_1 < a_2 < \cdots < a_n < \cdots < b_n < \cdots < b_2 < b_1$;

(2) $\lim\limits_{n \to \infty}(b_n - a_n) = 0$.

证明:存在唯一的一点 ξ,使得

$$a_n < \xi < b_n, \quad n = 1, 2, \cdots.$$

(提示:考虑闭区间列 $\{[x_n, y_n]\}$,其中 $x_n = \dfrac{a_n + a_{n+1}}{2}$, $y_n = \dfrac{b_n + b_{n+1}}{2}$.)

6. 举例说明:在有理数集内,6 个实数完备性定理一般都不成立.

7. 函数 $f(x) = \dfrac{1}{x}$, $0 < x \leqslant 1$,对任意 $\alpha \in (0,1]$,都存在开区间 I_α,当 $x \in I_\alpha$ 时,有 $|f(x) - f(\alpha)| < \dfrac{1}{3}$,则开区间集 $\{I_\alpha \mid \alpha \in (0,1]$ 覆盖了 $(0,1]$,但是没有有限个 I_α 覆盖 $(0,1]$.

10.3　闭区间上连续函数的性质

在上册中,我们已经知道闭区间上连续函数具有的性质.从 10.2 节知道,实数的完备性定理是等价的,所以从理论上讲,可以用实数的完备性定理中任何一个定理来证明这些性质,只是证明的难度有所不同罢了.有些性质在第 2 章中已经证明,这里将给出不同的证明方法.

定理 10.18(有界性定理)　若函数 $f(x)$ 在 $[a,b]$ 上连续,则 $f(x)$ 在 $[a,b]$ 上有界.

证明　证法一　反证法.假设 $f(x)$ 在 $[a,b]$ 上没有上界,那么任何正整数 n 都不是 $f(x)$ 的上界,因而必存在 $x_n \in [a,b]$,使得

$$f(x_n) > n, \quad n = 1, 2, \cdots.$$

于是得到有界数列 $\{x_n\} \subset [a,b]$,据致密性定理,$\{x_n\}$ 必有收敛子列 $\{x_{n_k}\}$,设 $\lim\limits_{k \to \infty} x_{n_k} = \xi$. 显然 $\xi \in [a,b]$.再由 $f(x)$ 在 ξ 连续,得

$$\lim\limits_{k \to \infty} f(x_{n_k}) = f(\xi) < +\infty.$$

但另一方面,由 $f(x_{n_k})>n_k>n(n=1,2,\cdots)$,得 $\lim\limits_{k\to\infty}f(x_{n_k})=+\infty$,这就出现了矛盾. 所以 $f(x)$ 在 $[a,b]$ 上必有上界. 同理可证 $f(x)$ 在 $[a,b]$ 上必有下界. 从而 $f(x)$ 在 $[a,b]$ 上必有界.

证法二 由连续函数的局部有界性,对 $\forall x'\in[a,b]$,都存在 $U(x',\delta_{x'})$ 及 $M_{x'}>0$,使得对 $\forall x\in U(x',\delta_{x'})\bigcap[a,b]$,有

$$|f(x)|\leqslant M_{x'}.$$

显然开区间集 $H=\{U(x',\delta_{x'})\,|\,x'\in[a,b]\}$ 构成 $[a,b]$ 的开覆盖. 由有限覆盖定理,存在 H 中的有限个开区间 $U(x_i,\delta_{x_i})(i=1,2,\cdots,m)$ 覆盖 $[a,b]$,且存在正数 $M_1,M_2,\cdots,M_m$,使得对 $\forall x\in U(x_i,\delta_{x_i})\bigcap[a,b]$,有

$$|f(x)|\leqslant M_i,\quad i=1,2,\cdots,m.$$

取 $M=\max\limits_{1\leqslant i\leqslant m}M_i$,则对 $\forall x\in[a,b]$,必有 $U(x_i,\delta_{x_i})$,使得 $x\in U(x_i,\delta_{x_i})$,因而

$$|f(x)|\leqslant M_i\leqslant M,$$

即 $f(x)$ 在 $[a,b]$ 上有界.

定理 10.19(最值性定理) 若函数 $f(x)$ 在 $[a,b]$ 上连续,则 $f(x)$ 必在 $[a,b]$ 上取到最大值和最小值.

证明 由于 $f(x)$ 在闭区间 $[a,b]$ 连续必有界,由确界原理,必存在确界 $M=\sup\limits_{x\in[a,b]}f(x),m=\inf\limits_{x\in[a,b]}f(x)$. 据上确界定义,对任意的正整数 n,必定存在 $x_n\in[a,b]$,使得 $M-\dfrac{1}{n}<f(x_n)\leqslant M$. 由致密性定理,存在收敛子列 $\{x_{n_k}\}$,使得 $\lim\limits_{k\to\infty}x_{n_k}=x^*\in[a,b]$. 在不等式

$$M-\frac{1}{n_k}<f(x_{n_k})\leqslant M$$

的两端令 $k\to\infty$,再根据 $f(x)$ 的连续性即得 $f(x^*)=M$. 同理可证存在 $x_*\in[a,b]$,使得 $f(x_*)=m$.

定理 10.20(零点定理) 若函数 $f(x)$ 在 $[a,b]$ 上连续,且 $f(a)f(b)<0$,则存在 $\xi\in(a,b)$,使得 $f(\xi)=0$.

证明 不失一般性,不妨设 $f(a)<0,f(b)>0$. 定义集合:

$$E=\{x\,|\,f(x)<0,x\in[a,b]\}.$$

显然集合 E 非空且有界,所以必有上确界. 令 $\xi=\sup E$,下证 $\xi\in(a,b)$,且 $f(\xi)=0$.

由 $f(x)$ 的连续性及 $f(a)<0,\exists\delta_1>0,\forall x\in[a,a+\delta_1)\subset[a,b]$,有 $f(x)<0$. 同理,由 $f(b)>0$,可知 $\exists\delta_2>0,\forall x\in(b-\delta_2,b]\subset[a,b]$,有 $f(x)>0$. 于是

$$a<a+\delta_1\leqslant\xi\leqslant b-\delta_2<b,$$

即 $\xi\in(a,b)$.

取 $x_n\in E(n=1,2,\cdots)$,使得 $x_n\to\xi(n\to\infty)$. 因为 $f(x_n)<0$,所以 $f(\xi)=\lim\limits_{n\to\infty}f(x_n)\leqslant0$. 若 $f(\xi)<0$,由 $f(x)$ 在 ξ 连续,$\exists\delta>0,\forall x\in U(\xi,\delta)$,有 $f(x)<0$,

与 $\xi = \sup E$ 矛盾. 故必有 $f(\xi) = 0$.

定理 10.21（介值性定理）　若函数 $f(x)$ 在 $[a,b]$ 上连续, m, M 为 $f(x)$ 在 $[a,b]$ 上的最小值和最大值, 则对于 $\forall \mu : m \leqslant \mu \leqslant M$, 必 $\exists \xi \in [a,b]$, 使得 $f(\xi) = \mu$.

证明　当 $\mu = m$ 或 M 时, 结论显然成立. 不妨设 $m < \mu < M$, 令
$$F(x) = f(x) - \mu,$$
则 $F(x)$ 在 $[a,b]$ 上连续, 且
$$F(a) = f(a) - \mu < 0, \quad F(b) = f(b) - \mu > 0.$$
据零点定理, 必存在 $\xi \in (a,b)$, 使得 $f(\xi) = \mu$.

例 10.31　设 $f(x)$ 在 $[a,b]$ 上连续, 且 $x \in [a,b]$, 都有 $f(x) \in [a,b]$, 求证: 存在 $x_0 \in [a,b]$, 使得 $f(x_0) = x_0$.

证明　由已知, $f(a) \geqslant a$ 且 $f(b) \leqslant b$. 若 $f(a) = a$ 或 $f(b) = b$, 则取 $x_0 = a$ 或 b 即可满足要求. 若 $a < f(a)$ 且 $f(b) < b$, 则令
$$F(x) = f(x) - x,$$
则 $F(x)$ 在 $[a,b]$ 上连续, 且 $F(a) = f(a) - a > 0, F(b) = f(b) - b < 0$. 根据零点定理, 必存在 $x_0 \in [a,b]$, 使得 $F(x_0) = 0$, 即 $f(x_0) = x_0$.

例 10.32　设 $f(x)$ 在 $[a,b]$ 上连续, 若对数列 $\{x_n\} \subset [a,b]$, 存在极限 $\lim\limits_{n \to \infty} f(x_n) = A$. 证明: 必存在 $x_0 \in [a,b]$, 使得 $f(x_0) = A$.

证明　证法一　由 $f(x)$ 在 $[a,b]$ 上连续, 必取到最大值 M 和最小值 m, 于是对任意的正整数 n, 有
$$m \leqslant f(x_n) \leqslant M.$$
由 $\lim\limits_{n \to \infty} f(x_n) = A$ 及极限的保不等式性, 得
$$m \leqslant A \leqslant M.$$
再根据闭区间上连续函数的介值性, 必有 $x_0 \in [a,b]$, 使得 $f(x_0) = A$.

证法二　由已知, $\{x_n\}$ 为有界数列, 由致密性定理, 存在收敛子列 $\{x_{n_k}\}$, 使得
$$x_{n_k} \to x_0 \in [a,b], \quad k \to \infty.$$
又由 $f(x)$ 在 $[a,b]$ 上连续, 得
$$\lim_{k \to \infty} f(x_{n_k}) = f(x_0).$$
又由 $\lim\limits_{n \to \infty} f(x_n) = A$, 知
$$\lim_{k \to \infty} f(x_{n_k}) = A.$$
所以根据极限的唯一性, 得
$$f(x_0) = A.$$

例 10.33　若函数 $f(x)$ 在 **R** 上连续, 且 $\lim\limits_{x \to \infty} f(x) = A$, 则函数 $f(x)$ 在 **R** 上存在最大值或最小值.

证明　若 $f(x) \equiv A$, 则结论显然成立. 若 $\exists x_0 \in \mathbf{R}$, 使得 $f(x_0) \neq A$, 不妨设

$f(x_0) > A$, 由极限的保号性, 存在 $X > 0 (X > |x_0|)$, $\forall x : |x| > X$, 有

$$f(x) < f(x_0).$$

由于 $f(x)$ 在 $[-X, X]$ 上连续, 则必取到最大值 M, 显然 $M \geqslant f(x_0)$. 于是对任意的 $x \in \mathbf{R}$, 必有 $f(x) \leqslant M$. 故 M 也是 $f(x)$ 在 $\mathbf{R}$ 上的最大值.

若 $f(x_0) < A$, 可证 $f(x)$ 在 $\mathbf{R}$ 上存在最小值.

习 题 10.3

1. 设 $f(x)$ 在 $[a, b]$ 上连续, $a \leqslant x_1 < x_2 < \cdots < x_n \leqslant b$, 证明在 $[x_1, x_n]$ 中必有 ξ, 使得

$$f(\xi) = \frac{f(x_1) + f(x_2) + \cdots + f(x_n)}{n}.$$

2. 设函数 $f(x)$ 在 $[0, 1]$ 上连续, 且对任意 $x \in [0, 1]$, 都有 $f(x) \in [0, 1]$, 求证: 存在 $x_0 \in [0, 1]$, 使得 $f(x_0) = x_0$.

3. 设函数 $f(x)$ 在 $[a, b]$ 上连续, 且 $f(x) \neq 0$, $x \in [a, b]$. 证明: $f(x)$ 在 $[a, b]$ 上恒正或恒负.

4. 用闭区间套定理证明闭区间上连续函数的有界性定理.

10.4 一致连续性

函数在区间上的一致连续是重要的概念, 一致连续的函数具有一些很好的性质. 在第 2 章给出概念的基础上, 我们对函数的一致连续性作进一步的讨论. 先回顾一致连续的定义.

定义 10.7 设函数 $f(x)$ 在区间 I 上有定义, 若对 $\forall \varepsilon > 0$, $\exists \delta > 0$, 当 $x', x'' \in I$ 且 $|x' - x''| < \delta$ 时, 有

$$|f(x') - f(x'')| < \varepsilon,$$

则称 $f(x)$ 在区间 I 上**一致连续**.

注 10.18 函数在一点连续、在区间上连续, 在本质上都是局部的概念. 但一致连续性具有整体性. 函数 $f(x)$ 在某区间上一致连续, 就是说当这个区间的任意两个彼此充分靠近的点的函数值之差, 其绝对值可以任意小.

由极限理论中相应的否定方法, 我们不难给出函数在区间上不一致连续的定义.

定义 10.8 设函数 $f(x)$ 在区间 I 上有定义, 若 $\exists \varepsilon_0 > 0$, 对 $\forall \delta > 0$, 总存在两点 $x', x'' \in I$, 尽管 $|x' - x''| < \delta$, 但是

$$|f(x') - f(x'')| \geqslant \varepsilon_0,$$

则称 $f(x)$ 在区间 I 上**不一致连续**.

注 10.19 在区间上一致连续的函数在该区间上一定是连续的, 反之一般不成立. 但当函数的定义区间为闭区间时, 连续和一致连续等价, 此即著名的康托尔定理.

定理 10.22(康托尔定理) 若函数 $f(x)$ 在 $[a,b]$ 上连续,则 $f(x)$ 在 $[a,b]$ 上一致连续.

证明 反证法. 假设 $f(x)$ 在 $[a,b]$ 上不一致连续,即 $\exists \varepsilon_0 > 0, \forall \delta > 0, \exists x'$, $x'' \in [a,b]$,尽管有 $|x'-x''| < \delta$,但是

$$|f(x') - f(x'')| \geqslant \varepsilon_0.$$

于是对 $\delta = \dfrac{1}{n}$,则 $\exists x'_n, x''_n \in [a,b]$,尽管有 $|x'_n - x''_n| < \dfrac{1}{n}$,但是

$$|f(x'_n) - f(x''_n)| \geqslant \varepsilon_0.$$

由致密性定理,存在子列 $x'_{n_k} \to x_0 \in [a,b]$. 而由 $|x'_{n_k} - x''_{n_k}| < \dfrac{1}{n_k}$,也有 $x''_{n_k} \to x_0$. 再由 $f(x)$ 在 x_0 连续,在 $|f(x'_{n_k}) - f(x''_{n_k})| \geqslant \varepsilon_0$ 中,令 $k \to \infty$,得

$$0 = |f(x_0) - f(x_0)| = \lim_{k \to \infty} |f(x'_{n_k}) - f(x''_{n_k})| \geqslant \varepsilon_0.$$

这是矛盾的. 故 $f(x)$ 在 $[a,b]$ 上一致连续.

例 10.34 证明 $f(x) = \sin\dfrac{1}{x}$ 在 $(c,1)$ $(0 < c < 1)$ 内一致连续,但在 $(0,1)$ 内不一致连续.

证明 $f(x) = \sin\dfrac{1}{x}$ 在 $[c,1]$ 上显然连续,由康托尔定理,$f(x) = \sin\dfrac{1}{x}$ 在 $[c,1]$ 上一致连续,因而在 $(c,1)$ $(0 < c < 1)$ 内一致连续的. 下证 $f(x)$ 在 $(0,1)$ 内不一致收敛.

存在 $\varepsilon_0 = 2$,对 $\forall \delta > 0$,取

$$x'_n = \frac{1}{2n\pi + \dfrac{\pi}{2}}, \quad x''_n = \frac{1}{2n\pi - \dfrac{\pi}{2}}, \quad n \text{ 为正整数.}$$

由于

$$|x'_n - x''_n| = \frac{\pi}{4n^2\pi^2 - \dfrac{\pi^2}{4}} \to 0, \quad n \to \infty.$$

所以当 n 充分大时,有 $|x'_n - x''_n| < \delta$,但是

$$|f(x'_n) - f(x''_n)| = |1 - (-1)| = 2 \geqslant \varepsilon_0.$$

故 $f(x) = \sin\dfrac{1}{x}$ 在 $(0,1)$ 内不一致连续.

例 10.35 设函数 $f(x)$ 在开区间 (a,b) 连续,则 $f(x)$ 在开区间 (a,b) 一致连续的充要条件为 $f(a+0), f(b-0)$ 存在.

证明 充分性. 设 $f(a+0) = A, f(b-0) = B$. 定义函数

$$F(x) = \begin{cases} A, & x = a, \\ f(x), & x \in (a,b), \\ B, & x = b, \end{cases}$$

则 $F(x)$ 在 $[a,b]$ 上连续,因而 $F(x)$ 在 $[a,b]$ 上一致连续,当然在 (a,b) 也一致连续. 又在 (a,b) 上, $F(x)=f(x)$,故 $f(x)$ 在 (a,b) 上一致连续.

必要性. 由 $f(x)$ 在开区间 (a,b) 一致连续,则对 $\forall \varepsilon>0$, $\exists \delta>0$,当 $x',x''\in(a,b)$ 且 $|x'-x''|<\delta$ 时,有

$$|f(x')-f(x'')|<\varepsilon.$$

因而对 $\forall x',x''\in(a,a+\delta)$,同样有

$$|f(x')-f(x'')|<\varepsilon.$$

于是由柯西准则, $\lim\limits_{x\to a+}f(x)$ 存在,即 $f(a+0)$ 存在. 同理可证 $f(b-0)$ 也存在.

读者可思考在无穷区间上有没有类似的结论.

例 10.36　若函数 $f(x)$ 分别在区间 $(a,c]$ 与 $[c,b)$ 上一致连续,则 $f(x)$ 在 (a,b) 上一致连续.

证明　由 $f(x)$ 分别在 $(a,c]$ 与 $[c,b)$ 上一致连续,即对 $\forall \varepsilon>0$, $\exists \delta>0$,当 $\forall x',x''\in(a,c]$ 且 $|x'-x''|<\delta$ 时,有

$$|f(x')-f(x'')|<\frac{\varepsilon}{2}.$$

当 $\forall x',x''\in[c,b)$ 且 $|x'-x''|<\delta$ 时,也有

$$|f(x')-f(x'')|<\frac{\varepsilon}{2}.$$

于是当 $\forall x',x''\in(a,b)$ 且 $|x'-x''|<\delta$ 时,

(1) 若 x',x'' 同时属于 $(a,c]$ 或 $[c,b)$,则一定有

$$|f(x')-f(x'')|<\frac{\varepsilon}{2}.$$

(2) 若 x',x'' 分别属于 $(a,c]$ 和 $[c,b)$,则 $|x'-c|<\delta$, $|x''-c|<\delta$. 于是

$$|f(x')-f(x'')|\leqslant|f(x')-f(c)|+|f(c)-f(x'')|<\frac{\varepsilon}{2}+\frac{\varepsilon}{2}=\varepsilon.$$

故 $f(x)$ 在 (a,b) 上一致连续.

注 10.20　从以上证明过程可以看出当 $(a,c]$, $[c,b)$ 为无穷区间时,结论仍然成立.

例 10.37　函数 $f(x)$ 在区间 I 一致连续的充要条件是:对区间 I 上任意两个数列 $\{x_n\}$, $\{y_n\}$,当 $\lim\limits_{n\to\infty}(x_n-y_n)=0$ 时,必有 $\lim\limits_{n\to\infty}[f(x_n)-f(y_n)]=0$.

证明　必要性. 由 $f(x)$ 在区间 I 上一致连续,即对 $\forall \varepsilon>0$, $\exists \delta>0$,当 $\forall x',x''\in(a,b)$ 且 $|x'-x''|<\delta$ 时,有

$$|f(x')-f(x'')|<\varepsilon.$$

又由 $\lim\limits_{n\to\infty}(x_n-y_n)=0$,则对上述 $\delta>0$, $\exists N\in N_+$,当 $n>N$ 时,有 $|x_n-y_n|<\delta$. 因而

$$|f(x_n) - f(y_n)| < \varepsilon.$$

所以

$$\lim_{n \to \infty} [f(x_n) - f(y_n)] = 0.$$

充分性. 反证法. 假设结论不成立, 即 $\exists \varepsilon_0 > 0$, $\forall \delta > 0$, $\exists x'$, $x'' \in I$, 尽管 $|x' - x''| < \delta$, 但是

$$|f(x') - f(x'')| \geqslant \varepsilon_0.$$

分别取 $\delta = \dfrac{1}{n}$, 则存在相应的 x_n', $x_n'' \in I$, 尽管 $|x_n' - x_n''| < \dfrac{1}{n}$, 但是

$$|f(x_n') - f(x_n'')| \geqslant \varepsilon_0,$$

即存在 I 上的两个数列 $\{x_n'\}$, $\{x_n''\}$, 虽然 $\lim\limits_{n \to \infty}(x_n' - x_n'') = 0$, 但是

$$\lim_{n \to \infty} [f(x_n') - f(x_n'')] \neq 0.$$

与已知矛盾, 故结论得证.

习 题 10.4

1. 利用定义证明下列函数在指定区间上一致收敛:

(1) $f(x) = x^2$, $x \in [0, a]$;

(2) $f(x) = \ln x$, $x \in [1, +\infty)$.

2. 利用定义下列函数在指定区间上不一致收敛:

(1) $f(x) = x^2$, $x \in [0, +\infty)$;

(2) $f(x) = e^x$, $x \in [0, +\infty)$.

3. 证明下列命题:

(1) 区间 I 上两个一致连续函数之和必定一致连续;

(2) 区间 I 上两个一致连续函数之积不一定一致连续.

4. 若函数 $f(x)$ 在区间 I 满足利普希茨条件, 即 $\exists L > 0$, 对 $\forall x, y \in I$, 有 $|f(x) - f(y)| \leqslant L|x - y|$. 证明: $f(x)$ 在区间 I 一致连续.

5. 若函数 $f(x)$ 在区间 I 上可导, 且导函数 $f'(x)$ 在区间 I 有界, 则 $f(x)$ 在区间 I 一致连续.

6. 设 $f(x)$ 在有限开区间 (a, b) 一致连续, 证明: $f(x)$ 在 (a, b) 有界.

7. 判定 $f(x) = \sin x^2$ 在 $(-\infty, +\infty)$ 是否一致连续, 并说明理由.

8. 证明: $f(x) = \dfrac{\sin x}{x}$ 在 $(0, +\infty)$ 一致连续.

第 10 章总练习题

1. 证明: $\dfrac{2}{\pi} = \sqrt{\dfrac{1}{2}} \cdot \sqrt{\dfrac{1}{2} + \dfrac{1}{2}\sqrt{\dfrac{1}{2}}} \cdot \sqrt{\dfrac{1}{2} + \dfrac{1}{2}\sqrt{\dfrac{1}{2} + \dfrac{1}{2}\sqrt{\dfrac{1}{2}}}} \cdot \cdots.$

2. 设 $\{a_n\}$ 满足: $a_n \neq 0$, $\lim\limits_{n \to \infty} a_n = 0$, 且 $\lim\limits_{n \to \infty} \dfrac{a_{n+1}}{a_n} = b$, 证明: $|b| \leqslant 1$.

3. 试证:

(1) 设 $f(x)$, $g(x)$ 是 $(-\infty, +\infty)$ 上的周期函数, $\lim\limits_{x \to \infty}(f(x) - g(x)) = 0$, 则 $f(x) \equiv g(x)(x \in (-\infty, +\infty))$;

(2) 设 $f(x)$ 定义在 $(-\infty, +\infty)$ 上, 且有 $f(x) - \dfrac{1}{2}f\left(\dfrac{x}{2}\right) = x^2$, $x \in \mathbf{R}$. 若 $f(x)$ 在 $U(0)$ 上有界, 则 $f(x) = \dfrac{8}{7}x^2$.

4. 设 $f(x, y)$ 在 $[a, b] \times [a, b]$ 上连续, 关于 x 单调递增、关于 y 单调递减, 且 $f(a, b) \geqslant a$, $f(b, a) \leqslant b$. 令
$$a_0 = a, \quad b_0 = b, \quad a_{n+1} = f(a_n, b_n), \quad b_{n+1} = f(b_n, a_n),$$
则存在 $(a^*, b^*) \in [a, b] \times [a, b]$, 使得
$$\lim_{n \to \infty} a_n = a^*, \quad \lim_{n \to \infty} b_n = b^*,$$
且
$$a^* = f(a^*, b^*), \quad b^* = f(b^*, a^*).$$

5. 若 $a > 0$, $a_1 = \sqrt[3]{a + \sqrt[3]{a}}$, $a_2 = \sqrt[3]{a_1 + \sqrt[3]{a_1}}$, $\cdots$, $a_n = \sqrt[3]{a_{n-1} + \sqrt[3]{a_{n-1}}}$, $\cdots$. 试证: 数列 $\{a_n\}$ 收敛于方程 $x^3 = x + \sqrt[3]{x}$ 的一个正根.

6. 设 $a_n > 0$, $n = 1, 2, 3, \cdots$, 且 $\lim\limits_{n \to \infty} \dfrac{a_n}{a_{n-1}} = r$, 证明: $\lim\limits_{n \to \infty} \sqrt[n]{a_n} = r$.

7. 设 $a > 0$, 取 $x_1 > a^{\frac{1}{p}}$, 用递推公式 $x_{n+1} = \dfrac{p-1}{p}x_n + \dfrac{a}{p}x_n^{1-p}$ 来确定 $x_2, x_3, \cdots$, 试证: $\lim\limits_{n \to \infty} x_n = a^{\frac{1}{p}}$, 其中 p 为正整数.

8. 若 $f(x)$ 在 $[a, b]$ 上只有第一类间断点, 证明: $f(x)$ 在 $[a, b]$ 上有界.

9. 设 $\{x_n\}$ 为有界发散数列, 则存在 $\{x_n\}$ 的两个子列趋向于不同的极限.

10. 利用有限覆盖定理证明: 若 $f(x)$ 在 (a, b) 上不是常值函数, 则存在 $x_0 \in (a, b)$ 以及 $l > 0$, 使得对任意 $\delta > 0$, 存在 $x', x'' \in (x_0 - \delta, x_0 + \delta) \bigcap (a, b)$, 有
$$\left| \frac{f(x') - f(x'')}{x' - x''} \right| \geqslant l.$$

11. 设函数 $f(x)$ 在 $[a, b]$ 上连续, 且对 $\forall x \in [a, b]$, 都存在 $y \in [a, b]$, 使得 $|f(y)| \leqslant \dfrac{1}{2}|f(x)|$, 求证: 存在点 $\xi \in [a, b]$, 使得 $f(\xi) = 0$.

12. 设 $f(x)$ 为 $\mathbf{R}$ 上连续的周期函数, 证明: $f(x)$ 在 $\mathbf{R}$ 上有最大值和最小值.

13. 设函数 $f(x)$ 在 $[a, +\infty)$ 连续, 且存在常数 b, c, 使得
$$\lim_{x \to +\infty}[f(x) - bx - c] = 0.$$
证明: 函数 $f(x)$ 在 $[a, +\infty)$ 一致连续.

14. 设函数 $f(x)$ 在区间 I 一致连续, 若 $x_n \in I$ 且 $\{x_n\}$ 收敛. 证明: $\{f(x_n)\}$ 也收敛.

15. 设函数 $f(x)$ 在 $[0, +\infty)$ 一致连续, 且对 $\forall x \in [0, 1]$, $\lim\limits_{n \to \infty} f(x + n) = 0$ (n 为正整数). 证明: $\lim\limits_{x \to +\infty} f(x) = 0$.

第 11 章　积分学理论与广义积分

11.1　积分学理论

11.1.1　可积概念的进一步讨论

第 4 章中,根据曲边梯形的面积和变力做功等实例总结出了定积分的概念.通过对定积分概念的学习,我们看到定积分的基本思想是:首先作分割然后用"直"的矩形去近似代替小曲边梯形,即以"直"代"曲";然后把所有矩形面积加起来,近似求和,得到曲边梯形面积的一个近似值;当分割无限加细时,就得到曲边梯形面积的准确值,即 $\int_a^b f(x)\mathrm{d}x$,这时又从"直"回到了"曲"."**分割、近似求和、取极限**"是定积分的核心思想.让我们先回忆定积分的定义:

定义 11.1　设函数 $f(x)$ 在 $[a,b]$ 上有定义,J 是一个确定的数.在 $[a,b]$ 内任取 $n-1$ 个分点 x_i,构成 $[a,b]$ 的一个**分割**
$$T:a=x_0<x_1<x_2<\cdots<x_{n-1}<x_n=b,$$
每个小区间 $[x_{i-1},x_i]$ 的长度为 $\Delta x_i=x_i-x_{i-1}$.任意取点 $\xi_i\in[x_{i-1},x_i]$(称为**介点**),作和式(也称**黎曼和**)$\sum\limits_{i=1}^{n}f(\xi_i)\Delta x_i$.记 $\|T\|=\max\limits_{1\leqslant i\leqslant n}\{\Delta x_i\}$(称为分割 T 的**模或细度**),若当 $\|T\|\to 0$ 时,极限
$$\lim_{\|T\|\to 0}\sum_{i=1}^{n}f(\xi_i)\Delta x_i=J.$$
存在,且极限值与分割 T 和介点 ξ_i 的取法无关,则称函数 $f(x)$ 在区间 $[a,b]$ 上**可积**,极限值 J 称为 $f(x)$ 在 $[a,b]$ 上的**定积分**.记作
$$J=\int_a^b f(x)\mathrm{d}x,$$
其中 $f(x)$ 称为**被积函数**,x 称为**积分变量**,$[a,b]$ 称为**积分区间**,a 和 b 分别称为定积分的**下限和上限**.

该定义用 ε-δ 语言来表述即为

设 $f(x)$ 定义在 $[a,b]$ 上,J 是一个确定的数.若对 $\forall\varepsilon>0,\exists\delta>0$,对于 $[a,b]$ 的任何分割 T 及任意介点 $\xi_i\in[x_{i-1},x_i](i=1,2,\cdots,n)$,当 $\|T\|<\delta$ 时,有
$$\left|\sum_{i=1}^{n}f(\xi_i)\Delta x_i-J\right|<\varepsilon,$$

则称函数 $f(x)$ 在 $[a,b]$ 上**可积**.

注 11.1　定积分定义与函数极限的"ε-δ"定义形式上非常相似,但是两者之间还是有很大差别的.对于定积分来说,给定了细度 $\|T\|$ 以后,积分和并不唯一确定,同一细度的分割有无穷多种,即使分割确定,介点 ξ_i 仍可以任意选取,所以积分和的极限比函数极限要复杂得多.

注 11.2　$\|T\| \to 0$ 表示分割越来越细的过程.$\|T\| \to 0$,一定有分点个数 $n \to \infty$,但反过来 $n \to \infty$,并不能保证 $\|T\| \to 0$,所以 $J = \lim\limits_{\|T\| \to 0} \sum\limits_{i=1}^{n} f(\xi_i)\Delta x_i$ 不能写成 $J = \lim\limits_{n \to \infty} \sum\limits_{i=1}^{n} f(\xi_i)\Delta x_i$.

例 11.1　利用定积分求极限 $\lim\limits_{n \to \infty} \sum\limits_{i=1}^{n} \dfrac{n}{n^2+i^2}$.

解　将上述极限变形为 $\lim\limits_{n \to \infty} \sum\limits_{i=1}^{n} \dfrac{1}{1+\left(\dfrac{i}{n}\right)^2} \cdot \dfrac{1}{n}$,则利用定积分的定义,该极限

相当于对区间 $[0,1]$ 进行 n 等分:$\|T\| = \dfrac{1}{n}$,并取 $\xi_i = \dfrac{i}{n} \in \left[\dfrac{i-1}{n}, \dfrac{i}{n}\right]$,$(i=1,2,\cdots,n)$,

且取被积函数为 $f(x) = \dfrac{1}{1+x^2}$ 的定积分 $\int_0^1 \dfrac{1}{1+x^2}\mathrm{d}x$. 所以有

$$\lim\limits_{n \to \infty} \sum\limits_{i=1}^{n} \dfrac{1}{1+\left(\dfrac{i}{n}\right)^2} \cdot \dfrac{1}{n} = \int_0^1 \dfrac{1}{1+x^2}\mathrm{d}x = \dfrac{\pi}{4}.$$

11.1.2　可积准则

从前面的讨论,可以看出要判断一个有界函数在某区间上是否可积,利用定积分的定义不是很容易的,下面首先给出上和、下和的概念和性质,然后得到可积准则.

设函数 $f(x)$ 在 $[a,b]$ 上有界,T 是 $[a,b]$ 上任一分割:
$$a = x_0 < x_1 < x_2 < \cdots < x_{n-1} < x_n = b.$$
记 $\Delta_i = [x_{i-1}, x_i]$,$\Delta x_i = x_i - x_{i-1}$,$m_i = \inf\limits_{x \in \Delta_i}\{f(x)\}$,$M_i = \sup\limits_{x \in \Delta_i}\{f(x)\}$.

作和式
$$S(T) = \sum\limits_{i=1}^{n} M_i \Delta x_i, \quad s(T) = \sum\limits_{i=1}^{n} m_i \Delta x_i.$$
分别称 $S(T)$ 与 $s(T)$ 为 $f(x)$ 关于分割 T 的**上和与下和**.

值得注意的是 $S(T)$ 与 $s(T)$ 只与分割 T 有关.显然对于 $f(x)$ 关于分割 T 的任一积分和,有

$$m(b-a) \leqslant s(T) \leqslant \sum_{i=1}^{n} f(\xi_i)\Delta x_i \leqslant S(T) \leqslant M(b-a), \qquad (11.1)$$

其中 M, m 分别为 $f(x)$ 在 $[a,b]$ 上的上、下确界.

于是讨论复杂的积分和的极限问题,就归结为讨论相对比较简单的上和与下和的极限问题.下面讨论上和与下和的性质,借助这些性质及不等式(11.1)导出可积的充要条件.

性质 11.1　对于同一分割 T,相对于任何介点集 $\{\xi_i\}$ 而言,上和是所有积分和的上确界,下和是所有积分和的下确界,即

$$S(T) = \sup_{\{\xi_i\}} \sum_{i=1}^{n} f(\xi_i)\Delta x_i, \quad s(T) = \inf_{\{\xi_i\}} \sum_{i=1}^{n} f(\xi_i)\Delta x_i.$$

证明　由不等式(11.1)知道,相对于任何介点集 $\{\xi_i\}$ 而言,上和与下和分别是全体积分和的上界与下界.现在进一步证明它们分别是全体积分和的最小上界与最大下界.

任给 $\varepsilon > 0$,在各个 Δ_i 上由于 M_i 是 $f(x)$ 的上确界,故可选取点 $\xi_i \in \Delta_i$,使 $f(\xi_i) > M_i - \dfrac{\varepsilon}{b-a}$,于是有

$$\sum_{i=1}^{n} f(\xi_i)\Delta x_i > \sum_{i=1}^{n}\left(M_i - \frac{\varepsilon}{b-a}\right)\Delta x_i$$

$$= \sum_{i=1}^{n} M_i \Delta x_i - \frac{\varepsilon}{b-a}\sum_{i=1}^{n}\Delta x_i = S(T) - \varepsilon.$$

这就证明了 $S(T)$ 是全体积分和的上确界.类似可证 $s(T)$ 是全体积分和的下确界.

性质 11.2　设 T' 为分割 T 添加 p 个新分点后所得到的分割,则有

$$S(T) \geqslant S(T') \geqslant S(T) - (M-m)p\|T\|, \qquad (11.2)$$

$$s(T) \leqslant s(T') \leqslant s(T) + (M-m)p\|T\|. \qquad (11.3)$$

这个性质指出:分点增加后,上和不增,下和不减.

证明　这里仅证(11.2),同理可证(11.3).

将 p 个新分点同时添加到 T,和逐个将新分点添加到 T,都同样得到 T',所以先证 $p=1$ 的情形.

在 T 上添加一个新分点,它必落在 T 的某一小区间 Δ_k 内,而且将 Δ_k 分为两个小区间,记为 Δ_k' 与 Δ_k''.而 T 的其他小区间 $\Delta_i (i \neq k)$ 仍是新分割 T_1 所属的小区间.因此比较 $S(T)$ 与 $S(T_1)$ 的各个被加项,它们之间的差别仅仅是 $S(T)$ 中的 $M_k \Delta_k$ 一项换成了 $S(T_1)$ 中的 $M_k' \Delta_k'$ 与 $M_k'' \Delta_k''$ 两项(这里 M_k' 与 M_k'' 分别是 f 在 Δ_k' 与 Δ_k'' 上的上确界),所以

$$S(T) - S(T_1) = M_k \Delta x_k - (M_k' \Delta x_k' + M_k'' \Delta x_k'')$$

$$= M_k(\Delta x_k' + \Delta x_k'') - (M_k' \Delta x_k' + M_k'' \Delta x_k'')$$
$$= (M_k - M_k')\Delta x_k' + (M_k - M_k'')\Delta x_k''.$$

由于 $m \leqslant M_k'($或 $M_k'') \leqslant M_k \leqslant M$,故有

$$0 \leqslant S(T) - S(T_1) \leqslant (M-m)\Delta x_k' + (M-m)\Delta x_k''$$
$$= (M-m)\Delta x_k \leqslant (M-m)\|T\|.$$

这就证得 $p=1$ 时式(11.2)成立.

一般说来,对 T_i 增加一个分点得到 T_{i+1},就有

$$0 \leqslant S(T_i) - S(T_{i+1}) \leqslant (M-m)\|T_i\|, \quad i=0,1,2,\cdots,p-1$$

(这里 $T_0 = T, T_p = T'$). 把这些不等式对 i 依次相加,得到

$$0 \leqslant S(T) - S(T') \leqslant (M-m)\sum_{i=0}^{p-1}\|T_i\| \leqslant (M-m)p\|T\|.$$

性质 11.3 若 T' 与 T'' 为任意两个分割,$T=T'+T''$ 表示把 T' 与 T'' 的所有分点合并而得的分割(注意:重复的分点只取一次),则

$$S(T) \leqslant S(T'), \quad s(T) \geqslant s(T'),$$
$$S(T) \leqslant S(T''), \quad s(T) \geqslant s(T'').$$

证明 这是因为 T 即可看作 T' 添加新分点后得到的分割,也可看作 T'' 添加新分点后得到的分割,所以由性质 11.2 立刻推知此性质成立.

性质 11.4 对任意两个分割 T' 与 T'',总有 $s(T') \leqslant S(T'')$.

证明 令 $T=T'+T''$,由性质 11.1 与性质 11.3,便有

$$s(T') \leqslant s(T) \leqslant S(T) \leqslant S(T'').$$

注 11.3 性质 11.4 指出:在对 $[a,b]$ 所作的任意两个分割中,一个分割的下和总不大于另一个分割的上和.因此对所有分割来说,所有下和有上界,所有上和有下界,从而分别存在上确界与下确界,把它们记作

$$S = \inf_T S(T), \quad s = \sup_T s(T).$$

通常称 S 为 f 在 $[a,b]$ 上的**上积分**,s 为 f 在 $[a,b]$ 上的**下积分**.

显然由性质 11.4 可以直接得到

性质 11.5 $m(b-a) \leqslant s \leqslant S \leqslant M(b-a)$.

性质 11.6(达布定理) 上、下积分也是上和与下和在 $\|T\| \to 0$ 时的极限,即

$$\lim_{\|T\| \to 0} S(T) = S, \quad \lim_{\|T\| \to 0} s(T) = s.$$

证明 下面只证第一个极限.

任给 $\varepsilon > 0$,由 S 的定义,必存在某一分割 T' 使得

$$S(T') < S + \frac{\varepsilon}{2}. \tag{11.4}$$

设 T' 由 p 个分点所构成,对于任意另一个分割 T 来说,$T+T'$ 至多比 T 多 p 个分点,由性质 11.2 和性质 11.3 得到

$$S(T) - (M-m)p\|T\| \leqslant S(T+T') \leqslant S(T').$$

于是有

$$S(T) \leqslant S(T') + (M-m)p\|T\|.$$

所以,只要 $\|T\| < \dfrac{\varepsilon}{2(M-m)p}$ (说明:当 $M=m$ 时, f 为常数函数,性质恒成立,所以

这里设 $M>m$),就有 $S(T) \leqslant S(T') + \dfrac{\varepsilon}{2}$. 联系式(11.1),推得

$$S \leqslant S(T) < S + \varepsilon.$$

这就证得

$$\lim_{\|T\|\to 0} S(T) = S.$$

注 11.4　记 $\omega_i = M_i - m_i$, ω_i 称为 f 在区间 $\Delta_i = [x_{i-1}, x_i]$ 上的**振幅**.

显然有

$$S(T) - s(T) = \sum_{i=1}^{n} (M_i - m_i)\Delta x_i = \sum_{i=1}^{n} \omega_i \Delta x_i.$$

要判断一个函数是否可积,固然可以运用定义,但是在直接考察积分和是否无限接近某一常数时,由于积分和的复杂性和那个常数的不易预知性,使得判断可积性极其困难.下面给出可积的几个充要条件只与被积函数本身有关,而不涉及定积分的值.

定理 11.1(可积的第一充要条件)　函数 $f(x)$ 在 $[a,b]$ 上可积的充要条件是 $f(x)$ 在 $[a,b]$ 上的上积分与下积分相等,即

$$S = s.$$

证明　必要性.设 $f(x)$ 在 $[a,b]$ 上可积, $J = \displaystyle\int_a^b f(x)\mathrm{d}x$. 由定积分定义,任给

$\varepsilon > 0$,存在 $\delta > 0$,只要 $\|T\| < \delta$,就有 $\left| \displaystyle\sum_{i=1}^{n} f(\xi_i)\Delta x_i - J \right| < \varepsilon$.

另一方面,由于 $S(T)$ 与 $s(T)$ 分别为积分和关于介点集 $\{\xi_i\}$ 的上、下确界,所以当 $\|T\| < \delta$ 时,又有

$$|S(T) - J| \leqslant \varepsilon, \quad |s(T) - J| \leqslant \varepsilon.$$

这说明当 $\|T\| \to 0$ 时 $S(T)$ 与 $s(T)$ 都以 J 为极限.由达布定理,得

$$S = s = J.$$

充分性.设 $S=s=J$,由达布定理得

$$\lim_{\|T\|\to 0} S(T) = \lim_{\|T\|\to 0} s(T) = J. \tag{11.5}$$

借助不等式(11.1),任给 $\varepsilon > 0$,存在 $\delta > 0$,当 $\|T\| < \delta$ 时,满足

$$J - \varepsilon < s(T) \leqslant \sum_{i=1}^{n} f(\xi_i)\Delta x_i \leqslant S(T) < J + \varepsilon.$$

从而 $f(x)$ 在 $[a,b]$ 上可积,且 $\int_a^b f(x)\mathrm{d}x = J$.

注 11.5 狄利克雷函数在 $[0,1]$ 上不可积,正是由于它的上积分($S=1$)与下积分($s=0$)不相等所致.

定理 11.2(可积的第二充要条件,也称可积准则) 函数 $f(x)$ 在 $[a,b]$ 上可积的充要条件是:任给 $\varepsilon>0$,总存在某一分割 T,使得

$$S(T) - s(T) < \varepsilon \ \text{或} \ \sum_{i=1}^n \omega_i \Delta x_i < \varepsilon.$$

证明 必要性.设 $f(x)$ 在 $[a,b]$ 上可积,由定理 11.1,有

$$\lim_{\|T\|\to 0} [S(T) - s(T)] = 0.$$

于是,任给 $\varepsilon>0$,只要 $\|T\|$ 足够小,总存在分割 T,使得 $S(T)-s(T)<\varepsilon$.

充分性.若定理条件得到满足,则由 $s(T)\leqslant s\leqslant S\leqslant S(T)$,可推得

$$0 \leqslant S - s \leqslant S(T) - s(T) < \varepsilon.$$

由 ε 的任意性,必有 $S=s$,故由定理 11.1,证得 $f(x)$ 在 $[a,b]$ 上可积.

定理 11.3(可积的第三充要条件) 函数 $f(x)$ 在 $[a,b]$ 上可积的充要条件是:任给正数 ε,η,总存在某一分割 T,使得属于 T 的所有小区间中,对应于振幅 $\omega_{k'}\geqslant\varepsilon$ 的那些小区间 $\Delta_{k'}$ 的总长 $\sum_{k'}\Delta x_{k'} < \eta$.

证明 必要性.$f(x)$ 在 $[a,b]$ 上可积,由定理 11.2,对于 $\sigma=\varepsilon\eta>0$,存在某一分割 T,使得

$$\sum_k \omega_k \Delta x_k < \sigma.$$

于是便有

$$\varepsilon \sum_{k'} \Delta x_{k'} \leqslant \sum_{k'} \omega_{k'} \Delta x_{k'} \leqslant \sum_k \omega_k \Delta x_k < \varepsilon\eta.$$

由此即得

$$\sum_{k'} \Delta x_{k'} < \eta.$$

充分性.任给 $\varepsilon'>0$,取 $\varepsilon=\dfrac{\varepsilon'}{2(b-a)}>0$,$\eta=\dfrac{\varepsilon'}{2(M-m)}>0$. 由假设,存在某一分割 T,使得 $\omega_{k'}\geqslant\varepsilon$ 的那些 $\Delta_{k'}$ 的总长 $\sum_{k'}\Delta x_{k'} < \eta$. 设 T 中其余满足 $\omega_{k''}<\varepsilon$ 的那些小区间为 $\Delta_{k''}$,则有

$$\sum_k \omega_k \Delta x_k = \sum_{k'} \omega_{k'} \Delta x_{k'} + \sum_{k''} \omega_{k''} \Delta x_{k''} < (M-m)\sum_{k'} \Delta x_{k'} + \varepsilon \sum_{k''} \Delta x_{k''}$$

$$\leqslant (M-m)\eta + \varepsilon(b-a) = \frac{\varepsilon'}{2} + \frac{\varepsilon'}{2} = \varepsilon'.$$

根据定理 11.2 可推知,$f(x)$ 在 $[a,b]$ 上可积.

例 11.2　证明:黎曼函数在[0,1]上可积,且定积分等于 0.

证明　已知黎曼函数为

$$R(x) = \begin{cases} \dfrac{1}{q}, & x = \dfrac{p}{q}, p \text{ 与 } q \text{ 互素}, p < q, \\ 0, & x = 0,1 \text{ 以及} (0,1) \text{ 内的无理数}. \end{cases}$$

任给 $\varepsilon > 0, \eta > 0$. 由于满足 $\dfrac{1}{q} \geqslant \varepsilon$,即 $q \leqslant \dfrac{1}{\varepsilon}$ 的有理点 $\dfrac{p}{q}$ 只有有限个(设为 K 个),因

此含有这类点的小区间至多 $2K$ 个,在其上 $\omega_{k'} \geqslant \varepsilon$. 当 $\|T\| < \dfrac{\eta}{2K}$ 时,就能保证这些

小区间的总长满足 $\sum\limits_{k'} \Delta x_{k'} \leqslant 2K\|T\| < \eta$,所以 $R(x)$ 在[0,1]上可积. 又

$$m_i = \inf_{x \in \Delta_i} R(x) = 0, \quad i = 1,2,\cdots,n.$$

所以

$$s(T) = 0,$$

即

$$\int_0^1 R(x)\mathrm{d}x = s = 0.$$

例 11.3　证明:若 $f(x)$ 在[a,b]上连续,$\varphi(t)$ 在 $[\alpha,\beta]$ 上可积,$a \leqslant \varphi(t) \leqslant b$,$t \in [\alpha,\beta]$,则 $f \circ \varphi$ 在 $[\alpha,\beta]$ 上可积.

证明　记 $F(t) = f(\varphi(t)), t \in [\alpha,\beta]$.

任给 $\varepsilon > 0, \eta > 0$. 由于 $f(x)$ 在[a,b]上一致连续,因此对上述 $\varepsilon > 0$,存在 $\delta > 0$,当 $x', x'' \in [a,b]$ 且 $|x' - x''| < \delta$ 时,有

$$|f(x') - f(x'')| < \frac{\varepsilon}{2}.$$

由 $\varphi(t)$ 在 $[\alpha,\beta]$ 上可积,则对上述 δ 和 η,存在某一分割 T,使得在 T 所属的小区间中,$\omega_{k'}^{\varphi} \geqslant \delta$ 的所有小区间 $\Delta_{k'}$ 的总长 $\sum\limits_{k'} \Delta t_{k'} < \eta$;而在其余小区间 $\Delta_{k'}$ 上 $\omega_{k'}^{\varphi} < \delta$,从

而有 $\omega_{k'}^{F} < \varepsilon$. 因此至多在所有 $\Delta_{k'}$ 上 $\omega_{k'}^{F} \geqslant \varepsilon$,而这些小区间的总长至多为 $\sum\limits_{k'} \Delta t_{k'} < \eta$.

由可积的第三充要条件,复合函数 $f \circ \varphi$ 在 $[\alpha,\beta]$ 上可积.

11.1.3　第二积分中值定理及证明

定理 11.4(第二积分中值定理)　设函数 $f(x)$ 在[a,b]上可积.

(1) 若 $g(x)$ 在[a,b]上递减,且 $g(x) \geqslant 0$,则存在 $\xi \in [a,b]$,使得

$$\int_a^b f(x)g(x)\mathrm{d}x = g(a)\int_a^{\xi} f(x)\mathrm{d}x. \tag{11.6}$$

(2) 若 $g(x)$ 在[a,b]上递增,且 $g(x) \geqslant 0$,则存在 $\eta \in [a,b]$,使得

$$\int_a^b f(x)g(x)\mathrm{d}x = g(b)\int_\eta^b f(x)\mathrm{d}x. \tag{11.7}$$

证明 下面只证(1),类似可以证得(2).

若 $g(a)=0$,则 $g(x)\equiv 0, x\in [a,b]$. 此时对任何 $\xi\in [a,b]$, 式(11.6)恒成立.

若 $g(a)>0$,令

$$F(x) = \int_a^x f(t)\mathrm{d}t, \quad x\in [a,b].$$

由 $f(x)$ 在 $[a,b]$ 上可积,因此 $F(x)$ 在 $[a,b]$ 上连续,从而存在最大值 M 和最小值 m. 又由条件知 $f(x)$ 有界,设 $|f(x)|\leqslant L, x\in [a,b]$.

由 $g(x)$ 在 $[a,b]$ 上可积,则对 $\forall \varepsilon >0$,必存在分割 T:

$$a = x_0 < x_1 < \cdots < x_n = b,$$

使得

$$\sum_T \omega_i^g \Delta x_i < \frac{\varepsilon}{L}.$$

现把 $I = \int_a^b f(x)g(x)\mathrm{d}x$ 按积分区间可加性写成

$$I = \sum_{i=1}^n \int_{x_{i-1}}^{x_i} f(x)g(x)\mathrm{d}x$$

$$= \sum_{i=1}^n \int_{x_{i-1}}^{x_i} [g(x)-g(x_{i-1})]f(x)\mathrm{d}x + \sum_{i=1}^n g(x_{i-1})\int_{x_{i-1}}^{x_i} f(x)\mathrm{d}x$$

$$= I_1 + I_2.$$

对于 I_1,必有

$$|I_1| \leqslant \sum_{i=1}^n \int_{x_{i-1}}^{x_i} |g(x)-g(x_{i-1})|\cdot |f(x)|\mathrm{d}x \leqslant L\cdot \sum_{i=1}^n \omega_i^g \Delta x_i < L\cdot \frac{\varepsilon}{L} = \varepsilon.$$

对于 I_2,由于 $F(x_0)=F(a)=0$,而

$$\int_{x_{i-1}}^{x_i} f(x)\mathrm{d}x = \int_a^{x_i} f(x)\mathrm{d}x - \int_a^{x_{i-1}} f(x)\mathrm{d}x = F(x_i) - F(x_{i-1}).$$

可得

$$I_2 = \sum_{i=1}^n g(x_{i-1})[F(x_i) - F(x_{i-1})]$$

$$= g(x_0)[F(x_1)-F(x_0)] + \cdots + g(x_{n-1})[F(x_n)-F(x_{n-1})]$$

$$= F(x_1)[g(x_0)-g(x_1)] + \cdots + F(x_{n-1})[g(x_{n-2})-g(x_{n-1})]$$

$$\quad + F(x_n)g(x_{n-1}) = \sum_{i=1}^{n-1} F(x_i)[g(x_{i-1})-g(x_i)] + F(b)g(x_{n-1}).$$

再由 $g(x)\geqslant 0$ 且递减,使得

$$g(x_{n-1})\geqslant 0, g(x_{i-1})-g(x_i)\geqslant 0, \quad i=1,2,\cdots,n-1.$$

于是利用 $F(x_i) \leqslant M(i=1,2,\cdots,n-1)$，得

$$I_2 \leqslant M \sum_{i=1}^{n-1} [g(x_{i-1}) - g(x_i)] + Mg(x_{n-1}) = Mg(a).$$

同理，由 $F(x_i) \geqslant m(i=1,2,\cdots,n-1)$，又有

$$I_2 \geqslant mg(a).$$

综合 $I = I_1 + I_2$，$|I_1| < \varepsilon$，$mg(a) \leqslant I_2 \leqslant Mg(a)$，得到

$$-\varepsilon + mg(a) < I < Mg(a) + \varepsilon.$$

由 ε 的任意性，得 $mg(a) \leqslant I \leqslant Mg(a)$，从而得证.

推论 11.1　设函数 $f(x)$ 在 $[a,b]$ 上可积. 若 $g(x)$ 为单调函数，则存在 $\xi \in [a,b]$，使得

$$\int_a^b f(x)g(x)\mathrm{d}x = g(a)\int_a^\xi f(x)\mathrm{d}x + g(b)\int_\eta^b f(x)\mathrm{d}x.$$

证明　若 $g(x)$ 为单调递减函数，令 $h(x) = g(x) - g(b)$，则 $h(x)$ 为非负递减函数. 由上述定理，存在 $\xi \in [a,b]$，使得

$$\int_a^b f(x)h(x)\mathrm{d}x = h(a)\int_a^\xi f(x)\mathrm{d}x = [g(a) - g(b)]\int_a^\xi f(x)\mathrm{d}x.$$

由于

$$\int_a^b f(x)h(x)\mathrm{d}x = \int_a^b f(x)g(x)\mathrm{d}x - g(b)\int_a^b f(x)\mathrm{d}x.$$

因此

$$\int_a^b f(x)g(x)\mathrm{d}x = g(b)\int_a^b f(x)\mathrm{d}x + [g(a) - g(b)]\int_a^\xi f(x)\mathrm{d}x$$

$$= g(a)\int_a^\xi f(x)\mathrm{d}x + g(b)\int_\xi^b f(x)\mathrm{d}x.$$

若 $g(x)$ 为单调递增函数，只需令 $h(x) = g(x) - g(a)$，然后与上述类似即可得证.

习　题　11.1

1. 设

$$f(x) = \begin{cases} x, & x \text{ 为有理数}, \\ 0, & x \text{ 为无理数}. \end{cases}$$

试求 f 在 $[0,1]$ 上的上积分和下积分；并由此判断 f 在 $[0,1]$ 上是否可积.

2. 设 f 在 $[a,b]$ 上可积，且 $f(x) \geqslant 0, x \in [a,b]$. 试问 $\sqrt{f}$ 在 $[a,b]$ 上是否可积？为什么？

3. 证明：可积第二充要条件等价于"任给 $\varepsilon > 0$，存在 $\delta > 0$，对一切满足 $\|T\| < \delta$ 的 T，都有 $\sum_T \omega_i \Delta x_i = S(T) - s(T) < \varepsilon$".

4. 据理回答：

(1) 何种函数具有"任意下和等于任意上和"的性质？

(2) 何种连续函数具有"所有下和(或上和)都相等"的性质？

(3) 对于可积函数,若"所有下和(或上和)都相等",是否仍有(2)的结论？

5. 设 $f(x)$ 在 $[a,b]$ 上可积,g 与 f 仅在有限个点取值不同.试用积分定义证明:$g(x)$ 在 $[a,b]$ 上可积,且 $\int_a^b g(x)\mathrm{d}x = \int_a^b f(x)\mathrm{d}x$.

6. 讨论 $f(x),f^2(x),|f(x)|$ 三者间可积性的关系.

7. 设 $f(x)$ 在 $[a,b]$ 上有界,且有收敛的间断点列 $\{c_n\}\subset[a,b]$,求证:$f(x)$ 在 $[a,b]$ 上可积.

8. 判断下列函数在区间 $[a,b]$ 上的可积性:

(1) $f(x)$ 在 $[0,1]$ 上有界,不连续点为 $x=\dfrac{1}{n}(n=1,2,\cdots)$;

(2) $f(x)=\begin{cases}\dfrac{1}{x}-\left[\dfrac{1}{x}\right], & x\in(0,1],\\ 0, & x=0;\end{cases}$ 　(3) $f(x)=\begin{cases}\dfrac{1}{\left[\dfrac{1}{x}\right]}, & x\in(0,1],\\ 0, & x=0.\end{cases}$

11.2　广　义　积　分

在研究定积分时,总是假定积分区间为有限闭区间,而且可积函数在积分区间中有界,无界函数是不可积的.然而,对于许多来自数学理论发展和实际应用的问题来说,有必要突破这两条限制,推广已有的积分概念,在更广的范围上研究各种积分问题.现在讨论积分区间是无穷区间和被积函数是无界函数的积分.这两种情形的积分统称为**广义积分**或**非正常积分**.

11.2.1　无穷区间上的广义积分

定义 11.2　设函数 $f(x)$ 在无穷区间 $[a,+\infty)$ 上有定义,且 $f(x)$ 在任何有限区间 $[a,A]$ 上可积.如果存在极限
$$\lim_{A\to+\infty}\int_a^A f(x)\mathrm{d}x = J,$$
则称此极限 J 为函数 $f(x)$ 在 $[a,+\infty)$ 上的**无穷限的广义积分**(简称广义积分),记作
$$J = \int_a^{+\infty} f(x)\mathrm{d}x.$$
也称广义积分 $\int_a^{+\infty} f(x)\mathrm{d}x$ **收敛**.否则,称广义积分 $\int_a^{+\infty} f(x)\mathrm{d}x$ **发散**.

类似可定义

(1) $f(x)$ 在 $(-\infty,a]$ 上的广义积分:
$$\int_{-\infty}^a f(x)\mathrm{d}x = \lim_{A\to-\infty}\int_A^a f(x)\mathrm{d}x.$$

(2) $f(x)$ 在 $(-\infty,+\infty)$ 上的广义积分：

$$\int_{-\infty}^{+\infty} f(x)\mathrm{d}x = \int_{-\infty}^{a} f(x)\mathrm{d}x + \int_{a}^{+\infty} f(x)\mathrm{d}x$$

(其中 a 为任意实数),当且仅当右端两个广义积分均收敛时,左端的广义积分才称为收敛.若右端两个广义积分之一发散,则称左端的广义积分发散.

例 11.4　讨论广义积分 $\int_{a}^{+\infty} \dfrac{\mathrm{d}x}{x^p}$ 的敛散性,其中 $a>0,p$ 为任意实数.

解　对任意 $A>a$,有

$$\int_{a}^{A} \frac{1}{x^p}\mathrm{d}x = \begin{cases} \dfrac{1}{1-p}\left(A^{1-p}-a^{1-p}\right), & p\neq 1, \\[2mm] \ln A - \ln a, & p=1. \end{cases}$$

当 $p>1$ 时,$\displaystyle\lim_{A\to+\infty}\frac{1}{1-p}(A^{1-p}-a^{1-p})=\frac{a^{1-p}}{p-1}$;

当 $p<1$ 时,$\displaystyle\lim_{A\to+\infty}\frac{1}{1-p}(A^{1-p}-a^{1-p})=+\infty$;

当 $p=1$ 时,$\displaystyle\lim_{A\to+\infty}(\ln A-\ln a)=+\infty$.

故 $p>1$ 时,广义积分 $\int_{a}^{+\infty} \dfrac{\mathrm{d}x}{x^p}$ 收敛;$p\leqslant 1$ 时,广义积分 $\int_{a}^{+\infty} \dfrac{\mathrm{d}x}{x^p}$ 发散.

定理 11.5(柯西定理)　无穷限积分 $\int_{a}^{+\infty} f(x)\mathrm{d}x$ 收敛的充要条件是：$\forall \varepsilon>0$,$\exists$ 正数 $M>a$,当 $A_1,A_2>M$ 时,有

$$\left|\int_{A_1}^{A_2} f(x)\mathrm{d}x\right|<\varepsilon.$$

证明　令 $F(A)=\int_{a}^{A} f(x)\mathrm{d}x$,则 $\int_{a}^{+\infty} f(x)\mathrm{d}x$ 的收敛性与极限 $\displaystyle\lim_{A\to+\infty}F(A)$ 存在性等价.

根据函数极限的柯西准则：$\displaystyle\lim_{A\to+\infty}F(A)$ 存在,则对 $\forall\varepsilon>0$,存在正数 $M>a$,当 $A_1,A_2>M$ 时,有

$$|F(A_1)-F(A_2)|<\varepsilon,$$

即

$$\left|\int_{A_1}^{A_2} f(x)\mathrm{d}x\right|<\varepsilon.$$

定理 11.6　若函数 $f(x)$ 在 $[a,+\infty)$ 上有定义,且 $f(x)$ 在任何有限区间 $[a,A]$ 上可积.若 $\int_{a}^{+\infty} |f(x)|\mathrm{d}x$ 收敛,则 $\int_{a}^{+\infty} f(x)\mathrm{d}x$ 收敛,且有

$$\left|\int_{a}^{+\infty} f(x)\mathrm{d}x\right|\leqslant\int_{a}^{+\infty} |f(x)|\mathrm{d}x.$$

证明　由于 $\int_{a}^{+\infty} |f(x)|\mathrm{d}x$ 收敛,即对 $\forall\varepsilon>0$,存在正数 $M>a$,当 $A_2>A_1>M$

时, $\int_{A_1}^{A_2} |f(x)| dx < \varepsilon$. 从而

$$\left| \int_{A_1}^{A_2} f(x) dx \right| \leqslant \int_{A_1}^{A_2} |f(x)| dx < \varepsilon.$$

注 11.6　当 $\int_a^{+\infty} |f(x)| dx$ 收敛时,广义积分 $\int_a^{+\infty} f(x) dx$ 一定收敛,此时称广义积分 $\int_a^{+\infty} f(x) dx$ 为**绝对收敛**. 若 $\int_a^{+\infty} f(x) dx$ 收敛,而 $\int_a^{+\infty} |f(x)| dx$ 发散,则称广义积分 $\int_a^{+\infty} f(x) dx$ 为**条件收敛**.

定理 11.7(比较判别法)　设函数 $f(x)$ 和 $g(x)$ 均是定义在 $[a, +\infty)$ 上的两个非负函数,且在任何有限区间 $[a, A]$ 上可积,若存在 $x_0 \in [a, +\infty)$,使当 $x \geqslant x_0$ 时,有 $f(x) \leqslant g(x)$,则

(1) 当 $\int_a^{+\infty} g(x) dx$ 收敛时, $\int_a^{+\infty} f(x) dx$ 也收敛;

(2) 当 $\int_a^{+\infty} f(x) dx$ 发散时, $\int_a^{+\infty} g(x) dx$ 也发散.

证明　(1) 若 $\int_a^{+\infty} g(x) dx$ 收敛,则对 $\forall \varepsilon > 0$, $\exists M > x_0$,当 $A_2 > A_1 > M$ 时,有

$$0 \leqslant \int_{A_1}^{A_2} g(x) dx < \varepsilon.$$

从而

$$0 \leqslant \int_{A_1}^{A_2} f(x) dx \leqslant \int_{A_1}^{A_2} g(x) dx < \varepsilon.$$

由柯西准则知,广义积分 $\int_a^{+\infty} f(x) dx$ 收敛.

(2) 反证法. 假设 $\int_a^{+\infty} g(x) dx$ 收敛,由(1)为结论知 $\int_a^{+\infty} f(x) dx$ 收敛,这与题设条件矛盾.

推论 11.2(柯西判别法)　设 $f(x)$ 定义于 $[a, +\infty)(a > 0)$ 上,且在任何有限区间 $[a, A]$ 上可积.

(1) 若存在 $x_0 \in [a, +\infty)$,当 $x \geqslant x_0$ 时, $0 \leqslant f(x) \leqslant \dfrac{1}{x^p} (p > 1)$,则 $\int_a^{+\infty} f(x) dx$ 收敛;

(2) 若存在 $x_0 \in [a, +\infty)$,当 $x \geqslant x_0$ 时, $f(x) \geqslant \dfrac{1}{x^p} (p \leqslant 1)$,则 $\int_a^{+\infty} f(x) dx$ 发散.

推论 11.3(柯西判别法的极限形式)　设 $f(x)$ 定义于 $[a, +\infty)$ 上,且在任何有限区间 $[a, A]$ 上可积,若 $\lim\limits_{x \to +\infty} x^p f(x) = \lambda (0 \leqslant \lambda \leqslant +\infty)$.

(1) 当 $p>1$ 且 $\lambda \neq +\infty$ 时，$\int_a^{+\infty} f(x)\mathrm{d}x$ 收敛；

(2) 当 $p \leqslant 1$ 且 $\lambda \neq 0$ 时，$\int_a^{+\infty} f(x)\mathrm{d}x$ 发散.

证明　只证(1)的情形. 若 $\lambda>0$，由极限的保号性，存在正数 $M>a$，当 $x>M$ 时，有

$$0 \leqslant x^p f(x) < 2\lambda \text{ 或 } 0 \leqslant f(x) < \frac{2\lambda}{x^p}.$$

又 $p>1$，由推论 11.2 知 $\int_a^{+\infty} f(x)\mathrm{d}x$ 收敛. 若 $\lambda=0$，则对 $\varepsilon=1$，存在正数 $M>a$，当 $x>M$ 时，

$$0 \leqslant x^p |f(x)| < 1$$

或

$$0 \leqslant |f(x)| < \frac{1}{x^p}.$$

又 $p>1$，由推论 11.2 知 $\int_a^{+\infty} |f(x)|\mathrm{d}x$ 收敛，故 $\int_a^{+\infty} f(x)\mathrm{d}x$ 收敛.

例 11.5　讨论积分的敛散性.

(1) $\int_0^{+\infty} \frac{1}{1+x|\sin x|}\mathrm{d}x$；　　　　(2) $\int_a^{+\infty} \frac{\sin x}{x\sqrt{1+x^2}}\mathrm{d}x$　$(a>0)$.

解　(1) 当 $x \geqslant 0$ 时有

$$\frac{1}{1+x|\sin x|} \geqslant \frac{1}{1+x},$$

而积分 $\int_0^{+\infty} \frac{1}{1+x}\mathrm{d}x$ 发散，所以积分 $\int_0^{+\infty} \frac{1}{1+x|\sin x|}\mathrm{d}x$ 发散.

(2) 由于

$$\left| \frac{\sin x}{x\sqrt{1+x^2}} \right| \leqslant \frac{1}{x\sqrt{1+x^2}} \leqslant \frac{1}{x^2}, \quad x \geqslant a.$$

而 $\int_a^{+\infty} \frac{\mathrm{d}x}{x^2}$ 收敛，故由比较判别法知 $\int_a^{+\infty} \left| \frac{\sin x}{x\sqrt{1+x^2}} \right| \mathrm{d}x$ 收敛，从而 $\int_a^{+\infty} \frac{\sin x}{x\sqrt{1+x^2}}\mathrm{d}x$ 绝对收敛.

例 11.6　讨论广义积分 $\int_1^{+\infty} \frac{\arctan x}{x^a}\mathrm{d}x$ 的敛散性.

解　因为

$$\lim_{x \to +\infty} x^a \frac{\arctan x}{x^a} = \lim_{x \to +\infty} \arctan x = \frac{\pi}{2}.$$

故当 $a>1$ 时，积分收敛；$a \leqslant 1$ 时，积分发散.

例 11.7 讨论 $\displaystyle\int_1^{+\infty}\dfrac{\ln(1+x)-\ln x}{x^\alpha}\mathrm{d}x$ 的敛散性.

解 因为 $\dfrac{\ln(1+x)-\ln x}{x^\alpha}=\dfrac{\ln\left(1+\dfrac{1}{x}\right)^x}{x^{\alpha+1}}$,故

$$\lim_{x\to+\infty}x^{\alpha+1}\dfrac{\ln\left(1+\dfrac{1}{x}\right)^x}{x^{\alpha+1}}=\ln e=1.$$

从而当 $\alpha+1>1$,即 $\alpha>0$ 时,广义积分收敛;当 $\alpha+1\leqslant 1$ 时,即 $\alpha\leqslant 0$ 时,广义积分发散.

例 11.8 研究下列广义积分的敛散性:

(1) $\displaystyle\int_1^{+\infty}\dfrac{x^m\cdot\arctan x}{2+x^n}\mathrm{d}x$ $(n>0)$;

(2) $\displaystyle\int_1^{+\infty}\dfrac{\ln\left(1+\sin\dfrac{1}{x^\alpha}\right)}{x^\beta}\mathrm{d}x$ $(\alpha>0)$.

解 (1) 由于

$$\lim_{x\to+\infty}x^{n-m}\cdot\dfrac{x^m\cdot\arctan x}{2+x^n}=\lim_{x\to+\infty}\dfrac{x^n}{2+x^n}\arctan x=\dfrac{\pi}{2}.$$

从而当 $n-m>1$ 时,原积分收敛;当 $n-m\leqslant 1$ 时,原积分发散.

(2) 由于 $\alpha>0$,则当 $x\to+\infty$ 时, $\dfrac{1}{x^\alpha}$, $\sin\dfrac{1}{x^\alpha}$, $\ln\left(1+\sin\dfrac{1}{x^\alpha}\right)$ 均为无穷小量,且

$$\sin\dfrac{1}{x^\alpha}\sim\dfrac{1}{x^\alpha},\quad \ln\left(1+\sin\dfrac{1}{x^\alpha}\right)\sim\sin\dfrac{1}{x^\alpha}.$$

于是

$$\dfrac{\ln\left(1+\sin\dfrac{1}{x^\alpha}\right)}{x^\beta}\sim\dfrac{\sin\dfrac{1}{x^\alpha}}{x^\beta}\sim\dfrac{\dfrac{1}{x^\alpha}}{x^\beta}=\dfrac{1}{x^{\beta+\alpha}}.$$

从而,当 $\alpha+\beta>1$ 时,原积分收敛;当 $\alpha+\beta\leqslant 1$ 时,原积分发散.

注 11.7 比较判别法及其推论 11.2、推论 11.3 仅对被积函数为非负函数或广义积分为绝对收敛时有效.下面给出一般广义积分收敛的判别法.

定理 11.8(狄利克雷判别法) 设函数 $f(x)$ 和 $g(x)$ 定义在 $[a,+\infty)$ 上,

(1) 若对任意 $A>a$, $\displaystyle\int_a^A f(x)\mathrm{d}x$ 有界;

(2) $g(x)$ 在 $[a,+\infty)$ 上单调,且 $\displaystyle\lim_{x\to+\infty}g(x)=0$,

则广义积分 $\displaystyle\int_a^{+\infty}f(x)g(x)\mathrm{d}x$ 收敛.

证明　由于 $\forall A > a, \int_a^A f(x)\mathrm{d}x$ 有界,即 $\exists M > 0$,使

$$\left| \int_a^A f(x)\mathrm{d}x \right| \leqslant M, \quad \forall A > a.$$

又因为 $\lim\limits_{x \to +\infty} g(x) = 0$,故对 $\forall \varepsilon > 0, \exists A_0 > a$,当 $x > A_0$ 时,有

$$|g(x)| < \frac{\varepsilon}{4M}.$$

对任何 $A_2 > A_1 > A_0$,由积分中值定理,存在 $\xi \in [A_1, A_2]$,使

$$\int_{A_1}^{A_2} f(x)g(x)\mathrm{d}x = g(A_1)\int_{A_1}^{\xi} f(x)\mathrm{d}x + g(A_2)\int_{\xi}^{A_2} f(x)\mathrm{d}x.$$

而

$$\left| \int_{A_1}^{\xi} f(x)\mathrm{d}x \right| \leqslant \left| \int_a^{\xi} f(x)\mathrm{d}x \right| + \left| \int_a^{A_1} f(x)\mathrm{d}x \right| \leqslant 2M.$$

同理

$$\left| \int_{\xi}^{A_2} f(x)\mathrm{d}x \right| \leqslant 2M,$$

故

$$\left| \int_{A_1}^{A_2} f(x)g(x)\mathrm{d}x \right| \leqslant |g(A_1)| \cdot \left| \int_{A_1}^{\xi} f(x)\mathrm{d}x \right| + |g(A_2)| \cdot \left| \int_{\xi}^{A_2} f(x)\mathrm{d}x \right|$$

$$\leqslant 2M \cdot \frac{\varepsilon}{4M} + 2M \cdot \frac{\varepsilon}{4M} = \varepsilon.$$

由柯西准则知,广义积分 $\int_a^{+\infty} f(x)g(x)\mathrm{d}x$ 收敛.

定理 11.9(阿贝尔判别法)　设函数 $f(x)$ 和 $g(x)$ 在 $[a, +\infty)$ 上有定义.

(1) 若 $\int_a^{+\infty} f(x)\mathrm{d}x$ 收敛;

(2) $g(x)$ 在 $[a, +\infty)$ 上单调有界,则广义积分 $\int_a^{+\infty} f(x)g(x)\mathrm{d}x$ 收敛.

定理证明类似于定理 11.8.

例 11.9　证明广义积分

$$\int_a^{+\infty} \frac{\sin x}{x^p}\mathrm{d}x, \quad a > 0.$$

当 $p > 1$ 时,绝对收敛;当 $0 < p \leqslant 1$ 时,条件收敛.

证明　当 $p > 1$ 时,由于

$$\left| \frac{\sin x}{x^p} \right| \leqslant \frac{1}{x^p}.$$

故根据推论 11.2 知 $\int_a^{+\infty} \left| \frac{\sin x}{x^p} \right| \mathrm{d}x$ 收敛,从而原积分绝对收敛.

当 $0 < p \leqslant 1$ 时,因为

$$\left|\frac{\sin x}{x^p}\right| \geqslant \frac{\sin^2 x}{x^p} = \frac{1}{2x^p} - \frac{\cos 2x}{2x^p}.$$

而对 $\forall A > a$，有 $\left|\int_a^A \cos 2x \, dx\right| = \frac{1}{2}|\sin 2A - \sin 2a| \leqslant 1, \frac{1}{2x^p}$ 在 $[a, +\infty)$ 上单调趋

于零 ($x \to +\infty$ 时)，故由狄利克雷判别法知 $\int_a^{+\infty} \frac{\cos 2x}{x^p} dx$ 收敛，但 $\int_a^{+\infty} \frac{1}{2x^p} dx$ 发散，

从而 $\int_a^{+\infty} \frac{\sin^2 x}{x^p} dx$ 发散. 由比较判别法知 $\int_a^{+\infty} \left|\frac{\sin x}{x^p}\right| dx$ 发散.

另一方面，对任意 $A > a$ 有 $\left|\int_a^A \sin x \, dx\right| = |\cos A - \cos a| \leqslant 2$，而 $\frac{1}{x^p}$ 在 $[a, +\infty)$

上单调且趋于零 ($x \to \infty$ 时)，由狄利克雷判别法知 $\int_a^{+\infty} \frac{\sin x}{x^p} dx$ 收敛，所以，当 $0 <$

$p \leqslant 1$ 时，$\int_a^{+\infty} \frac{\sin x}{x^p} dx$ 条件收敛.

类似可证明广义积分 $\int_a^{+\infty} \frac{\cos x}{x^p} dx (a > 0)$，当 $p > 1$ 时，绝对收敛；当 $0 < p \leqslant 1$

时，条件收敛.

例 11.10 设函数 $f(x)$ 在 $[a, +\infty)$ 上有定义，若 $\int_a^{+\infty} x f(x) dx$ 收敛 $(a > 0)$.

证明：

(1) $\int_a^{+\infty} f(x) dx$ 收敛；

(2) $\int_a^{+\infty} \frac{f(x) \ln x}{x} dx$ 收敛.

证明 (1) 由于

$$\int_a^{+\infty} f(x) dx = \int_a^{+\infty} x f(x) \cdot \frac{1}{x} dx.$$

由题设 $\int_a^{+\infty} x f(x) dx$ 收敛，而 $\frac{1}{x}$ 在 $[a, +\infty)$ 上单调且 $0 \leqslant \frac{1}{x} \leqslant \frac{1}{a}$，即 $\frac{1}{x}$ 有界，由阿

贝尔判别法知 $\int_a^{+\infty} f(x) dx$ 收敛.

(2) 由(1)知，$\int_a^{+\infty} f(x) dx$ 收敛，而函数 $\frac{\ln x}{x}$ 在 $[e, +\infty)$ 上单调且有界. 事实

上，$\left(\frac{\ln x}{x}\right)' = \frac{1 - \ln x}{x^2} \leqslant 0$，当 $x \geqslant e$ 时. 所以 $\frac{\ln x}{x}$ 单调递减且 $\left|\frac{\ln x}{x}\right| \leqslant \frac{\ln e}{e} = \frac{1}{e}$. 由阿

贝尔判别法知 $\int_a^{+\infty} \frac{f(x) \ln x}{x} dx$ 收敛.

11.2.2 被积函数为无界情形的广义积分

定义 11.3 设函数 $f(x)$ 在 $(a, b]$ 上有定义，在点 a 的右邻域内无界，且在任

何 $[a+\varepsilon, b]$ 上可积(其中 $0 < \varepsilon < b-a$). 若极限

$$\lim_{\varepsilon \to 0^+} \int_{a+\varepsilon}^{b} f(x) \mathrm{d}x$$

存在,则称此极限为 **无界函数** $f(x)$ 的 **广义积分** 或称为 **瑕积分**,记作 $\int_{a}^{b} f(x) \mathrm{d}x$,即

$$\int_{a}^{b} f(x) \mathrm{d}x = \lim_{\varepsilon \to 0^+} \int_{a+\varepsilon}^{b} f(x) \mathrm{d}x.$$

并称无界函数 $f(x)$ 在 $[a,b]$ 上 **可积** 或瑕积分 $\int_{a}^{b} f(x) \mathrm{d}x$ **收敛**. 这里 a 称为函数 $f(x)$ 的 **瑕点**.

类似地,可定义:

(1) 若 b 为 $f(x)$ 的瑕点,极限 $\lim_{\varepsilon \to 0^+} \int_{a}^{b-\varepsilon} f(x) \mathrm{d}x$ 存在,则称瑕积分 $\int_{a}^{b} f(x) \mathrm{d}x$ 收敛,记 $\int_{a}^{b} f(x) \mathrm{d}x = \lim_{\varepsilon \to 0^+} \int_{a}^{b-\varepsilon} f(x) \mathrm{d}x$. 否则称其为发散.

(2) 若函数 $f(x)$ 的瑕点 c 在 $[a,b]$ 内部,即 $a < c < b$,则瑕积分 $\int_{a}^{c} f(x) \mathrm{d}x$ 和 $\int_{c}^{b} f(x) \mathrm{d}x$ 都存在时,称瑕积分 $\int_{a}^{b} f(x) \mathrm{d}x$ 收敛,且 $\int_{a}^{b} f(x) \mathrm{d}x = \int_{a}^{c} f(x) \mathrm{d}x + \int_{c}^{b} f(x) \mathrm{d}x$. 若瑕积分 $\int_{a}^{c} f(x) \mathrm{d}x$ 或 $\int_{c}^{b} f(x) \mathrm{d}x$ 不存在时,则称瑕积分 $\int_{a}^{b} f(x) \mathrm{d}x$ 发散.

对于无界函数的广义积分,类似地有柯西准则、绝对收敛、条件收敛,不再赘述.

瑕积分收敛判别法类似于无穷限广义积分,这里不予证明,以 $x=a$ 为瑕点简述如下:

(1) 瑕积分 $\int_{a}^{b} \dfrac{\mathrm{d}x}{(x-a)^p}$,当 $p < 1$ 时收敛,当 $p \geqslant 1$ 时发散.

(2) 比较判别法. 设 $0 \leqslant f(x) \leqslant g(x)$, $x \in (a,b]$. 若 $\int_{a}^{b} g(x) \mathrm{d}x$ 收敛,则 $\int_{a}^{b} f(x) \mathrm{d}x$ 也收敛;若 $\int_{a}^{b} f(x) \mathrm{d}x$ 发散,则 $\int_{a}^{b} g(x) \mathrm{d}x$ 也发散.

(3) 柯西判别法. 若 $0 \leqslant f(x) \leqslant \dfrac{1}{(x-a)^p}$,且 $p < 1$,则 $\int_{a}^{b} f(x) \mathrm{d}x$ 收敛;若 $f(x) \geqslant \dfrac{1}{(x-a)^p}$,且 $p \geqslant 1$,则 $\int_{a}^{b} f(x) \mathrm{d}x$ 发散.

(4) 柯西判别法的极限形式. 设 $f(x)$ 为 $(a,b]$ 上非负函数,若

$$\lim_{x \to a^+} (x-a)^p f(x) = \lambda, \quad 0 \leqslant \lambda \leqslant +\infty,$$

则

(i) 当 $p < 1$,且 $\lambda \neq +\infty$ 时,瑕积分 $\int_a^b f(x)\mathrm{d}x$ 收敛;

(ii) 当 $p \geqslant 1$,且 $\lambda \neq 0$ 时,瑕积分 $\int_a^b f(x)\mathrm{d}x$ 发散.

(5) 狄利克雷判别法. 若函数 $f(x)$ 和 $g(x)$ 满足:

(i) 对任何 a_1,满足 $a < a_1 < b$,都有 $\left| \int_{a_1}^b f(x)\mathrm{d}x \right| \leqslant M$ (M 为常数);

(ii) 函数 $g(x)$ 在 $(a, b]$ 上单调,且 $\lim\limits_{x \to a^+} g(x) = 0$,则瑕积分 $\int_a^b f(x)g(x)\mathrm{d}x$ 收敛.

(6) 阿贝尔判别法. 若函数 $f(x)$ 和 $g(x)$ 满足:

(i) 瑕积分 $\int_a^b f(x)\mathrm{d}x$ 收敛;

(ii) 函数 $g(x)$ 在 $(a, b]$ 上单调有界,则瑕积分 $\int_a^b f(x)g(x)\mathrm{d}x$ 收敛.

例 11.11 讨论瑕积分的敛散性.

(1) $\int_0^1 \dfrac{x^4}{\sqrt{1 - x^4}}\mathrm{d}x$;   (2) $\int_0^1 \dfrac{\ln x}{\sqrt{x}}\mathrm{d}x$.

解 (1) 因为 $x = 1$ 为瑕点

$$\lim_{x \to 1^-} (1 - x)^{\frac{1}{2}} \frac{x^4}{\sqrt{1 - x^4}} = \lim_{x \to 1^-} \frac{x^4}{\sqrt{(1 + x)(1 + x^2)}} = \frac{1}{2}.$$

根据柯西判别法的极限形式可知,瑕积分 $\int_0^1 \dfrac{x^4}{\sqrt{1 - x^4}}\mathrm{d}x$ 收敛.

(2) $x = 0$ 为瑕点,且 $\lim\limits_{x \to 0^+} x^{\frac{3}{4}} \cdot \left| \dfrac{\ln x}{\sqrt{x}} \right| = 0$. 从而瑕积分 $\int_0^1 \dfrac{\ln x}{\sqrt{x}}\mathrm{d}x$ 收敛.

例 11.12 判别欧拉积分 $I = \int_0^{\frac{\pi}{2}} \ln\sin x\,\mathrm{d}x$ 收敛性,且求其值.

解 $x = 0$ 为瑕点. 因为

$$\lim_{x \to 0^+} (-x^{\frac{1}{2}} \cdot \ln\sin x) = -\lim_{x \to 0^+} \frac{\ln\sin x}{x^{-\frac{1}{2}}} = 2 \lim_{x \to 0^+} \frac{\cos x}{\sin x} x^{\frac{3}{2}} = 0.$$

从而欧拉积分收敛.

$$I = \int_0^{\frac{\pi}{2}} \ln\sin x\,\mathrm{d}x = 2 \int_0^{\frac{\pi}{4}} \ln\sin 2t\,\mathrm{d}t$$

$$= 2 \left[\int_0^{\frac{\pi}{4}} \ln 2\,\mathrm{d}t + \int_0^{\frac{\pi}{4}} \ln\sin t\,\mathrm{d}t + \int_0^{\frac{\pi}{4}} \ln\cos t\,\mathrm{d}t \right].$$

因为

$$\int_0^{\frac{\pi}{4}} \ln\cos t\,dt = \int_{\frac{\pi}{4}}^{\frac{\pi}{2}} \ln\sin t\,dt.$$

代入上式得

$$I = \frac{\pi}{2} \cdot \ln 2 + 2\int_0^{\frac{\pi}{2}} \ln\sin t\,dt = \frac{\pi}{2}\ln 2 + 2I,$$

故

$$I = -\frac{\pi}{2}\ln 2.$$

注 11.8　无穷限广义积分 $\displaystyle\int_a^{+\infty} f(x)\,dx$ 可用变换 $t = \dfrac{1}{x}$ 化为瑕积分的情形；瑕点为 a 的瑕积分 $\displaystyle\int_a^b f(x)\,dx$ 也可用变换 $t = \dfrac{1}{x-a}$ 转化为无穷限广义积分的情形.

例 11.13　讨论瑕积分 $\displaystyle\int_0^1 \dfrac{\sin\dfrac{1}{x}}{x^r}\,dx$ 的敛散性 $(r < 2)$.

解　$x = 0$ 为瑕点，令 $t = \dfrac{1}{x}$，则 $dx = -\dfrac{1}{t^2}\,dt$. 当 $x = 1$ 时，$t = 1$；当 $x \to 0^+$ 时 $t \to +\infty$，于是

$$\int_0^1 \frac{\sin\dfrac{1}{x}}{x^r}\,dx = \int_1^{+\infty} \frac{\sin t}{t^{2-r}}\,dt.$$

又已知当 $2-r > 1$ 时，$\displaystyle\int_1^{+\infty} \dfrac{\sin t}{t^{2-r}}\,dt$ 绝对收敛；当 $0 < 2-r \leqslant 1$ 时，$\displaystyle\int_1^{+\infty} \dfrac{\sin t}{t^{2-r}}\,dt$ 条件收敛.

从而当 $r < 1$ 时，瑕积分 $\displaystyle\int_0^1 \dfrac{\sin\dfrac{1}{x}}{x^r}\,dx$ 绝对收敛；当 $1 \leqslant r < 2$ 时，$\displaystyle\int_0^1 \dfrac{\sin\dfrac{1}{x}}{x^r}\,dx$ 条件收敛.

习　题　11.2

1. 计算下列积分：

(1) $\displaystyle\int_0^{+\infty} \frac{dx}{(1+x^2)^2}$；

(2) $\displaystyle\int_0^{+\infty} x^3 e^{-x^2}\,dx$；

(3) $\displaystyle\int_0^{+\infty} e^{-2x}\sin 5x\,dx$；

(4) $\displaystyle\int_0^{+\infty} e^{-3x}\cos 2x\,dx$；

(5) $\displaystyle\int_2^{+\infty} \frac{1}{x\ln^p x}\,dx \quad (p \in \mathbf{R})$；

(6) $\displaystyle\int_0^{+\infty} \frac{1}{x^4+1}\,dx$；

(7) $\displaystyle\int_0^{+\infty} \frac{1}{(e^x + e^{-x})^2}\,dx$；

(8) $\displaystyle\int_0^{+\infty} \frac{\ln x}{1+x^2}\,dx$；

(9) $\displaystyle\int_0^1 \frac{x}{\sqrt{1-x^2}}\,dx$；

(10) $\displaystyle\int_{-1}^1 \frac{1}{x^3}\sin\frac{1}{x^2}\,dx$.

2. 判别下列广义积分的敛散性：

(1) $\displaystyle\int_1^{+\infty}\frac{\mathrm{d}x}{\sqrt{x}(1+x^2)}$;

(2) $\displaystyle\int_1^{+\infty}\frac{\ln(1+x)}{x^p}\mathrm{d}x$;

(3) $\displaystyle\int_1^{+\infty}\frac{x}{1-\mathrm{e}^x}\mathrm{d}x$;

(4) $\displaystyle\int_1^{+\infty}\frac{\mathrm{d}x}{x^p+x^q}(p>q)$;

(5) $\displaystyle\int_1^{+\infty}\frac{\sin x\arctan x}{x}\mathrm{d}x$;

(6) $\displaystyle\int_1^{+\infty}\frac{\arctan x}{x^p}\ln\left(1+\frac{1}{x^2}\right)\mathrm{d}x$;

(7) $\displaystyle\int_1^{+\infty}\left[\ln\left(1+\frac{1}{x}\right)-\frac{1}{1+x}\right]\mathrm{d}x$;

(8) $\displaystyle\int_1^{+\infty}\frac{x^q}{1+x^p}\mathrm{d}x(p,q\in\mathbf{R}^+)$.

3. 讨论下列积分的绝对收敛性与条件收敛性：

(1) $\displaystyle\int_0^{+\infty}\sin x^2\,\mathrm{d}x$;

(2) $\displaystyle\int_0^{+\infty}\frac{\mathrm{sgn}(\sin x)}{1+x^2}\mathrm{d}x$;

(3) $\displaystyle\int_1^{+\infty}\frac{\ln x}{x}\sin x\,\mathrm{d}x$;

(4) $\displaystyle\int_1^{+\infty}\frac{\sin x}{x}\mathrm{e}^{-x}\,\mathrm{d}x$;

(5) $\displaystyle\int_1^{+\infty}\frac{\sin\left(x+\dfrac{1}{n}\right)}{x^n}\mathrm{d}x$;

(6) $\displaystyle\int_1^{+\infty}\frac{\sqrt{x}\sin x}{1+x}\mathrm{d}x$.

4. 设 $\displaystyle\int_a^{+\infty}f(x)\mathrm{d}x$ 收敛，且 $\displaystyle\lim_{x\to+\infty}f(x)=A$，证明：$A=0$.

5. 若函数 $f(x)$ 在 $[a,+\infty)$ 上一致连续，且积分 $\displaystyle\int_a^{+\infty}f(x)\mathrm{d}x$ 收敛，则 $\displaystyle\lim_{x\to+\infty}f(x)=0$.

6. 若函数 $f(x)$ 在 $[a,+\infty)$ 上单调递减，且积分 $\displaystyle\int_a^{+\infty}f(x)\mathrm{d}x$ 收敛，证明：

(1) $\displaystyle\lim_{x\to+\infty}xf(x)=0$;

(2) $\displaystyle\lim_{x\to+\infty}f(x)=0$，且 $f(x)=O\left(\dfrac{1}{x}\right)$，$x\to+\infty$.

7. 设积分 $\displaystyle\int_a^{+\infty}f(x)\mathrm{d}x$ 与 $\displaystyle\int_a^{+\infty}f'(x)\mathrm{d}x$ 均收敛，证明：$\displaystyle\lim_{x\to+\infty}f(x)=0$.

8. 设 $f'(x)$ 在 $[a,+\infty)$ 上连续，$f'(x)\leqslant0$，且 $\displaystyle\int_a^{+\infty}f(x)\mathrm{d}x$ 收敛，证明：$\displaystyle\int_a^{+\infty}xf'(x)\mathrm{d}x$ 收敛.

9. 讨论下列瑕积分的敛散性：

(1) $\displaystyle\int_0^1 x^q\ln^p\frac{1}{x}\mathrm{d}x$;

(2) $\displaystyle\int_0^1\frac{x^{p-1}}{x+1}\mathrm{d}x$;

(3) $\displaystyle\int_0^1\frac{\sin x}{\sqrt{1+x^2}-1}\mathrm{d}x$;

(4) $\displaystyle\int_0^1 x^{p-1}(1-x)^{q-1}\mathrm{d}x$.

10. 讨论下列广义积分的敛散性：

(1) $\displaystyle\int_1^{+\infty}\frac{\ln x}{x^p}\mathrm{d}x$;

(2) $\displaystyle\int_0^{+\infty}\frac{\arctan x}{x^p}\mathrm{d}x$.

11. 利用 $\displaystyle\int_0^{\frac{\pi}{2}}\ln\sin x\,\mathrm{d}x=-\frac{\pi}{2}\ln2$，证明：

(1) $\displaystyle\int_0^{\pi}x\cdot\ln\sin x\,\mathrm{d}x=-\frac{\pi^2}{2}\ln2$;

(2) $\displaystyle\int_0^{\frac{\pi}{2}}\sin^2 x\ln\sin x\,\mathrm{d}x=\frac{\pi}{4}\left(\frac{1}{2}-\ln2\right)$.

第 11 章总练习题

1. 设 $f(x),g(x)$ 在 $[a,b]$ 上可积,证明:
$$M(x) = \max\{f(x),g(x)\}, \quad m(x) = \min\{f(x),g(x)\}$$
在 $[a,b]$ 上也可积.

2. 设 $f(x)$ 在 $[a,b]$ 上可积,且 $f(x) \geqslant r > 0$,求证:

(1) $\dfrac{1}{f(x)}$ 在 $[a,b]$ 可积;   (2) $\ln f(x)$ 在 $[a,b]$ 可积.

3. 利用定积分定义求下列极限:

(1) $\lim\limits_{n\to\infty} \sum\limits_{k=0}^{n-1} \dfrac{2n}{n^2+k^2}$;   (2) $\lim\limits_{n\to\infty} \dfrac{1}{n} \sqrt[n]{n(n+1)\cdots(2n-1)}$.

4. 证明:若 $f \in R[a,b]$,则对 $\forall [\alpha,\beta] \subset [a,b]$,有 $f \in R[\alpha,\beta]$.

5. $f(x) \geqslant 0, f''(x) \leqslant 0$ 对任意 $x \in [a,b]$ 成立,求证:
$$f(x) \leqslant \frac{2}{b-a} \int_a^b f(x)\,\mathrm{d}x.$$

6. 设 $f(x)$ 在 $[a,b]$ 可积,求证:任给 $\varepsilon > 0$,存在逐段为常数的函数 $\varphi(x)$ 使
$$\int_a^b |f(x) - \varphi(x)|\,\mathrm{d}x < \varepsilon.$$

7. 设 $f, g \in R[a,b]$.证明:$\forall T[a,b]$,若在 T 所属的每个小区间 Δ_i 上任取两点 $\xi_i, \eta_i (i=1, 2,\cdots,n)$,则有
$$\lim_{\|T\|\to 0} \sum_{i=1}^n f(\xi_i) g(\eta_i) \Delta x_i = \int_a^b f(x)g(x)\,\mathrm{d}x.$$

8. 设 f 在 $[0,1]$ 上连续可微,$f(1) - f(0) = 1$. 证明:
$$\int_0^1 f'^2(x)\,\mathrm{d}x \geqslant 1.$$

9. 借助定积分证明:

(1) $\ln(n+1) < 1 + \dfrac{1}{2} + \cdots + \dfrac{1}{n} < 1 + \ln n$;

(2) $\lim\limits_{n\to\infty} \dfrac{1}{\ln n} \left(1 + \dfrac{1}{2} + \cdots + \dfrac{1}{n}\right) = 1.$

10. 若 f 为 $[0,1]$ 上的递减函数,则 $\forall a \in (0,1)$,恒有
$$a\int_0^1 f(x)\,\mathrm{d}x \leqslant \int_0^a f(x)\,\mathrm{d}x.$$

11. 设 f 在 $[-\pi,\pi]$ 上为递减函数.证明:

(1) $\displaystyle\int_{-\pi}^{\pi} f(x)\sin 2nx\,\mathrm{d}x \geqslant 0$;   (2) $\displaystyle\int_{-\pi}^{\pi} f(x)\sin(2n+1)x\,\mathrm{d}x \leqslant 0.$

12. 设 f 是 $[0,1]$ 上的连续函数,且满足
$$\int_n^1 x^n f(x)\,\mathrm{d}x = 1, \quad \int_0^1 x^k f(x)\,\mathrm{d}x = 0, \quad k = 0,1,\cdots,n-1.$$
证明:$\max\limits_{0 \leqslant x \leqslant 1} |f(x)| \geqslant 2^n(n+1).$

13. 设 $f(x)$ 在 $[a,b]$ 有连续的导函数,求证:

$$\max_{a \leqslant x \leqslant b} |f(x)| \leqslant \left| \frac{1}{b-a} \int_a^b f(x)\,\mathrm{d}x \right| + \int_a^b |f'(x)|\,\mathrm{d}x.$$

14. 设 $f'(x)$ 在 $[a,b]$ 连续, 且 $f(a)=0$, 求证:

$$\left| \int_a^b f(x)\,\mathrm{d}x \right| \leqslant \frac{(b-a)^2}{2} \max_{a \leqslant x \leqslant b} |f'(x)|.$$

15. 设 $f(x)$ 在 $[0,+\infty)$ 上连续, $0<a<b$. 证明:

(1) 若 $\lim\limits_{x \to +\infty} f(x)=k$, 则

$$\int_0^{+\infty} \frac{f(ax)-f(bx)}{x}\,\mathrm{d}x = (f(0)-k)\ln\frac{b}{a}.$$

(2) $\displaystyle\int_a^{+\infty} \frac{f(x)}{x}\,\mathrm{d}x$ 收敛, 则

$$\int_0^{+\infty} \frac{f(ax)-f(bx)}{x}\,\mathrm{d}x = f(0)\ln\frac{b}{a}.$$

16. 证明下述结论:

(1) 设 $f(x)$ 为 $[a,+\infty)$ 上的非负连续函数, 若 $\displaystyle\int_a^{+\infty} xf(x)\,\mathrm{d}x$ 收敛, 则 $\displaystyle\int_a^{+\infty} f(x)\,\mathrm{d}x$ 也收敛;

(2) 设 $f(x)$ 为 $[a,+\infty)$ 上的连续可微函数, 且当 $x \to +\infty$ 时, $f(x)$ 递减趋于零, 则 $\displaystyle\int_a^{+\infty} f(x)\,\mathrm{d}x$ 收敛的充要条件为 $\displaystyle\int_a^{+\infty} xf'(x)\,\mathrm{d}x$ 也收敛.

第 12 章 级 数 理 论

12.1 函数列的一致收敛性

12.1.1 函数列一致收敛的概念

前面所说的数列中,每一项都是一个具体的常数.因此称之为常数项数列.如果每一项都是定义在 E 上的函数,即是一列函数

$$u_1(x), \quad u_2(x), \quad \cdots, \quad u_n(x), \quad \cdots, \quad x \in E,$$

则是另外的一种情形.为此,将集合 E 上的按照一定规律排列的一列函数,称为 E 上的**函数列**,记为

$$\{u_n(x)\} \text{ 或 } u_n(x), \quad n = 1, 2, \cdots,$$

其中 $u_n(x)$ 称为**第 n 项**或**通项**.

对于确定的 $x_0 \in E$,$\{u_n(x_0)\}$ 是一个常数列.若 $\lim\limits_{n \to \infty} u_n(x_0)$ 存在,则称函数列 $\{u_n(x)\}$ 在点 x_0 **收敛**,x_0 称为该函数列的**收敛点**.如果 $\{u_n(x_0)\}$ 发散,则称函数列 $\{u_n(x)\}$ 在点 x_0 **发散**.$\{u_n(x)\}$ 的全体收敛点构成的集合 D,称为**收敛域**.显然 $D \subseteq E$.

设 D 为 $\{u_n(x)\}$ 为的收敛域,则对任意 $x \in D$,都有极限值 $\lim\limits_{n \to \infty} u_n(x)$ 与之唯一对应,按照这种对应关系,就确定一个定义在 D 上的函数 $u(x)$.称 $u(x)$ 为函数列 $\{u_n(x)\}$ 的**极限函数**.记作

$$\lim_{n \to \infty} u_n(x) = u(x), \quad x \in D$$

或

$$u_n(x) \to u(x), \quad n \to \infty, x \in D.$$

用"$\varepsilon\text{-}N$"语言进行叙述如下:

定义 12.1 设函数列 $\{u_n(x)\}$ 与 $u(x)$ 定义在集合 D 上,对 $\forall x \in D$,任给 $\varepsilon > 0$,$\exists N(x, \varepsilon) > 0$,当 $n > N$ 时,总有

$$|u_n(x) - u(x)| < \varepsilon,$$

则称 $\{u_n(x)\}$ 在 D 上**收敛于极限函数** $u(x)$,或简称**收敛**.

例 12.1 设函数列的通项为

$$u_n(x) = \frac{nx^2}{2x^2 + n|x| + 1}, \quad n = 1, 2, \cdots.$$

求 $\lim\limits_{n \to \infty} u_n(x)$.

解 由 $\{u_n(x)\}$ 的表达式知,其每一项都在 $(-\infty,+\infty)$ 上有定义.

当 $x=0$ 时,$u_n(0)=0$,$\lim\limits_{n\to\infty}u_n(0)=0$.

当 $x\neq0$ 时,$\lim\limits_{n\to\infty}u_n(x)=\lim\limits_{n\to\infty}\dfrac{x^2}{\dfrac{2x^2}{n}+|x|+\dfrac{1}{n}}=\dfrac{x^2}{|x|}=|x|$.

故其极限函数为

$$u(x)=|x|, \quad x\in(-\infty,+\infty).$$

例 12.2 求函数列 $\{x^n\}$ 的收敛域与极限函数.

解 显然,当 $|x|<1$ 时,$\lim\limits_{n\to\infty}x^n=0$;当 $x=1$ 时,$\lim\limits_{n\to\infty}1^n=1$;当 $x=-1$ 时,$\{x^n\}$ 显然是发散的;当 $|x|>1$ 时,有

$$|x|^n\to\infty, \quad n\to\infty.$$

所以函数列 $\{x^n\}$ 的收敛域为 $(-1,1]$,且极限函数为

$$u(x)=\begin{cases}0, & x\in(-1,1], \\ 1, & x=1.\end{cases}$$

函数列是数列的推广形式,它保持了数列的一些基本性质,如

(1) 增加或减少函数列的有限项不改变其收敛性. 若收敛,则不改变其收敛域和极限函数.

(2) 两个同一集合上的收敛函数列对应项的和所形成的新的函数列收敛于两极限函数的和.

(3) 两个同一集合上的收敛函数列对应项的积所形成的新的函数列收敛于两极限函数的积.

(4) 收敛函数列的极限函数是唯一的.

对于函数列,不仅要讨论在哪些点处收敛,更重要的是研究极限函数所具有的分析性质,如能否由函数列每项的连续性、判断出极限函数的连续性等,对这样问题的讨论,只要求函数列收敛是不够的,必须对它的收敛性提出更高的要求才行,这就是下面将要讨论的一致收敛问题.

定义 12.2 设函数列 $\{u_n(x)\}$ 与函数 $u(x)$ 定义在同一集合 D 上. 若对任意 $\varepsilon>0$,总存在一个正数 $N(\varepsilon)$,当 $n>N$ 时,对一切 $x\in D$,总有

$$|u_n(x)-u(x)|<\varepsilon,$$

则称函数列 $\{u_n(x)\}$ 在 D 上**一致收敛**于 $u(x)$,记为

$$u_n(x)\rightrightarrows u(x), \quad n\to\infty,x\in D.$$

从定义可以得到

(1) 若函数列 $\{u_n(x)\}$ 在 D 上一致收敛于 $u(x)$,则 $\{u_n(x)\}$ 在 D 上收敛于 $u(x)$.

(2) 若函数列 $\{u_n(x)\}$ 在 D 上一致收敛于 $u(x)$,则 $\{u_n(x)\}$ 在 D 的任意子集

上也一致收敛于 $u(x)$.

(3) 若函数列 $\{u_n(x)\}$ 在 D_1,D_2 上一致收敛,则 $\{u_n(x)\}$ 在 $D_1 \bigcup D_2$ 上也一致收敛.

(4) 若函数列 $\{u_n(x)\}$ 与函数 $u(x)$ 定义在同一集合 D 上,则 $\{u_n(x)\}$ 在 D 上**不一致收敛**于 $u(x)$ 是指:存在 $\varepsilon_0>0$,对任意正整数 N,存在 $n_0>N$,及 $x_0 \in D$,使得

$$|u_{n_0}(x_0) - u(x_0)| \geqslant \varepsilon_0.$$

例 12.3　证明函数列 $\{x^n\}$ 在 $[a,b] \subset (0,1)$ 上一致收敛,但在 $(0,1)$ 上不一致收敛.

证明　由例 12.2 知,$\{x^n\}$ 在 $(0,1)$ 内的极限函数恒为零.

(1) 若 $x \in [a,b] \subset (0,1)$,则对 $\forall \varepsilon>0(\varepsilon<1)$,要使得

$$|x^n - 0| = |x|^n \leqslant b^n < \varepsilon, \quad \forall x \in [a,b],$$

只需 $n > \dfrac{\ln\varepsilon}{\ln b}$. 故取 $N = \left[\dfrac{\ln\varepsilon}{\ln b}\right] + 1$,则当 $n > N$ 时,对 $\forall x \in [a,b]$,有

$$|x^n - 0| < \varepsilon.$$

所以 $\{x^n\}$ 在 $[a,b] \subset (0,1)$ 上一致收敛.

(2) 若 $x \in (0,1)$,则对 $\varepsilon_0 = \dfrac{1}{2}$,对任意正整数 N,取 $n_0 = 2N > N$, $x_0 = \left(1 - \dfrac{1}{2N}\right)^{\frac{1}{2N}} \in (0,1)$,有

$$|x_0^{n_0} - 0| = 1 - \frac{1}{2N} \geqslant \frac{1}{2} = \varepsilon_0.$$

所以 $\{x^n\}$ 在 $(0,1)$ 上不一致收敛.

注 12.1　设函数列 $\{u_n(x)\}$ 与函数 $u(x)$ 定义在同一集合 D 上. 如果函数列 $\{u_n(x)\}$ 在 D 的任意闭子区间 $[a,b] \subset D$ 上一致收敛于函数 $u(x)$,则称 $\{u_n(x)\}$ 在 D 上**内闭一致收敛**于函数 $u(x)$. 显然,一致收敛一定内闭一致收敛. 反之不一定.

例 12.4　证明 $\left\{\dfrac{x}{1+n^2 x^2}\right\}$ 在 $(-\infty, +\infty)$ 上一致收敛于 0.

证明　因为

$$\left|\frac{x}{1+n^2 x^2} - 0\right| = \frac{|x|}{1+n^2 x^2} \leqslant \frac{1}{2n}.$$

所以对任意 $\varepsilon>0$,只要取 $N = \left[\dfrac{1}{2\varepsilon}\right]$,当 $n > N$ 时,对任意 $x \in (-\infty, +\infty)$,有

$$\left|\frac{x}{1+n^2 x^2} - 0\right| < \varepsilon,$$

即函数列 $\left\{\dfrac{x}{1+n^2 x^2}\right\}$ 在 $(-\infty, +\infty)$ 上一致收敛于 0.

注 12.2 从几何上来解释,如果 $u_n(x)$ 一致收敛于 $u(x)$,那么对任意 $\varepsilon>0$,存在正整数 N,当 $n>N$ 时,曲线 $y=u_n(x)$ 完全位于曲线 $y=u(x)-\varepsilon$ 和 $y=u(x)+\varepsilon$ 之间.

12.1.2 函数列一致收敛的判别

从上面的例子中可以看到,用定义来证明一个函数列一致收敛或不一致收敛是不容易的.下面将给出其他判别法.

定理 12.1(函数列一致收敛柯西准则) 函数列 $\{u_n(x)\}$ 在 D 上一致收敛的充分必要条件是:对 $\forall\varepsilon>0$,总存在正整数 N,当 $m,n>N$ 时,对一切 $x\in D$,都有

$$|u_n(x)-u_m(x)|<\varepsilon.$$

证明 必要性.若 $\{u_n(x)\}$ 在 D 上一致收敛,记极限函数为 $u(x)$,则对 $\forall\varepsilon>0$,存在正数 N,当 $n>N$ 时,对一切 $x\in D$,都有

$$|u_n(x)-u(x)|<\frac{\varepsilon}{2}.$$

于是当 $m,n>N$ 时,对一切的 $x\in D$,都有

$$|u_n(x)-u_m(x)|\leqslant|u_n(x)-u(x)|+|u(x)-u_m(x)|<\frac{\varepsilon}{2}+\frac{\varepsilon}{2}=\varepsilon.$$

充分性.由条件知,对 $\forall\varepsilon>0$,总存在 $N>0$,使得当 $m,n>N$ 时,对一切 $x\in D$,都有

$$|u_n(x)-u_m(x)|<\frac{\varepsilon}{2},$$

则由数列的柯西收敛准则,$\{u_n(x)\}$ 在 D 上每一点都收敛,记其极限函数为 $u(x)$,$x\in D$.所以对一切的 $x\in D$,固定 n,令 $m\rightarrow+\infty$,从而

$$|u_n(x)-u(x)|<\frac{\varepsilon}{2}.$$

由定义得 $\{u_n(x)\}$ 在 D 上一致收敛.

定理 12.2(距离判别法) 设函数列 $\{u_n(x)\}$ 及函数 $u(x)$ 都定义于 D 上,则 $\{u_n(x)\}$ 在 D 上一致收敛于 $u(x)$ 的充分必要条件是

$$\lim_{n\to\infty}\sup_{x\in D}|u_n(x)-u(x)|=0.$$

证明 必要性.由 $\{u_n(x)\}$ 在 D 上一致收敛于 $u(x)$,则对 $\forall\varepsilon>0$,存在正数 N,当 $n>N$ 时,对一切 $x\in D$,都有

$$|u_n(x)-u(x)|<\frac{\varepsilon}{2}.$$

于是当 $n>N$ 时,有

$$\sup_{x\in D}|u_n(x)-u(x)|\leqslant\frac{\varepsilon}{2}<\varepsilon,$$

即
$$\lim_{n \to \infty} \sup_{x \in D} |u_n(x) - u(x)| = 0.$$

充分性. 若 $\lim\limits_{n \to \infty} \sup\limits_{x \in D} |u_n(x) - u(x)| = 0$, 则对 $\forall \varepsilon > 0$, 存在正数 N, 当 $n > N$ 时, 有
$$\sup_{x \in D} |u_n(x) - u(x)| < \varepsilon.$$

故当 $n > N$ 时, 对一切 $x \in D$, 都有
$$|u_n(x) - u(x)| \leqslant \sup_{x \in D} |u_n(x) - u(x)| < \varepsilon.$$

因此 $\{u_n(x)\}$ 在 D 上一致收敛于 $u(x)$.

例 12.5　证明 $\left\{\dfrac{\sin nx}{n}\right\}$ 在 $(-\infty, +\infty)$ 上一致收敛于 0.

证明　易知已知函数列的极限函数 $u(x) \equiv 0$, 且
$$\sup_{x \in (-\infty, +\infty)} \left| \frac{\sin nx}{n} - 0 \right| = \frac{1}{n}.$$

所以
$$\lim_{n \to \infty} \sup_{x \in (-\infty, +\infty)} \left| \frac{\sin nx}{n} - 0 \right| = 0.$$

故 $\left\{\dfrac{\sin nx}{n}\right\}$ 在 $(-\infty, +\infty)$ 上一致收敛于 0.

例 12.6　讨论函数列 $\left\{\dfrac{nx}{1 + n^2 x^2}\right\}$ 在 $(0, +\infty)$ 上的一致收敛性.

解　$\left\{\dfrac{nx}{1 + n^2 x^2}\right\}$ 的极限函数为 $u(x) \equiv 0$, 记 $f(x) = \dfrac{nx}{1 + n^2 x^2}$, 则
$$f'(x) = \frac{n - n^3 x^2}{(1 + n^2 x^2)^2}.$$

令 $f'(x) = 0$, 得唯一稳定点为 $x = \dfrac{1}{n}$, 且易知 $x = \dfrac{1}{n}$ 为最大值点, 故
$$\sup_{x \in (0, +\infty)} \left| \frac{nx}{1 + n^2 x^2} - 0 \right| = \max_{x \in (0, +\infty)} \frac{nx}{1 + n^2 x^2} = \left. \frac{nx}{1 + n^2 x^2} \right|_{x = \frac{1}{n}} = \frac{1}{2}.$$

所以 $\left\{\dfrac{nx}{1 + n^2 x^2}\right\}$ 在 $(0, +\infty)$ 上不一致收敛.

定理 12.3　设 $\{u_n(x)\}$ 在 D 上收敛于 $u(x)$, 则 $\{u_n(x)\}$ 在 D 上一致收敛于 $u(x)$ 的充分必要条件是: 对任意数列 $\{x_n\} \subset D$, 都有
$$\lim_{n \to \infty} [u_n(x_n) - u(x_n)] = 0.$$

证明　必要性由定理 12.2 易得. 下证充分性.

反证法. 假设 $\{u_n(x)\}$ 在 D 上不一致收敛于 $u(x)$, 即 $\exists \varepsilon_0 > 0$, 对任意正数 N, 存在 $n_0 > N$, 及 $x_0 \in D$, 使得

$$|u_{n_0}(x_0) - u(x_0)| \geqslant \varepsilon_0.$$

当 $N=1$ 时,存在 $n_1 > 1$ 和 $x_{n_1} \in D$,有 $|u_{n_1}(x_{n_1}) - u(x_{n_1})| \geqslant \varepsilon_0$;

当 $N=n_1$ 时,存在 $n_2 > n_1$ 和 $x_{n_2} \in D$,有 $|u_{n_2}(x_{n_2}) - u(x_{n_2})| \geqslant \varepsilon_0$;

......

当 $N=n_{k-1}$ 时,存在 $n_k > n_{k-1}$ 和 $x_{n_k} \in D$,有 $|u_{n_k}(x_{n_k}) - u(x_{n_k})| \geqslant \varepsilon_0$;

......

显然这与 $\lim\limits_{n \to \infty}(u_n(x_n) - u(x_n)) = 0$ 相矛盾.

注 12.3 上述结论对判别函数列不一致收敛较为方便.

例 12.7 讨论函数列 $\{nx(1-x^2)^n\}$ 在 $[0,1]$ 上的一致收敛性.

解 显然 $\{nx(1-x^2)^n\}$ 在 $[0,1]$ 上的极限函数恒为零.

解法一 设 $f(x) = nx(1-x^2)^n, x \in [0,1]$,则由

$$f'(x) = n(1-x^2)^{n-1}(1-x^2-2nx^2) = 0,$$

得

$$x = 1 \text{ 或 } x = \frac{1}{\sqrt{2n+1}}.$$

所以

$$\sup_{x \in [0,1]} |nx(1-x^2)^n - 0| = \frac{n}{\sqrt{2n+1}} \left(1 - \frac{1}{2n+1}\right)^n.$$

显然

$$\lim_{n \to \infty} \sup_{x \in [0,1]} |nx(1-x^2)^n - 0| = +\infty.$$

所以 $\{nx(1-x^2)^n\}$ 在 $[0,1]$ 上不一致收敛.

解法二 取 $x_n = \dfrac{1}{n} (n=1,2,\cdots)$,则

$$\lim_{n \to \infty} nx_n(1-x_n^2)^n = \lim_{n \to \infty}\left(1 - \frac{1}{n^2}\right)^n = 1.$$

所以 $\{nx(1-x^2)^n\}$ 在 $[0,1]$ 上不一致收敛.

12.1.3 一致收敛函数列的性质

定理 12.4 设函数列 $\{u_n(x)\}$ 在 $(a,x_0) \bigcup (x_0,b)$ 上一致收敛于 $u(x)$,且对每个 n, $\lim\limits_{x \to x_0} u_n(x) = a_n$,则 $\lim\limits_{n \to \infty} a_n$ 和 $\lim\limits_{x \to x_0} u(x)$ 均存在且相等.

证明 先证 $\lim\limits_{n \to \infty} a_n$ 存在. 由条件知,对 $\forall \varepsilon > 0$,总存在 $N > 0$,当 $m,n > N$ 时,对 $\forall x \in (a,x_0) \bigcup (x_0,b)$,有

$$|u_n(x) - u_m(x)| < \frac{\varepsilon}{2}.$$

令 $x \to x_0$,则有

$$\left| a_n - a_m \right| \leqslant \frac{\varepsilon}{2} < \varepsilon.$$

由柯西准则知数列 $\{a_n\}$ 收敛,记 $\lim\limits_{n\to\infty} a_n = A$. 下证 $\lim\limits_{x\to x_0} u(x) = A$.

由于 $\{u_n(x)\}$ 在 $(a,x_0) \bigcup (x_0,b)$ 上一致收敛于 $u(x)$ 和 $\{a_n\}$ 收敛于 A,因此 $\forall \varepsilon > 0$,总存在 $N > 0$,使得当 $n > N$ 时,对 $\forall x \in (a,x_0) \bigcup (x_0,b)$,有

$$\left| u_n(x) - u(x) \right| < \frac{\varepsilon}{3} \ \text{和} \ \left| a_n - A \right| < \frac{\varepsilon}{3}.$$

特别地,有

$$\left| u_{N+1}(x) - u(x) \right| < \frac{\varepsilon}{3} \ \text{和} \ \left| a_{N+1} - A \right| < \frac{\varepsilon}{3}.$$

又 $\lim\limits_{x\to x_0} u_{N+1}(x) = a_{N+1}$,于是存在 $\delta > 0$,当 $0 < \left| x - x_0 \right| < \delta$,有

$$\left| u_{N+1}(x) - a_{N+1} \right| < \frac{\varepsilon}{3}.$$

所以,当 $0 < \left| x - x_0 \right| < \delta$ 时,有

$$\left| u(x) - A \right| \leqslant \left| u(x) - u_{N+1}(x) \right| + \left| u_{N+1}(x) - a_{N+1} \right| + \left| a_{N+1} - A \right| < \varepsilon,$$

即

$$\lim_{x\to x_0} u(x) = A.$$

这个定理说明,在一致收敛的条件下,$\{u_n(x)\}$ 中两个独立的变量在分别求极限时,顺序可以交换,即

$$\lim_{n\to\infty} \lim_{x\to x_0} u_n(x) = \lim_{x\to x_0} \lim_{n\to\infty} u_n(x).$$

推论 12.1(连续性) 若函数列 $\{u_n(x)\}$ 在区间 I 上一致收敛,且每一项都连续,则其极限函数 $u(x)$ 在 I 上也连续.

定理 12.5(可积性) 设函数列 $\{u_n(x)\}$ 在 $[a,b]$ 上一致收敛,且每一项 $u_n(x)$ 都在 $[a,b]$ 上连续,则

$$\lim_{n\to\infty} \int_a^b u_n(x)\mathrm{d}x = \int_a^b \lim_{n\to\infty} u_n(x)\mathrm{d}x.$$

证明 设 $u(x)$ 是 $\{u_n(x)\}$ 在 $[a,b]$ 上的极限函数,所以 $u(x)$ 在 $[a,b]$ 上连续,从而 $u_n(x)(n=1,2,\cdots)$ 与 $u(x)$ 在 $[a,b]$ 上都可积.

由一致收敛的条件,故任给 $\varepsilon > 0$,存在正数 N,当 $n > N$ 时,对所有的 $x \in [a,b]$,有

$$\left| u_n(x) - u(x) \right| < \frac{\varepsilon}{(b-a)}.$$

从而有

$$\left| \int_a^b u_n(x)\mathrm{d}x - \int_a^b u(x)\mathrm{d}x \right| \leqslant \int_a^b \left| u_n(x) - u(x) \right| \mathrm{d}x \leqslant \frac{\varepsilon}{(b-a)}(b-a) < \varepsilon.$$

所以

$$\lim_{n\to\infty}\int_a^b u_n(x)\,\mathrm{d}x = \int_a^b \lim_{n\to\infty} u_n(x)\,\mathrm{d}x.$$

注 12.4 定理 12.5 说明,在一致收敛的条件下,极限运算与积分运算的顺序可以交换.但是一致收敛性仅是极限运算与积分运算的顺序可交换的充分条件,而非必要条件.

定理 12.6(可微性) 设函数列 $\{u_n(x)\}$ 定义在 $[a,b]$ 上,若 $x_0 \in [a,b]$ 为 $\{u_n(x)\}$ 的收敛点,$\{u_n(x)\}$ 的每一项在 $[a,b]$ 上有连续的导数,且 $\{u_n'(x)\}$ 在 $[a,b]$ 上一致收敛,则有

$$\frac{\mathrm{d}}{\mathrm{d}x}\left(\lim_{n\to\infty} u_n(x)\right) = \lim_{n\to\infty} \frac{\mathrm{d}}{\mathrm{d}x} u_n(x).$$

证明 设 $\lim_{n\to\infty} u_n(x_0) = A$,$\{u_n'(x)\}$ 的极限函数为 $v(x)$,则对 $\forall x \in [a,b]$,有

$$u_n(x) = u_n(x_0) + \int_{x_0}^x u_n'(t)\,\mathrm{d}t.$$

令 $n\to\infty$,由条件与定理 12.5,上式右端极限存在,则 $\{u_n(x)\}$ 在 $[a,b]$ 存在极限函数(记为 $u(x)$),即

$$u(x) = A + \int_{x_0}^x v(t)\,\mathrm{d}t.$$

所以

$$u'(x) = v(x),$$

即

$$\frac{\mathrm{d}}{\mathrm{d}x}\left(\lim_{n\to\infty} u_n(x)\right) = \lim_{n\to\infty} \frac{\mathrm{d}}{\mathrm{d}x} u_n(x).$$

注 12.5 上述定理说明在一致收敛的条件下,极限运算与求导运算的顺序可以交换.但是一致收敛性仅是极限运算与求导运算的顺序可交换的充分条件,而非必要条件.

注 12.6 在定理 12.6 的条件下,还可证得 $\{u_n(x)\}$ 在 $[a,b]$ 上一致收敛于 $u(x)$.

例 12.8 设 $u_n(x) = \dfrac{1}{n^3}\ln(1+n^2 x^2)$,$n = 1,2,\cdots,x\in[0,1]$.

求 $\lim\limits_{n\to\infty}\displaystyle\int_0^1 u_n(x)\,\mathrm{d}x$.

解 易知 $\{u_n(x)\}$ 的极限函数恒为零,又

$$|u_n(x)| \leqslant \frac{1}{n}, \quad x \in [0,1].$$

故 $\{u_n(x)\}$ 在 $[0,1]$ 上不仅连续,且一致收敛于 0. 所以

$$\lim_{n\to\infty}\int_0^1 u_n(x)\,\mathrm{d}x = \int_0^1 \lim_{n\to\infty} u_n(x)\,\mathrm{d}x = 0.$$

习　题　12.1

1. 讨论下列函数列在指定区间上是否一致收敛,说明理由:

(1) $u_n(x) = \sqrt{x^2 + \dfrac{1}{n^2}}$, $n = 1, 2, \cdots$, $D = (-1, 1)$;

(2) $u_n(x) = \begin{cases} -(n+1)x + 1, & 0 \leqslant x \leqslant \dfrac{1}{n+1}, \\ 0, & \dfrac{1}{n+1} < x < 1, n = 1, 2, \cdots; \end{cases}$

(3) $u_n(x) = \dfrac{2nx}{1 + n^2 x^2}$, $n = 1, 2, \cdots$, $D = (1, +\infty)$;

(4) $u_n(x) = \sin \dfrac{x}{n}$, $n = 1, 2, \cdots$,

(i) $D = (-\infty, +\infty)$;　　　　　　(ii) $D = [-2, 2]$.

2. 已知函数列 $f_n(x) = \dfrac{1 - \left| \dfrac{x}{x} \right|^n}{1 + \left| \dfrac{x}{x} \right|^n}$, $n = 1, 2, \cdots$. 求其收敛域和极限函数,并讨论在收敛域上是否一致收敛?

3. 已知 $f_n(x) = \dfrac{1}{1 + nx}$ $(n = 1, 2, \cdots, x \in (0, 1))$. 求其极限函数,并证明它在 $(0, 1)$ 上不一致收敛.

4. (Dini 定理)证明:若 $u_n(x)$ $(n = 1, 2, \cdots)$ 在 $[a, b]$ 上连续, $\{u_n(x)\}$ 在 $[a, b]$ 上收敛于连续函数 $u(x)$,且 $\{u_n(x)\}$ 关于 n 单调,则 $\{u_n(x)\}$ 在 $[a, b]$ 上一致收敛于 $u(x)$.

5. 证明:在区间 $[0, 1]$ 上,

(1) 函数列 $f_n(x) = \left(1 + \dfrac{x}{n}\right)^n$ $(n = 1, 2, \cdots)$ 一致收敛于 e^x;

(2) 函数列 $f_n(x) = \dfrac{1}{\mathrm{e}^{\frac{x}{n}} + \left(1 + \dfrac{x}{n}\right)^n}$ $(n = 1, 2, \cdots)$ 一致收敛.

6. 设 $\{u_n(x)\}$ 在 $[a, b]$ 上收敛 $u(x)$,如果每个 $u_n(x)$ 均是 $[a, b]$ 上的可积函数,问 $u(x)$ 是否是 $[a, b]$ 上的可积函数?

7. 计算 $\displaystyle \lim_{n \to \infty} \int_1^2 \dfrac{\mathrm{e}^{-nx}}{1 + x^2} \sin x \, \mathrm{d}x$.

8. 计算 $\displaystyle \lim_{n \to \infty} \int_0^1 \dfrac{\mathrm{d}x}{\mathrm{e}^{\frac{x}{n}} + \left(1 + \dfrac{x}{n}\right)^n}$.

9. 证明:

(1) 若 $\{u_n(x)\}$ 一致收敛于 $u(x)$, $x \in I$,且 $u(x)$ 在 I 上有界,则 $\{u_n(x)\}$ 至多除有限项外在 I 上一致有界;

(2) 若 $\{u_n(x)\}$ 一致收敛于 $u(x)$, $x \in I$,且对每个正整数 $n, u_n(x)$ 在 I 上有界,则 $\{u_n(x)\}$ 在 I 上一致有界.

12.2 函数项级数的一致收敛性

本节讨论与函数列密切相关的函数项级数的一致收敛性及其性质.

定义 12.3 设 $u_1(x), u_2(x), \cdots, u_n(x), \cdots$ 是集合 E 上的函数列, 表达式

$$u_1(x) + u_2(x) + \cdots + u_n(x) + \cdots$$

称为定义在 E 上的**函数项级数**, 简记为 $\sum_{n=1}^{\infty} u_n(x)$. 其中 $u_n(x)$ 为**第 n 项**或**通项**. 称

$$S_n(x) = \sum_{i=1}^{n} u_i(x) = u_1(x) + u_2(x) + \cdots + u_n(x)$$

为函数项级数 $\sum_{n=1}^{\infty} u_n(x)$ 的**部分和函数列**.

若 $x_0 \in E$, 数项级数 $\sum_{n=1}^{\infty} u_n(x_0)$ 收敛, 即部分和数列 $S_n(x_0)$ 的极限

$\lim_{n \to \infty} \sum_{n=1}^{n} u_n(x_0)$ 存在, 则称函数项级数 $\sum_{n=1}^{\infty} u_n(x)$ 在点 x_0 **收敛**, x_0 称为级数的**收敛**

点; 若数项级数 $\sum_{n=1}^{\infty} u_n(x_0)$ 发散, 则称函数项级数 $\sum_{n=1}^{\infty} u_n(x)$ 在点 x_0 **发散**; 函数项

级数 $\sum_{n=1}^{\infty} u_n(x)$ 全体收敛点的全体构成的集合, 称为 $\sum_{n=1}^{\infty} u_n(x)$ 的**收敛域**.

若 D 为 $\sum_{n=1}^{\infty} u_n(x)$ 的收敛域, 则级数 $\sum_{n=1}^{\infty} u_n(x)$ 在 D 中每一点 x 与其所对应的

数项级数 $\sum_{n=1}^{\infty} u_n(x)$ 的和 $S(x)$ 构成一个定义在 D 上的函数, 称为 $\sum_{n=1}^{\infty} u_n(x)$ 的**和函**

数, 记为

$$S(x) = \sum_{i=1}^{\infty} u_i(x) = u_1(x) + u_2(x) + \cdots + u_n(x) + \cdots, \quad x \in D,$$

即

$$\lim_{n \to \infty} S_n(x) = S(x), \quad x \in D.$$

也就是说, 函数项级数 $\sum_{n=1}^{\infty} u_n(x)$ 的收敛性就是指它的部分和函数列 $\{S_n(x)\}$ 的收敛性.

例 12.9 讨论定义在 $(-\infty, +\infty)$ 上的函数项级数(**几何级数**)

$$\sum_{n=0}^{\infty} x^n = 1 + x + x^2 + \cdots + x^n + \cdots$$

的敛散性.

解　几何级数的部分和函数列为

$$S_n(x) = \begin{cases} \dfrac{1-x^n}{1-x}, & x \neq 1, \\ n, & x = 1, \end{cases}$$

则

$$\lim_{n \to \infty} S_n(x) = \begin{cases} \dfrac{1}{1-x}, & |x| < 1, \\ \infty, & |x| \geqslant 1. \end{cases}$$

所以几何级数在 $(-1,1)$ 内收敛于和函数 $\dfrac{1}{1-x}$；当 $|x| \geqslant 1$ 时，几何级数发散.

定义 12.4　设 $\{S_n(x)\}$ 是函数项级数 $\displaystyle\sum_{n=1}^{\infty} u_n(x)$ 的部分和函数列. 若 $\{S_n(x)\}$ 在 D 上一致收敛于 $S(x)$，则称 $\displaystyle\sum_{n=1}^{\infty} u_n(x)$ 在 D 上**一致收敛**于 $S(x)$，或称 $\displaystyle\sum_{n=1}^{\infty} u_n(x)$ 在 D 上**一致收敛**. 如果 $\{S_n(x)\}$ 在 D 上**内闭一致收敛**于 $S(x)$，则称 $\displaystyle\sum_{n=1}^{\infty} u_n(x)$ 在 D 上**内闭一致收敛**.

用"ε-N"语言叙述将是

设 $\displaystyle\sum_{n=1}^{\infty} u_n(x)$ 是定义在 D 上的函数项级数，$S(x)$ 是定义在 D 上的函数. 若对任意 $\varepsilon > 0$，总存在一个正数 N(仅依赖于 ε)，当 $n > N$ 时，对一切 $x \in D$，总有

$$\left| \sum_{i=1}^{n} u_i(x) - S(x) \right| < \varepsilon,$$

则称函数项级数 $\displaystyle\sum_{n=1}^{\infty} u_n(x)$ 在 D 上**一致收敛**于 $S(x)$.

由于函数项级数的一致收敛性是由它的部分和函数列来确定，所以有关函数列一致收敛的定理，都可平行地推广到函数项级数.

定理 12.7(一致收敛的柯西准则)　函数项级数 $\displaystyle\sum_{n=1}^{\infty} u_n(x)$ 在 D 上一致收敛的充分必要条件是：对任意 $\varepsilon > 0$，$\exists N > 0$，当 $m > n > N$ 时，对一切 $x \in D$，都有

$$|u_{n+1}(x) + u_{n+2}(x) + \cdots + u_m(x)| < \varepsilon.$$

或者对任意 $\varepsilon > 0$，$\exists N > 0$，当 $n > N$，对任意自然数 $p > 0$ 和 $\forall x \in D$，都有

$$|u_{n+1}(x) + u_{n+2}(x) + \cdots + u_{n+p}(x)| < \varepsilon.$$

在柯西准则中令 $p = 1$，得到函数项级数一致收敛的一个必要条件.

推论 12.2　$\displaystyle\sum_{n=1}^{\infty} u_n(x)$ 在 D 上一致收敛的必要条件是 $\{u_n(x)\}$ 在 D 上一致收敛于 0.

注 12.7 设函数项级数 $\sum\limits_{n=1}^{\infty} u_n(x)$ 在 D 上的和函数为 $S(x)$,称

$$R_n(x) = S(x) - S_n(x)$$

为级数的**余项**.$\{R_n(x)\}$ 称为该级数的**余项函数列**.

定理 12.8 $\sum\limits_{n=1}^{\infty} u_n(x)$ 在 D 上一致收敛于 $S(x)$ 的充分必要条件是

$$\lim_{n\to\infty} \sup_{x\in D} |R_n(x)| = \lim_{n\to\infty} \sup_{x\in D} |S(x) - S_n(x)| = 0.$$

例 12.10 试证几何级数 $\sum\limits_{n=1}^{\infty} x^{n-1}$ 在 $[-a,a](0<a<1)$ 上一致收敛,但在 $(-1,1)$ 上不一致收敛.

证明 由

$$\sup_{x\in[a,b]} |S(x) - S_n(x)| = \sup_{x\in[a,b]} \left| \frac{-x^n}{1-x} \right| = \frac{a^n}{1-a} \to 0, \quad n\to\infty.$$

故级数 $\sum\limits_{n=1}^{\infty} x^{n-1}$ 在 $[-a,a]$ 上一致收敛.

若在 $(-1,1)$ 上讨论,则由

$$\sup_{x\in(-1,1)} |S(x) - S_n(x)| = \sup_{x\in(-1,1)} \left| \frac{x^n}{x-1} \right|$$

$$\geqslant \left| \frac{\left(\frac{n}{n+1}\right)^n}{1-\frac{n}{n+1}} \right| = \left(\frac{n}{n+1}\right)^{n-1} \to \infty, \quad n\to\infty.$$

可知级数 $\sum\limits_{n=1}^{\infty} x^{n-1}$ 在 $(-1,1)$ 上不一致收敛.

定理 12.9(魏尔斯特拉斯判别法) 设 $\sum\limits_{n=1}^{\infty} u_n(x)$ 是 D 上的函数项级数,若

$$|u_n(x)| \leqslant a_n, \quad n=1,2,\cdots,\forall\, x\in D,$$

且 $\sum\limits_{n=1}^{\infty} a_n$ 是收敛的正项级数,则 $\sum\limits_{n=1}^{\infty} u_n(x)$ 在 D 上一致收敛.

证明 因为正项级数 $\sum\limits_{n=1}^{\infty} a_n$ 收敛,所以对任意 $\varepsilon>0$,存在正数 N,使得 $m>n>N$,都有

$$|a_{n+1} + a_{n+2} + \cdots + a_m| = a_{n+1} + a_{n+2} + \cdots + a_m < \varepsilon.$$

那么对任意 $x\in D$,

$$|u_{n+1}(x) + u_{n+2}(x) + \cdots + u_m(x)| \leqslant a_{n+1} + a_{n+2} + \cdots + a_m < \varepsilon.$$

由柯西准则得证.

注 12.8 定理 12.9 也称为**优级数判别法**.

例 12.11 证明 $\displaystyle\sum_{n=1}^{\infty} \dfrac{\sin nx^2}{n^2+1}$ 在 $(-\infty, +\infty)$ 上一致收敛.

证明 显然

$$\left|\frac{\sin nx^2}{n^2+1}\right| \leqslant \frac{1}{n^2+1}, \quad n=1,2,\cdots, \forall x \in (-\infty, +\infty).$$

而 $\displaystyle\sum_{n=1}^{\infty} \dfrac{1}{n^2+1}$ 收敛,故 $\displaystyle\sum_{n=1}^{\infty} \dfrac{\sin nx^2}{n^2+1}$ 在 $(-\infty, +\infty)$ 上一致收敛.

下面讨论定义在区间 I 上形如

$$\sum_{n=1}^{\infty} a_n(x)b_n(x) = a_1(x)b_1(x) + a_2(x)b_2(x) + \cdots + a_n(x)b_n(x) + \cdots$$

的函数项级数的一致收敛判别法.

定理 12.10(阿贝尔判别法) 设

(1) $\displaystyle\sum_{n=1}^{\infty} a_n(x)$ 在区间 I 上一致收敛;

(2) 对于每一个 $x \in I$,数列 $\{b_n(x)\}$ 单调;

(3) 函数列 $\{b_n(x)\}$ 在 I 上一致有界,即 $\exists M > 0$,使得对 $\forall x \in I$ 和一切 n,有
$$|b_n(x)| \leqslant M,$$

则函数项级数 $\displaystyle\sum_{n=1}^{\infty} a_n(x)b_n(x)$ 在 I 上一致收敛.

证明 因 $\displaystyle\sum_{n=1}^{\infty} b_n(x)$ 在 D 上一致收敛,所以对任意 $\varepsilon > 0$,总存在正数 N,使得 $m > n > N$ 时,对一切 $x \in D$,有

$$\left|b_{n+1}(x) + b_{n+2}(x) + \cdots + b_m(x)\right| < \frac{\varepsilon}{3M+1}.$$

又由第 9 章的阿贝尔引理,得

$$\left|\sum_{k=n+1}^{m} a_n(x)b_n(x)\right| \leqslant \frac{\varepsilon}{3M+1}\left(|a_{n+1}(x)| + 2|a_m(x)|\right) < \varepsilon.$$

由一致收敛柯西准则即得证.

定理 12.11(狄利克雷判别法) 设

(1) $\displaystyle\sum_{n=1}^{\infty} a_n(x)$ 的部分和函数列 $A_n = \displaystyle\sum_{i=1}^{n} a_i(x)$ 在区间 I 上一致有界;

(2) 对于每一个 $x \in I$,数列 $\{b_n(x)\}$ 单调;

(3) $\{b_n(x)\}$ 在 I 上一致收敛于 0,

则级数 $\displaystyle\sum_{n=1}^{\infty} a_n(x)b_n(x)$ 在 I 上一致收敛.

证明 因 $\displaystyle\sum_{n=1}^{\infty} u_n(x)$ 的部分和函数列在 D 上一致有界,所以存在 $M > 0$,使得

$S_n(x) = \sum\limits_{k=1}^{n} b_k(x)$ 满足

$$|S_n(x)| \leqslant M, \quad n = 1,2,\cdots,x \in D.$$

所以

$$\left| \sum_{k=n+1}^{m} b_k(x) \right| \leqslant 2M, \quad m > n, x \in D.$$

又 $\{a_n(x)\}$ 在 D 上一致收敛于 0,所以任意 $\varepsilon > 0$,存在正数 N,使得 $n > N$ 时,对 $\forall x \in D$,有

$$|a_n(x)| < \frac{\varepsilon}{6M+1}.$$

当 $m > n > N$ 时,对 $\forall x \in D$,

$$\left| \sum_{k=n+1}^{m} a_k(x)b_k(x) \right| \leqslant 2M(|a_{n+1}(x)| + 2|a_m(x)|) \leqslant 2M \cdot \frac{3\varepsilon}{6M+1} < \varepsilon.$$

又由一致收敛柯西收敛准则得证.

例 12.12　如果常数列 $\{a_n\}$ 单调收敛于 0,则 $\sum\limits_{n=1}^{\infty} a_n \sin nx$ 在 $(0,2\pi)$ 上内闭一致收敛.

证明　数列 $\{a_n\}$ 收敛于 0,即关于 x 一致收敛于 0. 对于 $(0,2\pi)$ 的任意闭子集 $[a,b]$,记 $M = \min\left\{\sin\dfrac{a}{2}, \sin\dfrac{b}{2}\right\} > 0$,则

$$\frac{1}{\left|\sin\dfrac{x}{2}\right|} \leqslant \frac{1}{M}, \quad \forall x \in [a,b].$$

所以

$$\left| \sum_{k=1}^{n} \sin(kx) \right| = \frac{\left| \cos\left(n + \dfrac{1}{2}\right)x - \cos\dfrac{x}{2} \right|}{2\left|\sin\dfrac{x}{2}\right|} \leqslant \frac{1}{M}.$$

由狄利克雷判别法,原级数在 $(0,2\pi)$ 上内闭一致收敛.

定理 12.12(连续性)　设函数项级数 $\sum\limits_{n=1}^{\infty} u_n(x)$ 的每一项在区间 I 上都连续. 且 $\sum\limits_{n=1}^{\infty} u_n(x)$ 在 I 上一致收敛于 $S(x)$,则其和函数 $S(x)$ 在 I 上也连续,即

$$\lim_{x \to x_0} \sum_{n=1}^{\infty} u_n(x) = \sum_{n=1}^{\infty} \lim_{x \to x_0} u_n(x), \quad x_0 \in D.$$

定理 12.13(逐项可积性)　设 $\sum\limits_{n=1}^{\infty} u_n(x)$ 在 $[a,b]$ 上一致收敛,且每一项在 $[a,b]$ 上连续,则

$$\int_a^b \sum_{n=1}^{\infty} u_n(x)\mathrm{d}x = \sum_{n=1}^{\infty} \int_a^b u_n(x)\mathrm{d}x.$$

定理 12. 14(逐项可微性)　设 $\sum_{n=1}^{\infty} u_n(x)$ 在 $[a,b]$ 上每一项都有连续的导函数，$x_0 \in [a,b]$ 为 $\sum_{n=1}^{\infty} u_n(x)$ 的收敛点，且 $\sum_{n=1}^{\infty} u_n'(x)$ 在 $[a,b]$ 上一致收敛，则

$$\frac{\mathrm{d}}{\mathrm{d}x}\Big(\sum_{n=1}^{\infty} u_n(x)\Big) = \sum_{n=1}^{\infty} \frac{\mathrm{d}}{\mathrm{d}x} u_n(x).$$

注 12. 9　定理 12. 13 与定理 12. 14 指出，在一致收敛条件下，逐项积分或逐项求导后求和等于求和后再积分或求导.

例 12. 13　设

$$u_n(x) = \frac{1}{n^3}\ln(1+n^2 x^2), \quad n=1,2,\cdots.$$

证明 $\sum_{n=1}^{\infty} u_n(x)$ 在 $[0,1]$ 上一致收敛，并讨论其和函数在 $[0,1]$ 上的连续性、可积性、可导性.

证明　对每一个 n，$u_n(x)$ 在 $[0,1]$ 上递增，则有

$$u_n(x) \leqslant u_n(1) = \frac{1}{n^3}\ln(1+n^2), \quad n=1,2,\cdots.$$

又

$$u_n(x) \leqslant \frac{1}{n^3}\ln(1+n^2) < \frac{1}{n^3}n = \frac{1}{n^2}, \quad n=1,2,\cdots.$$

由 $\sum_{n=1}^{\infty} \frac{1}{n^2}$ 收敛及魏尔斯特拉斯判别法，$\sum_{n=1}^{\infty} u_n(x)$ 在 $[0,1]$ 上一致收敛.

由于每一项 $u_n(x)$ 在 $[0,1]$ 上连续，故 $\sum_{n=1}^{\infty} u_n(x)$ 的和函数在 $[0,1]$ 上连续、可积.

又由

$$u_n'(x) = \frac{2x}{n(1+n^2 x^2)} \leqslant \frac{2x}{n \cdot 2nx} = \frac{1}{n^2}, \quad n=1,2,\cdots.$$

同理可证 $\sum_{n=1}^{\infty} u_n'(x)$ 在 $[0,1]$ 上一致收敛，故 $\sum_{n=1}^{\infty} u_n(x)$ 的和函数在 $[0,1]$ 上可微.

例 12. 14　试确定函数项级数 $\sum_{n=1}^{\infty} \Big(x+\frac{1}{n}\Big)^n$ 的收敛域，并讨论和函数的连续性.

解　由根值判别法

$$\sqrt[n]{\Big|\Big(x+\frac{1}{n}\Big)^n\Big|} = \Big|x+\frac{1}{n}\Big| \to |x|, \quad n \to \infty,$$

所以当 $|x|<1$ 时,级数收敛;当 $|x|>1$ 时,级数发散.

又当 $x=1$ 时,$\left(1+\dfrac{1}{n}\right)^n \to \mathrm{e}$,故 $\displaystyle\sum_{n=1}^{\infty}\left(1+\dfrac{1}{n}\right)^n$ 发散;

$x=-1$ 时,$\left(-1+\dfrac{1}{n}\right)^n=(-1)^n\left(1-\dfrac{1}{n}\right)^n \not\to 0$,故 $\displaystyle\sum_{n=1}^{\infty}\left(-1+\dfrac{1}{n}\right)^n$ 也发散.

所以原级数的收敛域为 $(-1,1)$.

对 $\forall x_0 \in (-1,1)$,存在闭区间 $x_0 \in [-c,c] \subset (-1,1)$,且当 $\forall x \in [-c,c]$,有
$$\left|\left(x+\frac{1}{n}\right)^n\right| \leqslant \left(c+\frac{1}{n}\right)^n,$$

而级数 $\displaystyle\sum_{n=1}^{\infty}\left(c+\dfrac{1}{n}\right)^n$ 收敛,由魏尔斯特拉斯判别法,$\displaystyle\sum_{n=1}^{\infty}\left(x+\dfrac{1}{n}\right)^n$ 在 $[-c,c]$ 上一致收敛,故其和函数在 $[-c,c]$ 上连续,从而在 x_0 处连续,再由 x_0 的任意性,和函数在 $(-1,1)$ 上连续.

习　题　12.2

1. 判别下列级数的一致收敛性:

(1) $\displaystyle\sum_{n=1}^{\infty}\dfrac{n^2}{\sqrt{n!}}(x^n+x^{-n})$,$\dfrac{1}{2} \leqslant |x| \leqslant 2$;
(2) $\displaystyle\sum_{n=1}^{\infty}\dfrac{x^n(\ln x)^n}{n!}$,$0 \leqslant x \leqslant 1$;

(3) $\displaystyle\sum_{n=1}^{\infty}2^n \sin\dfrac{1}{3^n x}$,$0<x<\infty$;
(4) $\displaystyle\sum_{n=1}^{\infty}\dfrac{(-1)^n}{x+n}$,$x>-1$.

2. 设 $u_n(x)$ 在 $[a,b]$ 上连续 $(n=1,2,\cdots)$,$\displaystyle\sum_{n=1}^{\infty}u_n(x)$ 在 (a,b) 内一致收敛,证明:$\displaystyle\sum_{n=1}^{\infty}u_n(x)$ 在 $[a,b]$ 上一致收敛.

3. 证明:$\displaystyle\sum_{n=1}^{\infty}\dfrac{x}{(1+x^2)^n}$ 在 $(0,+\infty)$ 上不一致收敛.

4. 证明:$\displaystyle\sum_{n=1}^{\infty}n\mathrm{e}^{-nx}$ 在 $(0,+\infty)$ 内收敛,但不一致收敛,而和函数在 $(0,+\infty)$ 内有无穷次导数.

5. 证明:$\displaystyle\sum_{n=1}^{\infty}\dfrac{1}{n^x}$ 在 $x>1$ 内连续.

6. 证明:函数项级数 $\displaystyle\sum_{n=1}^{\infty}a_n\dfrac{1}{n!}\int_0^x t^n \mathrm{e}^{-t}\mathrm{d}t$ 在 $[0,+\infty)$ 上一致收敛的充要条件是 $\displaystyle\sum_{n=1}^{\infty}a_n$ 收敛 (提示:必要性利用柯西准则).

12.3　傅里叶级数收敛定理的证明

下面的定理称为**傅里叶级数收敛定理**.

定理 12.15　若以 2π 为周期的函数 $f(x)$ 在 $[-\pi,\pi]$ 上逐段光滑,则在每一点 $x \in [-\pi,\pi]$,$f(x)$ 的傅里叶级数收敛于 $f(x)$ 在点 x 的左、右极限的算术平均值,

即

$$\frac{f(x+0)+f(x-0)}{2} = \frac{a_0}{2} + \sum_{n=1}^{\infty}(a_n\cos nx + b_n\sin nx),$$

其中 a_n, b_n 为 $f(x)$ 的傅里叶级数.

下面先对定理中的某些概念作解释,然后再进行收敛定理的证明.

根据上述定义,若函数 $f(x)$ 在 $[a,b]$ 上逐段光滑,则有如下重要性质:

(1) $f(x)$ 在 $[a,b]$ 上可积.

(2) 在 $[a,b]$ 上每一点都存在 $f(x\pm0)$,且有

$$\lim_{t\to0^+}\frac{f(x+t)-f(x+0)}{t} = f'(x+0),$$

$$\lim_{t\to0^+}\frac{f(x-t)-f(x-0)}{-t} = f'(x-0).$$

(3) 在补充 $f'(x)$ 在 $[a,b]$ 上那些至多有限个不存在点上的值后(仍记为 $f'(x)$),$f'(x)$ 在 $[a,b]$ 上可积.

从几何图形上讲,在区间 $[a,b]$ 上逐段光滑的函数,是由有限个光滑弧段所组成,它至多有有限个第一类间断点与角点.

收敛定理指出,$f(x)$ 的傅里叶级数在点 x 处收敛于这一点上 $f(x)$ 的左、右极限的算术平均值 $\dfrac{f(x+0)+f(x-0)}{2}$;而当 $f(x)$ 在点 x 连续时,则有 $\dfrac{f(x+0)+f(x-0)}{2} = f(x)$,即此时 $f(x)$ 的傅里叶级数收敛于 $f(x)$.于是有如下推论.

推论 12.3　若 $f(x)$ 是以 2π 为周期的连续函数,且在 $[-\pi,\pi]$ 上逐段光滑,则 $f(x)$ 的傅里叶级数在 $(-\infty,\infty)$ 上收敛于 $f(x)$.

为了证明傅里叶级数的收敛定理,先证明下面两个预备定理.

引理 12.1(贝塞尔不等式)　若函数 $f(x)$ 在 $[-\pi,\pi]$ 上可积,则

$$\frac{a_0^2}{2} + \sum_{n=1}^{\infty}(a_n^2+b_n^2) \leqslant \frac{1}{\pi}\int_{-\pi}^{\pi}f^2(x)\mathrm{d}x, \tag{12.1}$$

其中 a_n, b_n 为 $f(x)$ 的傅里叶系数.式(12.1)称为**贝塞尔不等式**.

证明　令

$$S_m(x) = \frac{a_0}{2} + \sum_{n=1}^{m}(a_n\cos nx + b_n\sin nx).$$

考察积分

$$\int_{-\pi}^{\pi}[f(x)-S_m(x)]^2\mathrm{d}x$$

$$= \int_{-\pi}^{\pi}f^2(x)\mathrm{d}x - 2\int_{-\pi}^{\pi}f(x)S_m(x)\mathrm{d}x + \int_{-\pi}^{\pi}S_m^2(x)\mathrm{d}x. \tag{12.2}$$

由于

$$\int_{-\pi}^{\pi} f(x) S_m(x) \mathrm{d}x$$

$$= \frac{a_0}{2} \int_{-\pi}^{\pi} f(x) \mathrm{d}x + \sum_{n=1}^{m} \left(a_n \int_{-\pi}^{\pi} f(x) \cos nx \mathrm{d}x + b_n \int_{-\pi}^{\pi} f(x) \sin nx \mathrm{d}x \right).$$

根据傅里叶系数公式可得

$$\int_{-\pi}^{\pi} f(x) S_m(x) \mathrm{d}x = \frac{\pi}{2} a_0^2 + \pi \sum_{n=1}^{m} (a_n^2 + b_n^2). \tag{12.3}$$

对于 $S_m^2(x)$ 的积分,应用三角函数的正交性,有

$$\int_{-\pi}^{\pi} S_m^2(x) \mathrm{d}x = \int_{-\pi}^{\pi} \left[\frac{a_0}{2} + \sum_{n=1}^{m} (a_n \cos nx + b_n \sin nx) \right]^2 \mathrm{d}x$$

$$= \left(\frac{a_0^2}{2} \right)^2 \int_{-\pi}^{\pi} \mathrm{d}x + \sum_{n=1}^{m} \left[a_n^2 \int_{-\pi}^{\pi} \cos^2 nx \mathrm{d}x + b_n^2 \int_{-\pi}^{\pi} \sin^2 nx \mathrm{d}x \right]$$

$$= \frac{\pi a_0^2}{2} + \pi \sum_{n=1}^{m} (a_n^2 + b_n^2). \tag{12.4}$$

将(12.3),(12.4)代入(12.2),可得

$$0 \leqslant \int_{-\pi}^{\pi} [f(x) - S_m(x)]^2 \mathrm{d}x = \int_{-\pi}^{\pi} f^2(x) \mathrm{d}x - \frac{\pi a_0^2}{2} - \pi \sum_{n=1}^{m} (a_n^2 + b_n^2).$$

因而

$$\frac{a_n^2}{2} + \sum_{n=1}^{m} (a_n^2 + b_n^2) \leqslant \frac{1}{\pi} \int_{-\pi}^{\pi} [f(x)]^2 \mathrm{d}x.$$

它对任何正整数 m 成立. 而 $\frac{1}{\pi} \int_{-\pi}^{\pi} [f(x)]^2 \mathrm{d}x$ 为有限值,所以正项级数

$$\frac{a_0^2}{2} + \sum_{n=1}^{\infty} (a_n^2 + b_n^2)$$

的部分和数列有界,因而它收敛且有不等式(12.1)成立.

推论 12.4(黎曼-勒贝格定理) 若 $f(x)$ 为可积函数,则

$$\lim_{n \to \infty} \int_{-\pi}^{\pi} f(x) \cos nx \mathrm{d}x = 0,$$

$$\lim_{n \to \infty} \int_{-\pi}^{\pi} f(x) \sin nx \mathrm{d}x = 0.$$

推论 12.5 若 $f(x)$ 为可积函数,则

$$\lim_{n \to \infty} \int_0^{\pi} f(x) \sin \left(n + \frac{1}{2} \right) x \mathrm{d}x = 0,$$

$$\lim_{n \to \infty} \int_{-\pi}^0 f(x) \sin \left(n + \frac{1}{2} \right) x \mathrm{d}x = 0.$$

证明 由于

$$\sin \left(n + \frac{1}{2} \right) x = \cos \frac{x}{2} \sin nx + \sin \frac{x}{2} \cos nx.$$

所以

$$
\int_0^\pi f(x) \sin\left(n + \frac{1}{2}\right) x \mathrm{d}x
$$

$$
= \int_0^\pi \left[f(x) \cos \frac{x}{2} \right] \sin nx \mathrm{d}x + \int_0^\pi \left[f(x) \sin \frac{x}{2} \right] \cos nx \mathrm{d}x
$$

$$
= \int_{-\pi}^\pi F_1(x) \sin nx \mathrm{d}x + \int_{-\pi}^\pi F_2(x) \cos nx \mathrm{d}x,
$$

其中

$$
F_1(x) = \begin{cases} f(x) \cos \dfrac{x}{2}, & 0 \leqslant x \leqslant \pi, \\ 0, & -\pi \leqslant x < 0. \end{cases}
$$

$$
F_2(x) = \begin{cases} f(x) \sin \dfrac{x}{2}, & 0 \leqslant x \leqslant \pi, \\ 0, & -\pi \leqslant x < 0. \end{cases}
$$

显见 $F_1(x), F_2(x)$ 和 $f(x)$ 一样在 $[-\pi, \pi]$ 上可积. 由推论 12.4, 上式右端两积分的极限在 $n \to \infty$ 时都等于零, 即

$$
\lim_{n \to \infty} \int_0^\pi f(x) \sin\left(n + \frac{1}{2}\right) x \mathrm{d}x = 0.
$$

同理可证

$$
\lim_{n \to \infty} \int_{-\pi}^0 f(x) \sin\left(n + \frac{1}{2}\right) x \mathrm{d}x = 0.
$$

引理 12.2 若 $f(x)$ 是以 2π 为周期的函数, 且在 $[-\pi, \pi]$ 上可积, 则它的傅里叶级数部分和 $S_n(x)$ 可写成

$$
S_n(x) = \frac{1}{\pi} \int_{-\pi}^\pi f(x+t) \frac{\sin\left(n + \frac{1}{2}\right) t}{2 \sin \frac{t}{2}} \mathrm{d}t. \tag{12.5}
$$

当 $t = 0$ 时, 被积函数中的不定式由极限

$$
\lim_{t \to 0} \frac{\sin\left(n + \frac{1}{2}\right) t}{2 \sin \frac{t}{2}} = n + \frac{1}{2}
$$

来确定.

证明 在傅里叶级数部分和

$$
S_n(x) = \frac{a_0}{2} + \sum_{k=1}^n a_k \cos kx + b_k \sin kx
$$

中, 用傅里叶系数公式代入, 可得

$$
S_n(x) = \frac{1}{2\pi} \int_{-\pi}^\pi f(u) \mathrm{d}u + \frac{1}{\pi} \sum_{k=1}^n \left[\left(\int_{-\pi}^\pi f(u) \cos ku \mathrm{d}u \right) \cos kx \right.
$$

$$+ \left(\int_{-\pi}^{\pi} f(u) \sin ku \, du \right) \sin kx \bigg]$$

$$= \frac{1}{\pi} \int_{-\pi}^{\pi} f(u) \left[\frac{1}{2} + \sum_{k=1}^{n} (\cos ku \cos kx + \sin ku \sin kx) \right] du$$

$$= \frac{1}{\pi} \int_{-\pi}^{\pi} f(u) \left[\frac{1}{2} + \sum_{k=1}^{n} \cos k(u - x) \right] du.$$

令 $u = x + t$, 得

$$S_n(x) = \frac{1}{\pi} \int_{-\pi-x}^{\pi-x} f(x+t) \left[\frac{1}{2} + \sum_{k=1}^{n} \cos kt \right] dt.$$

上式右端的被积函数是周期为 2π 的函数, 因此在 $[-\pi-x, \pi-x]$ 上的积分等于 $[-\pi, \pi]$ 上的积分, 再由

$$\frac{1}{2} + \sum_{k=1}^{n} \cos kt = \frac{\sin\left(n + \frac{1}{2}\right)t}{2\sin\frac{t}{2}}.$$

就得到

$$S_n(x) = \frac{1}{\pi} \int_{-\pi}^{\pi} f(x+t) \frac{\sin\left(n + \frac{1}{2}\right)t}{2\sin\frac{t}{2}} dt.$$

式 (12.5) 也称为 f 的傅里叶级数部分和的积分表示式.

收敛定理的证明

证明 只要证明在每一点 x 处下述极限成立:

$$\lim_{n \to \infty} \left[\frac{f(x+0) + f(x-0)}{2} - S_n(x) \right] = 0,$$

即

$$\lim_{n \to \infty} \left[\frac{f(x+0) + f(x-0)}{2} - \frac{1}{\pi} \int_{-\pi}^{\pi} f(x+t) \frac{\sin\left(n + \frac{1}{2}\right)t}{2\sin\frac{t}{2}} dt \right] = 0.$$

或证明同时成立

$$\lim_{n \to \infty} \left[\frac{f(x+0)}{2} - \frac{1}{\pi} \int_{0}^{\pi} f(x+t) \frac{\sin\left(n + \frac{1}{2}\right)t}{2\sin\frac{t}{2}} dt \right] = 0 \qquad (12.6)$$

与

$$\lim_{n \to \infty} \left[\frac{f(x-0)}{2} - \frac{1}{\pi} \int_{-\pi}^{0} f(x+t) \frac{\sin\left(n + \frac{1}{2}\right)t}{2\sin\frac{t}{2}} dt \right] = 0. \qquad (12.7)$$

现在只证明式(12.6).由引理 12.2 的证明过程,易知

$$\frac{1}{\pi}\int_{-\pi}^{\pi}\frac{\sin\left(n+\frac{1}{2}\right)x}{2\sin\frac{x}{2}}\mathrm{d}x = \frac{1}{\pi}\int_{-\pi}^{\pi}\left(\frac{1}{2}+\sum_{k=1}^{n}\cos kx\right)\mathrm{d}x = 1.$$

由于上式左边为偶函数,由此两边乘以 $f(x+0)$ 后得到

$$\frac{f(x+0)}{2} = \frac{1}{\pi}\int_{0}^{\pi}f(x+0)\frac{\sin\left(n+\frac{1}{2}\right)t}{2\sin\frac{t}{2}}\mathrm{d}t.$$

从而式(12.6)又可以改为

$$\lim_{n\to\infty}\frac{1}{\pi}\int_{0}^{\pi}\left[f(x+0)-f(x+t)\right]\frac{\sin\left(n+\frac{1}{2}\right)t}{2\sin\frac{t}{2}}\mathrm{d}t = 0. \qquad (12.8)$$

令

$$\varphi(t) = -\frac{f(x+t)-f(x+0)}{2\sin\frac{t}{2}} = -\left[\frac{f(x+t)-f(x+0)}{t}\right]\frac{\frac{t}{2}}{\sin\frac{t}{2}}, \quad t\in(0,\pi],$$

所以

$$\lim_{t\to 0^{+}}\varphi(t) = -f'(x+0)\cdot 1 = -f'(x+0).$$

再令 $\varphi(0)=-f'(x+0)$,则函数 φ 在点 $t=0$ 右连续,因为 φ 在 $[0,\pi]$ 上至多只有有限个第一类间断点,所以 φ 在 $[0,\pi]$ 上可积,根据推论 12.5

$$\lim_{n\to\infty}\frac{1}{\pi}\int_{0}^{\pi}\left[f(x+0)-f(x+t)\right]\frac{\sin\left(n+\frac{1}{2}\right)t}{2\sin\frac{t}{2}}\mathrm{d}t$$

$$= \lim_{n\to\infty}\frac{1}{\pi}\int_{0}^{\pi}\varphi(t)\sin\left(n+\frac{1}{2}\right)t\mathrm{d}t = 0.$$

这就证得式(12.8)成立,从而式(12.6)成立.用同样方法可证(12.7)也成立.

习　题　12.3

1. 设 $f(x)$ 为 $[-\pi,\pi]$ 上的光滑函数,且 $f(-\pi)=f(\pi)$,a_n,b_n 为 $f(x)$ 的傅里叶系数,a_n',b_n' 为 $f'(x)$ 的傅里叶系数,证明:

$$a_0'=0,\quad a_n'=nb_n,\quad b_n'=-na_n,\quad n=1,2,\cdots.$$

2. 设 $f(x)$ 以 2π 为周期且具有二阶连续的导函数,证明:$f(x)$ 的傅里叶级数在 $(-\infty,+\infty)$ 上一致收敛于 $f(x)$.

3. 设 $f(x)$ 在 $[-\pi,\pi]$ 上是可积函数.证明:若 $f(x)$ 的傅里叶级数在 $[-\pi,\pi]$ 一致收敛于

$f(x)$,则成立帕塞瓦尔等式:

$$\frac{1}{\pi}\int_{-\pi}^{\pi}\left[f(x)\right]^2\mathrm{d}x = \frac{a_0^2}{2} + \sum_{n=1}^{\infty}(a_n^2 + b_n^2),$$

其中 a_n,b_n 为 $f(x)$ 的傅里叶系数.

第 12 章总练习题

1. 证明:若 $\{f_n(x)\}$ 与 $\{g_n(x)\}$ 都在 E 上一致收敛,则 $\{f_n(x)\pm g_n(x)\}$ 在 E 上也一致收敛.

2. 设 $f(x)$ 在区间 I 上一致连续,$\{\varphi_n(x)\}$ 在 E 上一致收敛于 $\varphi(x)$,且 $\varphi(x)\in I$,$\varphi_n(x)\in I$ $(n=1,2,\cdots)$. 试证:$\{f(\varphi_n(x))\}$ 在 E 上一致收敛于 $f(\varphi(x))$.

3. 证明:$\sum\limits_{n=1}^{\infty}f_n(x)$ 在 E 上一致收敛的必要条件是 $\{f_n(x)\}$ 在 E 上一致收敛于 0.

4. 设 $\sum\limits_{n=1}^{\infty}a_n$ 收敛,试证:$\sum\limits_{n=1}^{\infty}a_n\mathrm{e}^{-nx}$ 在 $[0,+\infty)$ 上一致收敛.

5. 判别下列函数序列或函数项级数在指定的区间上是否一致收敛:

(1) $\left\{\dfrac{\sin nx}{\sqrt{n}}\right\}$, $x\in(-\infty,+\infty)$;

(2) $\left\{\dfrac{x^n}{x^n+1}\right\}$,(i) $x\in[0,1]$;(ii) $x\in[0,1-\delta]$ $(0<\delta<1)$;

(3) $\sum\limits_{n=1}^{\infty}\dfrac{(-1)^n}{n+\sin x}$, $x\in(-\infty,+\infty)$;

(4) $\sum\limits_{n=1}^{\infty}\dfrac{x(x+n)^n}{n^{2+n}}$, $x\in[0,1]$.

6. 已知 $\sum\limits_{n=1}^{\infty}f_n(x)$ 在 E 上一致收敛. 试讨论:当 $g(x)$ 在 E 上满足何种条件时,就能保证 $\sum\limits_{n=1}^{\infty}g(x)f_n(x)$ 在 E 上一致收敛?

7. 证明:若对每个 n,$f_n(x)$ 是 $[a,b]$ 上的单调函数,且 $\sum\limits_{n=1}^{\infty}f_n(a)$ 与 $\sum\limits_{n=1}^{\infty}f_n(b)$ 都绝对收敛,则 $\sum\limits_{n=1}^{\infty}f_n(x)$ 在 $[a,b]$ 上绝对一致收敛.

8. 设 $S(x)=\sum\limits_{n=0}^{\infty}r^n\cos nx$,$0<r<1$,$x\in[0,2\pi]$. 试求 $\int_0^{2\pi}S(x)\mathrm{d}x$.

9. 设函数 $f(x)$ 在 $(a,b+1)$ 内具有连续的导数 $(a<b)$,记

$$f_n(x) = n\left[f\left(x+\frac{1}{n}\right) - f(x)\right], x\in(a,b),n=1,2,\cdots.$$

试证:(1) $\{f_n(x)\}$ 在任何 $[\alpha,\beta]\subset(a,b)$ 上一致收敛于 $f'(x)$;

(2) $\lim\limits_{n\to\infty}\int_{\alpha}^{\beta}f_n(x)\mathrm{d}x = f(\beta) - f(\alpha)$.

10. 证明:函数 $S(x)=\sum\limits_{n=0}^{\infty}\dfrac{\sin nx}{n^3}$ 在 $(-\infty,+\infty)$ 上有连续的导数.

第 13 章 含参变量积分

除了可用函数项级数表示函数外,另一种表示函数的工具就是含参变量积分.这种形式的函数在理论和应用上都有重要作用,如许多有用的特殊函数就是用这种形式表示的.本章主要讨论含参变量积分所确定的函数的连续性、可微性和可积性,最后讨论两个特殊函数.

13.1 含参变量的正常积分

设函数 $f(x,y)$ 定义在矩形区域 $D:a\leqslant x\leqslant b,c\leqslant y\leqslant d$ 上,当自变量 x 取 $[a,b]$ 上某定值时,函数 $f(x,y)$ 成为一个定义 $[c,d]$ 上以 y 为自变量的函数,若 $f(x,y)$ 在 $[c,d]$ 可积,则其积分值

$$\int_c^d f(x,y)\mathrm{d}y$$

就是关于 x 在 $[a,b]$ 上取值的函数,记为 $I(x)$,即

$$I(x) = \int_c^d f(x,y)\mathrm{d}y, \quad x \in [a,b].$$

称上述用积分形式定义的函数为**含参变量 x 的正常积分**,或简称**含参量积分**.

定理 13.1 设 $f(x,y)$ 在矩形区域 $D:a\leqslant x\leqslant b,c\leqslant y\leqslant d$ 上连续,则

$$I(x) = \int_c^d f(x,y)\mathrm{d}y$$

在 $[a,b]$ 上连续,且对 $\forall x_0 \in [a,b]$,有

$$\lim_{x \to x_0}\int_c^d f(x,y)\mathrm{d}y = \int_c^d \lim_{x \to x_0}f(x,y)\mathrm{d}y,$$

即极限运算与积分运算顺序可以交换.

证明 任取 $x\in[a,b]$,设 $x+\Delta x\in[a,b]$(若 x 为区间的端点,则仅考虑 $\Delta x>0$ 或 $\Delta x<0$),则有

$$I(x + \Delta x) - I(x) = \int_c^d [f(x + \Delta x,y) - f(x,y)]\mathrm{d}y.$$

由 $f(x,y)$ 在 D 上连续,从而一致连续,即对 $\forall \varepsilon>0,\exists \delta>0$,当 $(x_1,y_1),(x_2,y_2)\in D$,且 $|x_1-y_1|<\delta,|x_2-y_2|<\delta$ 时,有

$$|f(x_1,y_1) - f(x_2,y_2)| < \frac{\varepsilon}{d - c},$$

则当 $|\Delta x|<\delta$ 时,有

$$|I(x+\Delta x)-I(x)|\leqslant\int_c^d|f(x+\Delta x,y)-f(x,y)|\mathrm{d}y<\int_c^d\frac{\varepsilon}{d-c}\mathrm{d}y=\varepsilon.$$

所以 $I(x)$ 在 x 点连续,再由 x 的任意性,$I(x)$ 在 $[a,b]$ 上连续.

因此对 $\forall\, x_0\in[a,b]$,有

$$\lim_{x\to x_0}I(x)=I(x_0),$$

即

$$\lim_{x\to x_0}\int_c^d f(x,y)\mathrm{d}y=\int_c^d\lim_{x\to x_0}f(x,y)\mathrm{d}y.$$

例 13.1 讨论函数 $I(x)=\int_1^2\dfrac{\ln(1+xy)}{y}\mathrm{d}y$ 的连续性.

解 先讨论 $I(x)$ 的定义域,要使函数有意义,须有 $1+xy>0$. 已知 $1\leqslant y\leqslant 2$,则当 $x\geqslant0$ 时,一定有 $1+xy>0$;当 $x<0$ 时,由 $1+xy>1+2x>0$,得 $x>-\dfrac{1}{2}$. 所以 $I(x)$ 的定义域为 $\left(-\dfrac{1}{2},+\infty\right)$.

记

$$F(x,y)=\frac{\ln(1+xy)}{y},\quad (x,y)\in\left(-\frac{1}{2},+\infty\right)\times[1,2].$$

任取 $x_0\in\left(-\dfrac{1}{2},+\infty\right)$,则存在 $[\alpha,\beta]$,使得

$$x_0\in[\alpha,\beta]\subset\left(-\frac{1}{2},+\infty\right).$$

由于 $F(x,y)$ 在 $[\alpha,\beta]\times[1,2]$ 上连续,则 $I(x)$ 在 $[\alpha,\beta]$ 连续,从而在 x_0 连续. 再由 x_0 的任意性,$I(x)$ 在 $\left(-\dfrac{1}{2},+\infty\right)$ 上连续.

定理 13.2 设 $f(x,y)$ 在区域

$$G=\{(x,y)\,|\,c(x)\leqslant y\leqslant d(x),a\leqslant x\leqslant b\}$$

上连续,其中 $c(x),d(x)$ 在 $[a,b]$ 上连续,则

$$J(x)=\int_{c(x)}^{d(x)}f(x,y)\mathrm{d}y$$

在 $[a,b]$ 上连续.

证明 令 $y=c(x)+t(d(x)-c(x))$,则当 y 在 $c(x)$ 与 $d(x)$ 之间取值时,t 在 $[0,1]$ 上取值,且 $\mathrm{d}y=(d(x)-c(x))\mathrm{d}t$.

所以

$$J(x)=\int_{c(x)}^{d(x)}f(x,y)\mathrm{d}y$$

$$= \int_0^1 f(x, c(x) + t(d(x) - c(x))) \cdot (d(x) - c(x)) \mathrm{d}t.$$

由于被积函数 $f(x, c(x) + t(d(x) - c(x))) \cdot (d(x) - c(x))$ 在 $[a, b] \times [0, 1]$ 上连续,故 $J(x)$ 在 $[a, b]$ 上连续.

在上述定理的条件下,对 $\forall x_0 \in [a, b]$,有

$$\lim_{x \to x_0} \int_{c(x)}^{d(x)} f(x, y) \mathrm{d}y = \int_{c(x_0)}^{d(x_0)} f(x_0, y) \mathrm{d}y.$$

例 13.2　计算 $\displaystyle\lim_{\alpha \to 0} \int_\alpha^{1+\alpha} \dfrac{\mathrm{d}x}{1 + x^2 + \alpha^2}$.

解　记 $I(\alpha) = \displaystyle\int_\alpha^{1+\alpha} \dfrac{\mathrm{d}x}{1 + x^2 + \alpha^2}$,显然 $\alpha, 1 + \alpha$ 都是连续函数,$\dfrac{1}{1 + x^2 + \alpha^2}$ 也是连续函数,因此

$$\lim_{\alpha \to 0} I(\alpha) = I(0) = \int_0^1 \frac{\mathrm{d}x}{1 + x^2} = \arctan x \Big|_0^1 = \frac{\pi}{4}.$$

定理 13.3　设 $f(x, y), f_x'(x, y)$ 在 $D: a \leqslant x \leqslant b, c \leqslant y \leqslant d$ 上连续,则

$$I(x) = \int_c^d f(x, y) \mathrm{d}y$$

在 $[a, b]$ 上可微,且有

$$I'(x) = \int_c^d f_x'(x, y) \mathrm{d}y,$$

即求导运算与求积分运算顺序可以交换.

证明　任取 $x \in [a, b]$,设 $x + \Delta x \in [a, b]$(若 x 为区间的端点,则仅考虑 $\Delta x > 0$ 或 $\Delta x < 0$),则有

$$\frac{I(x + \Delta x) - I(x)}{\Delta x} = \int_c^d \frac{f(x + \Delta x, y) - f(x, y)}{\Delta x} \mathrm{d}y.$$

应用拉格朗日中值定理,得

$$\frac{I(x + \Delta x) - I(x)}{\Delta x} = \int_c^d f_x'(x + \theta \Delta x, y) \mathrm{d}y, \quad 0 < \theta < 1.$$

所以应用定理 13.1,有

$$I'(x) = \lim_{\Delta x \to 0} \frac{I(x + \Delta x) - I(x)}{\Delta x} = \int_c^d f_x'(x, y) \mathrm{d}y.$$

例 13.3　设

$$u(x) = \int_0^\pi \cos(n\theta - x\sin\theta) \mathrm{d}\theta.$$

试证 $u(x)$ 满足微分方程

$$x^2 u''(x) + xu'(x) + (x^2 - n^2) u(x) = 0.$$

证明　对 $\forall M > 0$,在矩形 $|x| \leqslant M, 0 \leqslant \theta \leqslant \pi$ 上,两次应用定理 13.3 得

$$u'(x) = \int_0^\pi \sin(n\theta - x\sin\theta)\sin\theta\,\mathrm{d}\theta$$

$$= \left[-\cos\theta\sin(n\theta - x\sin\theta)\right]\big|_0^\pi$$

$$+ \int_0^\pi \cos\theta\cos(n\theta - x\sin\theta)(n - x\cos\theta)\,\mathrm{d}\theta$$

$$= \int_0^\pi \cos(n\theta - x\sin\theta)\cdot(n - x\cos\theta)\cdot\cos\theta\,\mathrm{d}\theta,$$

$$u''(x) = -\int_0^\pi \cos(n\theta - x\sin\theta)\sin^2\theta\,\mathrm{d}\theta.$$

由 M 的任意性，上面两式在 $(-\infty, +\infty)$ 上恒成立. 因此可得

$$x^2 u''(x) + xu'(x) + (x^2 - n^2)u(x)$$

$$= \int_0^\pi \cos(n\theta - x\sin\theta)\left[-x^2\sin^2\theta + x\cos\theta(n - x\cos\theta) + (x^2 - n^2)\right]\mathrm{d}\theta$$

$$= -\int_0^\pi n\cos(n\theta - x\sin\theta)(n - x\cos\theta)\,\mathrm{d}\theta = -n\sin(n\theta - x\sin\theta)\big|_0^\pi = 0.$$

例 13.4 计算积分

$$I = \int_0^1 \frac{\ln(1+x)}{1+x^2}\mathrm{d}x.$$

解 考虑含参量积分

$$I(\alpha) = \int_0^1 \frac{\ln(1+\alpha x)}{1+x^2}\mathrm{d}x.$$

显然 $I(0) = 0, I(1) = I$. 又 $\dfrac{\ln(1+\alpha x)}{1+x^2}$ 与 $\left(\dfrac{\ln(1+\alpha x)}{1+x^2}\right)'_\alpha = \dfrac{x}{(1+\alpha x)(1+x^2)}$ 在区域 $[0,1]\times[0,1]$ 上连续，于是

$$I'(\alpha) = \int_0^1 \frac{x}{(1+\alpha x)(1+x^2)}\mathrm{d}x$$

$$= \frac{1}{1+\alpha^2}\left(\int_0^1 \frac{\alpha}{1+x^2}\mathrm{d}x + \int_0^1 \frac{x}{1+x^2}\mathrm{d}x - \int_0^1 \frac{\alpha}{1+\alpha x}\mathrm{d}x\right)$$

$$= \frac{1}{1+\alpha^2}\left[\alpha\arctan x\big|_0^1 + \frac{1}{2}\ln(1+x^2)\big|_0^1 - \ln(1+\alpha x)\big|_0^1\right]$$

$$= \frac{1}{1+\alpha^2}\left[\frac{\pi}{4}\alpha + \frac{1}{2}\ln 2 - \ln(1+\alpha)\right].$$

所以

$$\int_0^1 I'(\alpha)\mathrm{d}\alpha = \int_0^1 \frac{1}{1+\alpha^2}\left[\frac{\pi}{4}\alpha + \frac{1}{2}\ln 2 - \ln(1+\alpha)\right]\mathrm{d}\alpha$$

$$= \frac{\pi}{8}\ln(1+\alpha^2)\big|_0^1 + \frac{1}{2}\ln 2\cdot\arctan\alpha\big|_0^1 - I(1) = \frac{\pi}{4}\ln 2 - I(1).$$

又

$$\int_0^1 I'(\alpha)\,\mathrm{d}\alpha = I(1) - I(0) = I(1).$$

所以

$$I = I(1) = \frac{\pi}{8}\ln 2.$$

定理 13.4　设 $f(x,y)$, $f_x'(x,y)$ 在 $D: a \leqslant x \leqslant b, p \leqslant y \leqslant q$ 上连续,且 $c(x)$, $d(x)$ 为定义在 $[a,b]$ 上且值域含于 $[p,q]$ 内的可微函数,则

$$F(x) = \int_{c(x)}^{d(x)} f(x,y)\,\mathrm{d}y$$

在 $[a,b]$ 上可微,且

$$F'(x) = \int_{c(x)}^{d(x)} f_x'(x,y)\,\mathrm{d}y + f(x,d(x))d'(x) - f(x,c(x))c'(x).$$

证明　将 $F(x)$ 视为复合函数

$$F(x) = H(x,d,c) = \int_c^d f(x,y)\,\mathrm{d}y, \quad d = d(x), \quad c = c(x).$$

由复合函数求导法则,有

$$\begin{aligned} F'(x) &= \frac{\partial H}{\partial x} + \frac{\partial H}{\partial d}\frac{\partial d}{\partial x} + \frac{\partial H}{\partial c}\frac{\partial c}{\partial x} \\ &= \int_{c(x)}^{d(x)} f_x'(x,y)\,\mathrm{d}y + f(x,d(x))d'(x) - f(x,c(x))c'(x). \end{aligned}$$

例 13.5　设 $F(x) = \int_x^{x^2} \mathrm{e}^{-xy^2}\,\mathrm{d}y$, 计算 $F'(x)$.

解　由定理 13.4,得

$$F'(x) = -\int_x^{x^2} y^2 \mathrm{e}^{-xy^2}\,\mathrm{d}y + 2x\mathrm{e}^{-x^5} - \mathrm{e}^{-x^3}.$$

定理 13.5　设 $f(x,y)$ 在 $D: a \leqslant x \leqslant b, c \leqslant y \leqslant d$ 上连续,则含参量积分

$$I(x) = \int_c^d f(x,y)\,\mathrm{d}y \quad \text{与} \quad J(y) = \int_a^b f(x,y)\,\mathrm{d}x$$

分别在 $[a,b]$ 与 $[c,d]$ 上可积,且

$$\int_a^b \left[\int_c^d f(x,y)\,\mathrm{d}y\right]\mathrm{d}x = \int_c^d \left[\int_a^b f(x,y)\,\mathrm{d}x\right]\mathrm{d}y.$$

或简记为

$$\int_a^b \mathrm{d}x \int_c^d f(x,y)\,\mathrm{d}y = \int_c^d \mathrm{d}y \int_a^b f(x,y)\,\mathrm{d}x,$$

即两个累次积分的顺序可以交换.

证明　令

$$F(z) = \int_a^z \left[\int_c^d f(x,y)\,\mathrm{d}y\right]\mathrm{d}x - \int_c^d \left[\int_a^z f(x,y)\,\mathrm{d}x\right]\mathrm{d}y, \quad z \in [a,b],$$

则由 $f(x,y)$ 的连续性,得

$$F(z) = \int_c^d f(z,y)\mathrm{d}y - \int_c^d \left[\frac{\partial}{\partial z} \int_a^z f(x,y)\mathrm{d}x \right]\mathrm{d}y$$

$$= \int_c^d f(z,y)\mathrm{d}y - \int_c^d f(z,y)\mathrm{d}y \equiv 0, \quad z \in [a,b].$$

所以

$$F(z) \equiv k.$$

令 $z=a$，得 $k=0$. 再令 $u=b$，即得

$$\int_a^b \left[\int_c^d f(x,y)\mathrm{d}y \right]\mathrm{d}x = \int_c^d \left[\int_a^b f(x,y)\mathrm{d}x \right]\mathrm{d}y.$$

例 13.6 设 $0<a<b$，求积分

$$I = \int_0^1 \frac{x^b - x^a}{\ln x}\mathrm{d}x.$$

解 由于 $\lim\limits_{x\to 0+} \dfrac{x^b - x^a}{\ln x}=0$，$\lim\limits_{x\to 1-} \dfrac{x^b - x^a}{\ln x}=b-a$，则可以补充被积函数在端点处的定义，使得被积函数在 $[a,b]$（$0<a<b$）上连续，即原积分为正常积分.

解法一 应用**积分号下积分法**，因

$$\frac{x^b - x^a}{\ln x} = \int_a^b x^y \mathrm{d}y.$$

所以有

$$I = \int_0^1 \left(\int_a^b x^y \mathrm{d}y \right)\mathrm{d}x.$$

由于函数 x^y 在矩形 $0\leqslant x\leqslant 1, a\leqslant y\leqslant b$ 上显然连续，故

$$I = \int_a^b \left(\int_0^1 x^y \mathrm{d}x \right)\mathrm{d}y = \int_a^b \frac{x^{1+y}}{1+y}\Big|_{x=0}^{x=1}\mathrm{d}y = \int_a^b \frac{\mathrm{d}y}{1+y} = \ln\frac{1+b}{1+a}.$$

解法二 应用**积分号下微分法**，将 b 视为参量，记

$$I(b) = \int_0^1 \frac{x^b - x^a}{\ln x}\mathrm{d}x.$$

显然 $f(b,x)=\dfrac{x^b-x^a}{\ln x}$ 与 $f_b'(b,x)=x^b$ 在 $[a,A]\times[0,1]$（$A>b$）上连续，则有

$$I'(b) = \int_0^1 x^b \mathrm{d}x = \frac{1}{b+1}.$$

所以

$$I(b) - I(a) = \int_a^b \frac{1}{t+1}\mathrm{d}t = \ln\frac{b+1}{a+1}.$$

又 $I(a)=0$，则

$$I = I(b) = \ln\frac{b+1}{a+1}.$$

例 13.7 设 $f(x)$ 在 $(-\infty,+\infty)$ 上有连续的 n 阶导数，令

$$g(x) = \begin{cases} \dfrac{f(x) - f(a)}{x - a}, & x \neq a, \\[3mm] f'(a), & x = a. \end{cases}$$

求证 $g(x)$ 在 $(-\infty, +\infty)$ 上有连续的 $n-1$ 阶导数，并求 $g^{(n-1)}(a)$.

证明 因

$$f(x) - f(a) = \int_a^x f'(t)\mathrm{d}t = (x - a)\int_0^1 f'(a + y(x - a))\mathrm{d}y.$$

所以

$$\frac{f(x) - f(a)}{x - a} = \int_0^1 f'(a + y(x - a))\mathrm{d}y, \quad x \neq a.$$

当 $x = a$ 时，上式右端为 $f'(a)$，故有

$$g(x) = \int_0^1 f'(a + y(x - a))\mathrm{d}y.$$

这样 $g(x)$ 用一个式子表示出来，由定理 13.3 知 $g(x)$ 在 $(-\infty, +\infty)$ 上有连续的 $n-1$ 阶导数. 特别有

$$g^{(n-1)}(x) = \int_0^1 y^{n-1} f^{(n)}[a + y(x - a)]\,\mathrm{d}y.$$

所以有

$$g^{(n-1)}(a) = f^{(n)}(a)\int_0^1 y^{n-1}\mathrm{d}y = \frac{f^{(n)}(a)}{n}.$$

习 题 13.1

1. 求下列极限：

(1) $\displaystyle\lim_{x \to 0} \int_{-1}^1 \sqrt{x^2 + y^2}\,\mathrm{d}y$；
(2) $\displaystyle\lim_{x \to 0} \int_0^2 y^2 \cos(xy)\,\mathrm{d}y$；

(3) $\displaystyle\lim_{x \to 0} \int_a^{1+a} \frac{\mathrm{d}x}{1 + x^2 + a^2}$.

2. 设 $f(x)$ 连续，$F(x) = \displaystyle\int_0^x f(t)(x - t)^{n-1}\,\mathrm{d}t$，求 $F^{(n)}(x)$.

3. 求 $F'(x)$，其中 $F(x)$ 为

(1) $F(x) = \displaystyle\int_{\sin x}^{\cos x} \mathrm{e}^{x\sqrt{1-y^2}}\,\mathrm{d}y$；
(2) $F(x) = \displaystyle\int_{a+x}^{b+x} \frac{\sin(xy)}{y}\,\mathrm{d}y$.

4. 设 $F(x) = \displaystyle\int_0^{2\pi} \mathrm{e}^{x\cos\theta} \cdot \cos(x \cdot \sin\theta)\,\mathrm{d}\theta$，试证：$F(x) \equiv 2\pi$.

5. 利用积分公式

$$\frac{1}{2\pi} \int_0^{2\pi} \frac{1 - r^2}{1 - 2r\cos\theta + r^2}\,\mathrm{d}\theta = 1, \quad 0 < r < 1.$$

试求积分 $I(r) = \displaystyle\int_0^{2\pi} \ln(1 - 2r\cos\theta + r^2)\,\mathrm{d}\theta\,(r > 0, r \neq 1)$ 的值.

6. 设 $f(x) = \int_0^1 \dfrac{e^{-x^2(1+y^2)}}{1+y^2}dy, g(x) = \left(\int_0^x e^{-y^2}dy\right)^2.$ 试证：当 $x \geq 0$ 时，$f(x) + g(x) = \dfrac{\pi}{4}.$

13.2 含参变量的反常积分

13.2.1 一致收敛的概念及其判别法

设 $f(x,y)$ 定义在无界区域 $[a,b] \times [c, +\infty)$ 上，若对每一个 $x \in [a,b]$，无穷积分

$$\int_c^{+\infty} f(x,y)dy$$

都收敛，则积分值是关于 x 在 $[a,b]$ 上取值的函数，记为 $I(x)$，即

$$I(x) = \int_c^{+\infty} f(x,y)dy.$$

称 $I(x)$ 为定义在 $[a,b]$ 上的**含参量 x 的无穷限反常积分**，简称**含参量反常积分**.

下面要讨论 $I(x)$ 的连续性、可积性、可微性等性质，类似于无穷积分和函数项级数性质的讨论，容易看出需要讨论含参量反常积分的一致收敛的概念.

定义 13.1 若对 $\forall \varepsilon > 0, \exists A_0 > c$，当 $A > A_0$ 时，对一切 $x \in [a,b]$，都有

$$\left|\int_A^{+\infty} f(x,y)dy\right| < \varepsilon,$$

则称含参量反常积分 $\int_c^{+\infty} f(x,y)dy$ 关于 x 在 $[a,b]$ 上一致收敛.

这里 x 取值区间 $[a,b]$ 可以代之以 (a,b)、$(a, +\infty)$，甚至一般的集合 E，都有无穷积分关于 x 在 E 上一致收敛的概念.

注 13.1 类似可以定义含参变量瑕积分及其一致收敛性. 仅以下限为瑕点的情形定义：若对 x 的某些值，$y = c$ 是函数 $f(x,y)$ 的瑕点，则称 $\int_c^d f(x,y)dy$ 为**含参变量 x 的瑕积分**，如 $\int_0^1 \dfrac{x\sqrt{y}}{x^2+y^2}dy$ 为含参量 $x \in [0,1]$ 的瑕积分. 关于瑕积分 $\int_c^d f(x,y)dy$ 关于 x 在 $[a,b]$ 上一致收敛的定义为：任给 $\varepsilon > 0$，存在 $\delta > 0$，当 $c < c' < c + \delta$ 时，对一切 $x \in [a,b]$，都有

$$\left|\int_c^{c'} f(x,y)dy\right| < \varepsilon.$$

例 13.8 证明含参量积分

$$\int_0^{+\infty} \dfrac{\sin xy}{y}dy$$

在 $[\delta, +\infty)$ 上一致收敛（其中 $\delta > 0$），但在 $(0, +\infty)$ 内不一致收敛.

证明　作代换 $u = xy$, 得

$$\int_A^{+\infty} \frac{\sin xy}{y} \mathrm{d}y = \int_{Ax}^{+\infty} \frac{\sin u}{u} \mathrm{d}u, \quad \forall A > 0.$$

由于 $\int_0^{+\infty} \frac{\sin u}{u} \mathrm{d}u$ 收敛, 即对 $\forall \varepsilon > 0, \exists M > 0$, 当 $A' > M$ 时, 有

$$\left| \int_{A'}^{+\infty} \frac{\sin u}{u} \mathrm{d}u \right| < \varepsilon.$$

取 $A_0 = \dfrac{M}{\delta}$, 则当 $A > A_0$ 时, 对 $\forall x \in [\delta, +\infty)$, 有

$$\left| \int_A^{+\infty} \frac{\sin xy}{y} \mathrm{d}y \right| = \left| \int_{Ax}^{+\infty} \frac{\sin u}{u} \mathrm{d}u \right| < \varepsilon.$$

所以 $\int_0^{+\infty} \frac{\sin xy}{y} \mathrm{d}y$ 在 $[\delta, +\infty)$ 上一致收敛 (其中 $\delta > 0$).

再证 $\int_0^{+\infty} \frac{\sin xy}{y} \mathrm{d}y$ 在 $(0, +\infty)$ 内不一致收敛.

存在 $\varepsilon_0 = \dfrac{1}{2} \displaystyle\int_1^{+\infty} \frac{\sin u}{u} \mathrm{d}u > 0$, 对 $\forall A > 0$, 存在 $A_0 = 2A$ 及 $x_0 = \dfrac{1}{2A} \in (0, +\infty)$, 使得

$$\int_{A_0}^{+\infty} \frac{\sin x_0 y}{y} \mathrm{d}y = \int_{A_0 x_0}^{+\infty} \frac{\sin u}{u} \mathrm{d}u = \int_1^{+\infty} \frac{\sin u}{u} \mathrm{d}u > \varepsilon_0.$$

所以 $\int_0^{+\infty} \frac{\sin xy}{y} \mathrm{d}y$ 在 $(0, +\infty)$ 内不一致收敛.

下面只讨论含参量无穷积分的情形. 有关无穷积分的结论, 可以相应的推广到含参量瑕积分.

定理 13.6(一致收敛柯西准则)　含参量无穷积分 $\displaystyle\int_c^{+\infty} f(x, y) \mathrm{d}y$ 在 E 上一致收敛的充要条件是: 任意 $\varepsilon > 0$, 存在 $A_0 > c$, 当 $A, A' > A_0$ 时, 对一切 $x \in E$, 有

$$\left| \int_A^{A'} f(x, y) \mathrm{d}y \right| < \varepsilon.$$

定理 13.7(魏尔斯特拉斯判别法)　设有函数 $F(y)$, 使得

$$|f(x, y)| \leqslant F(y), \quad x \in E, y \geqslant c,$$

且无穷积分 $\displaystyle\int_c^{+\infty} F(y) \mathrm{d}y$ 收敛, 则含参量积分 $\displaystyle\int_c^{+\infty} f(x, y) \mathrm{d}y$ 关于 x 在 E 上一致收敛.

证明　由 $\displaystyle\int_c^{+\infty} F(y) \mathrm{d}y$ 收敛与柯西准则, 即对 $\forall \varepsilon > 0, \exists A_0 > c$, 当 $A_1, A_2 > A_0$ 时, 有

$$\left| \int_{A_1}^{A_2} F(y) \mathrm{d}y \right| < \varepsilon.$$

所以对 $\forall x \in E$, 就有

$$\left| \int_{A_1}^{A_2} f(x,y) \mathrm{d}y \right| \leqslant \left| \int_{A_1}^{A_2} |f(x,y)| \mathrm{d}y \right| \leqslant \left| \int_{A_1}^{A_2} F(y) \mathrm{d}y \right| < \varepsilon.$$

故含参量积分 $\int_c^{+\infty} f(x,y) \mathrm{d}y$ 在 E 上一致收敛.

例 13.9 求积分 $\int_0^{+\infty} \mathrm{e}^{-kx} \cos\alpha x \, \mathrm{d}x$ 在 $\alpha \in (-\infty, +\infty)$ 上是一致收敛的, 其中 k 为正常数.

证明 因

$$|\mathrm{e}^{-kx} \cos\alpha x| \leqslant \mathrm{e}^{-kx}$$

和 $\int_0^{+\infty} \mathrm{e}^{-kx} \mathrm{d}x$ 收敛, 所以由魏尔斯特拉斯判别法知, 原积分在 $(-\infty, +\infty)$ 内一致收敛.

事实上, 能用魏尔斯特拉斯判别法判别一致收敛的含参量积分, 一定是绝对一致收敛的, 对于非绝对一致收敛的含参量积分, 需用下面的判别法.

定理 13.8(狄利克雷判别法) 设

(1) 对一切 $A > c$, 含参量反常积分

$$\int_c^A f(x,y) \mathrm{d}y$$

关于参量 x 在 E 上一致有界, 即存在 $M > 0$, 对一切 $A > c$ 及 $\forall x \in E$, 都有

$$\left| \int_c^A f(x,y) \mathrm{d}y \right| \leqslant M.$$

(2) 对每一个 $x \in E$, 函数 $g(x,y)$ 关于 y 是单调函数, 且当 $y \to +\infty$ 时, $g(x,y)$ 关于 $x \in E$ 一致收敛于 0, 则含参量反常积分

$$\int_c^{+\infty} f(x,y) g(x,y) \mathrm{d}y$$

在 E 上一致收敛.

证明 由 $g(x,y)$ 关于 $x \in E$ 一致收敛于 0, 即对 $\forall \varepsilon > 0$, $\exists A_0 > c$, 当 $y > A_0$ 时, 对 $\forall x \in E$, 有

$$|g(x,y) - 0| = |g(x,y)| < \frac{\varepsilon}{4M}.$$

故当 $A_1, A_2 > A_0$ 时, 由第二积分中值定理, 得

$$\left| \int_{A_1}^{A_2} f(x,y) g(x,y) \mathrm{d}y \right| = \left| g(x, A_1) \int_{A_1}^{\xi} f(x,y) \mathrm{d}y \right| + \left| g(x, A_2) \int_{\xi}^{A_2} f(x,y) \mathrm{d}y \right|$$

$$< \frac{\varepsilon}{4M} \cdot 2M + \frac{\varepsilon}{4M} \cdot 2M = \varepsilon.$$

由柯西准则,知含参量反常积分 $\int_c^{+\infty} f(x,y)g(x,y)\mathrm{d}y$ 在 E 上一致收敛.

定理 13.9(阿贝尔判别法)　设

(1) $\int_c^{+\infty} f(x,y)\mathrm{d}y$ 关于 x 在 E 上一致收敛;

(2) 对每一个 $x\in E$,函数 $g(x,y)$ 关于 y 是单调函数,且 $g(x,y)$ 关于参量 x 一致有界,即存在 $M>0$,对一切 $x\in E,y\in[c,+\infty)$,都有
$$|g(x,y)|\leqslant M,$$
则含参量反常积分
$$\int_c^{+\infty} f(x,y)g(x,y)\mathrm{d}y$$
在 E 上一致收敛.

阿贝尔判别法的证明与狄利克雷判别法类似,请读者自证.

例 13.10　证明积分 $\int_0^{+\infty} \mathrm{e}^{-xy}\dfrac{\sin x}{x}\mathrm{d}x$ 在 $[0,+\infty)$ 上一致收敛.

证明　由于无穷积分 $\int_0^{+\infty}\dfrac{\sin x}{x}\mathrm{d}x$ 收敛,当然关于参量 y 在 $[0,+\infty)$ 一致收敛,函数 e^{-xy} 对每个 $y\in[0,+\infty)$ 关于 x 单调,且当 $y\geqslant 0,x\geqslant 0$ 时,有
$$|\mathrm{e}^{-xy}|\leqslant 1,$$
所以由阿贝尔判别法,原积分在 $[0,+\infty)$ 上一致收敛.

例 13.11　证明若 $f(x,y)$ 在 $[a,b]\times[c,+\infty)$ 上连续,又 $\int_c^{+\infty} f(x,y)\mathrm{d}y$ 在 $[a,b)$ 上收敛,但在 $x=b$ 处发散,则
$$\int_c^{+\infty} f(x,y)\mathrm{d}y$$
在 $[a,b)$ 上不一致收敛.

证明　反证法.假设积分 $[a,b)$ 上一致收敛,即对 $\forall\varepsilon>0,\exists A_0>c$,当 A_1,$A_2>A_0$ 时,对 $\forall x\in[a,b)$,都有
$$\left|\int_{A_1}^{A_2} f(x,y)\mathrm{d}y\right|<\varepsilon.$$
由假设 $f(x,y)$ 在 $[a,b]\times[A_1,A_2]$ 上连续,则 $\int_{A_1}^{A_2} f(x,y)\mathrm{d}y$ 是 x 的连续函数,在上述不等式中令 $x\to b-$,得
$$\left|\int_{A_1}^{A_2} f(b,y)\mathrm{d}y\right|\leqslant\varepsilon.$$
因此 $\int_c^{+\infty} f(x,y)\mathrm{d}y$ 在 $x=b$ 处收敛,这与已知条件矛盾.所以积分 $\int_c^{+\infty} f(x,y)\mathrm{d}y$ 在 $[a,b)$ 上不一致收敛.

上述结论有时应用比较方便,如可判断 $\displaystyle\int_{1}^{+\infty} \frac{y\sin xy}{x(1+y^2)}\mathrm{d}y$ 在 $(0,1)$ 内的一致收敛性$\Big($事实上,对 $\forall x\in(0,1)$,可由狄利克雷判别法 $\displaystyle\int_{1}^{+\infty} \frac{y\sin xy}{x(1+y^2)}\mathrm{d}y$ 收敛,且 $\displaystyle\int_{1}^{+\infty} \frac{y^2}{1+y^2}\mathrm{d}y$ 发散$\Big)$.

13.2.2　含参量无穷积分的性质

定理 13.10 设 $f(x,y)$ 在 $a\leqslant x\leqslant b, c\leqslant y\leqslant +\infty$ 上连续,积分

$$I(x) = \int_{0}^{+\infty} f(x,y)\mathrm{d}y$$

关于 x 在 $[a,b]$ 上一致收敛,则 $I(x)$ 在 $[a,b]$ 上连续.

证明 由一致收敛的定义,对 $\forall \varepsilon>0$,总存在 $A_0>c$,当 $M>A_0$ 时,对 $\forall x\in[a,b]$,有

$$\left| \int_{M}^{+\infty} f(x,y)\mathrm{d}y \right| < \frac{\varepsilon}{3}.$$

任取 $x_0\in[a,b]$,再取 $x_0+\Delta x\in[a,b]$,同样有

$$\left| \int_{M}^{+\infty} f(x_0,y)\mathrm{d}y \right| < \frac{\varepsilon}{3}, \quad \left| \int_{M}^{+\infty} f(x_0+\Delta x,y)\mathrm{d}y \right| < \frac{\varepsilon}{3}.$$

由含参量的正常积分连续性有关定理,函数 $I_1(x) = \displaystyle\int_{c}^{M} f(x,y)\mathrm{d}y$ 在 $[a,b]$ 上连续,当然在 x_0 点连续,即对上述 $\forall \varepsilon>0$,总 $\exists \delta>0$,当 $|\Delta x|<\delta$ 时,有

$$\left| I_1(x_0+\Delta x) - I_1(x_0) \right| = \left| \int_{c}^{M} f(x_0+\Delta x,y)\mathrm{d}y - \int_{c}^{M} f(x_0,y)\mathrm{d}y \right| < \frac{\varepsilon}{3}.$$

于是,对上述 $\forall \varepsilon>0$,总 $\exists \delta>0$,当 $|\Delta x|<\delta$ 时,有

$$\begin{aligned}
\left| I(x_0+\Delta x) - I(x_0) \right| &= \left| \int_{c}^{+\infty} f(x_0+\Delta x,y)\mathrm{d}y - \int_{c}^{+\infty} f(x_0,y)\mathrm{d}y \right| \\
&\leqslant \left| \int_{c}^{M} f(x_0+\Delta x,y)\mathrm{d}y + \int_{M}^{+\infty} f(x_0+\Delta x,y)\mathrm{d}y \right. \\
&\quad \left. - \int_{c}^{M} f(x_0,y)\mathrm{d}y - \int_{M}^{+\infty} f(x_0,y)\mathrm{d}y \right| \\
&\leqslant \left| \int_{c}^{M} f(x_0+\Delta x,y)\mathrm{d}y - \int_{c}^{M} f(x_0,y)\mathrm{d}y \right| \\
&\quad + \left| \int_{M}^{+\infty} f(x_0+\Delta x,y)\mathrm{d}y \right| + \left| \int_{M}^{+\infty} f(x_0,y)\mathrm{d}y \right| \\
&< \frac{\varepsilon}{3} + \frac{\varepsilon}{3} + \frac{\varepsilon}{3} = \varepsilon.
\end{aligned}$$

故函数 $I(x)$ 在 x_0 点连续,又由 x_0 的任意性,则 $I(x)$ 在 $[a,b]$ 上连续.

定理 13.11　设 $f(x,y)$ 在 $a \leqslant x \leqslant b, y \geqslant c$ 上连续,积分

$$I(x) = \int_c^{+\infty} f(x,y)\mathrm{d}y$$

关于 $x \in [a,b]$ 一致收敛,则 $I(x)$ 在 $[a,b]$ 上可积,且

$$\int_a^b \left[\int_c^{+\infty} f(x,y)\mathrm{d}y \right]\mathrm{d}x = \int_c^{+\infty} \left[\int_a^b f(x,y)\mathrm{d}x \right]\mathrm{d}y.$$

证明　由定理 13.10 的结论,显然 $I(x)$ 在 $[a,b]$ 上可积,下证等式成立.

由一致收敛定义,对 $\forall \varepsilon > 0$,总存在 $A_0 > c$,当 $M > A_0$ 时,对 $\forall x \in [a,b]$,有

$$\left| \int_M^{+\infty} f(x,y)\mathrm{d}y \right| < \frac{\varepsilon}{b-a}.$$

再由含参量正常积分的可积性质,有

$$\int_a^b \mathrm{d}x \int_c^M f(x,y)\mathrm{d}y = \int_c^M \mathrm{d}y \int_a^b f(x,y)\mathrm{d}x.$$

于是

$$\begin{aligned}
\int_a^b I(x)\mathrm{d}x &= \int_a^b \left(\int_c^{+\infty} f(x,y)\mathrm{d}y \right)\mathrm{d}x \\
&= \int_a^b \left(\int_c^M f(x,y)\mathrm{d}y + \int_M^{+\infty} f(x,y)\mathrm{d}y \right)\mathrm{d}x \\
&= \int_a^b \left(\int_c^M f(x,y)\mathrm{d}y \right)\mathrm{d}x + \int_a^b \left(\int_M^{+\infty} f(x,y)\mathrm{d}y \right)\mathrm{d}x \\
&= \int_c^M \left(\int_a^b f(x,y)\mathrm{d}x \right)\mathrm{d}y + \int_a^b \left(\int_M^{+\infty} f(x,y)\mathrm{d}y \right)\mathrm{d}x
\end{aligned}$$

或

$$\begin{aligned}
\left| \int_a^b I(x)\mathrm{d}x - \int_c^M \left(\int_a^b f(x,y)\mathrm{d}x \right)\mathrm{d}y \right| &= \left| \int_a^b \left(\int_M^{+\infty} f(x,y)\mathrm{d}y \right)\mathrm{d}x \right| \\
&\leqslant \int_a^b \left| \int_M^{+\infty} f(x,y)\mathrm{d}y \right| \mathrm{d}x < \frac{\varepsilon}{b-a} \int_a^b \mathrm{d}x = \varepsilon.
\end{aligned}$$

所以

$$\begin{aligned}
\int_a^b I(x)\mathrm{d}x &= \lim_{M \to +\infty} \int_c^M \left(\int_a^b f(x,y)\mathrm{d}x \right)\mathrm{d}y \\
&= \int_c^{+\infty} \left(\int_a^b f(x,y)\mathrm{d}x \right)\mathrm{d}y = \int_c^{+\infty} \mathrm{d}y \int_a^b f(x,y)\mathrm{d}x,
\end{aligned}$$

即

$$\int_a^b \mathrm{d}x \int_c^{+\infty} f(x,y)\mathrm{d}y = \int_c^{+\infty} \mathrm{d}y \int_a^b f(x,y)\mathrm{d}x.$$

定理 13.12　设 $f(x,y)$ 与 $f_x'(x,y)$ 在 $[a,b] \times [c,+\infty)$ 上连续,若 $I(x) = \int_c^{+\infty} f(x,y)\mathrm{d}y$ 在 $[a,b]$ 上收敛,且 $\int_c^{+\infty} f_x'(x,y)\mathrm{d}y$ 在 $[a,b]$ 上一致收敛,则 $I(x)$ 在 $[a,b]$ 上可微,且

$$I'(x) = \int_c^{+\infty} f_x'(x,y)\mathrm{d}y, \quad x \in [a,b].$$

证明 对任意 $x \in [a,b]$,考虑含参量反常积分

$$\int_a^x \mathrm{d}t \int_c^{+\infty} f_t'(t,y)\mathrm{d}y.$$

由定理 13.11,有

$$\int_a^x \mathrm{d}t \int_c^{+\infty} f_t'(t,y)\mathrm{d}y = \int_c^{+\infty} \mathrm{d}y \int_a^x f_t'(t,y)\mathrm{d}t = \int_c^{+\infty} \left(f(t,y) \big|_a^x \right)\mathrm{d}y$$

$$= \int_c^{+\infty} f(x,y)\mathrm{d}y - \int_c^{+\infty} f(a,y)\mathrm{d}y$$

$$= I(x) - I(a).$$

对上式两端关于 x 求导,得

$$I'(x) = \int_c^{+\infty} f_x'(x,y)\mathrm{d}y, \quad x \in [a,b].$$

例 13.12 证明函数 $I(x) = \int_0^{+\infty} \dfrac{x}{x^2+y^2}\mathrm{d}y$ 在 $(0,+\infty)$ 内连续.

证明 对任意 $x_0 \in (0,+\infty)$,存在相应的闭区间 $[a,b]$,使得 $x_0 \in [a,b] \subset (0,+\infty)$.

记 $f(x,y) = \dfrac{x}{x^2+y^2}$,显然 $f(x,y)$ 在 $[a,b] \times [0,+\infty)$ 上连续. 又

$$|f(x,y)| = \left| \frac{x}{x^2+y^2} \right| \leqslant \frac{b}{a^2+y^2}, \quad x \in [a,b].$$

易知广义积分 $\int_0^{+\infty} \dfrac{b}{a^2+y^2}\mathrm{d}y$ 收敛,故根据魏尔斯特拉斯判别法,含参量反常积分 $\int_0^{+\infty} \dfrac{x}{x^2+y^2}\mathrm{d}y$ 在 $[a,b]$ 上一致收敛. 所以由定理 13.10,$I(x) = \int_0^{+\infty} \dfrac{x}{x^2+y^2}\mathrm{d}y$ 在 $[a,b]$ 上连续,当然在 x_0 连续. 再由 x_0 的任意性,则 $I(x)$ 在 $(0,+\infty)$ 上连续.

例 13.13 证明 $\int_0^{+\infty} \dfrac{\mathrm{e}^{-ay} - \mathrm{e}^{-by}}{y}\mathrm{d}y = \ln \dfrac{b}{a}, b > a > 0.$

证明 将被积函数表示成积分形式,即

$$\frac{\mathrm{e}^{-ay} - \mathrm{e}^{-by}}{y} = \int_a^b \mathrm{e}^{-xy}\mathrm{d}x.$$

记 $f(x,y) = \mathrm{e}^{-xy}$,则对 $\forall x \in [a,b]$,$y \geqslant 0$ 有

$$|f(x,y)| \leqslant \mathrm{e}^{-ay}.$$

又易知无穷积分 $\int_0^{+\infty} \mathrm{e}^{-ay}\mathrm{d}y$ 收敛,所以含参量积分 $\int_0^{+\infty} f(x,y)\mathrm{d}y$ 在 $[a,b]$ 上一致收敛,故

$$\int_0^{+\infty} \frac{\mathrm{e}^{-ay} - \mathrm{e}^{-by}}{y}\mathrm{d}y = \int_0^{+\infty} \mathrm{d}y \int_a^b \mathrm{e}^{-xy}\mathrm{d}x = \int_a^b \mathrm{d}x \int_0^{+\infty} \mathrm{e}^{-xy}\mathrm{d}y$$

$$= \int_a^b \frac{1}{x} \mathrm{d}x = \ln \frac{b}{a}.$$

例 13.14　计算无穷积分 $\displaystyle\int_0^{+\infty} \frac{\mathrm{e}^{-ax^2} - \mathrm{e}^{-x^2}}{x} \mathrm{d}x$, $a > 0$.

解　由于 $\displaystyle\lim_{x \to 0} \frac{\mathrm{e}^{-ax^2} - \mathrm{e}^{-x^2}}{x} = \lim_{x \to 0} \frac{-2ax\mathrm{e}^{-ax^2} + 2x\mathrm{e}^{-x^2}}{1} = 0$, 故 $x = 0$ 不是瑕点.

解法一　利用**积分号下微分法**, 将 a 看成参量. 记

$$f(a, x) = \frac{\mathrm{e}^{-ax^2} - \mathrm{e}^{-x^2}}{x}, \quad I(a) = \int_0^{+\infty} \frac{\mathrm{e}^{-ax^2} - \mathrm{e}^{-x^2}}{x} \mathrm{d}x.$$

对任意 $a \in (0, +\infty)$, 总存在闭区间 $[\alpha, \beta]$, 使得

$$a \in [\alpha, \beta] \subset (0, +\infty).$$

显然 $f(a, x) = \dfrac{\mathrm{e}^{-ax^2} - \mathrm{e}^{-x^2}}{x}$ 与 $f_a'(a, x) = -x\mathrm{e}^{-ax^2}$ 在 $[\alpha, \beta] \times [0, +\infty)$ 上连续, 则由

$$\left| f_a'(a, x) \right| = \left| -x\mathrm{e}^{-ax^2} \right| \leqslant x\mathrm{e}^{-\alpha x^2}, \quad a \in [\alpha, \beta],$$

又易知无穷积分 $\displaystyle\int_0^{+\infty} x\mathrm{e}^{-\alpha x^2} \mathrm{d}x$ 收敛, 则由魏尔斯特拉斯判别法, 含参量反常积分 $\displaystyle\int_0^{+\infty} f_a'(a, x) \mathrm{d}x$ 在 $[\alpha, \beta]$ 上一致收敛. 又含参量反常积分 $\displaystyle\int_0^{+\infty} f(a, x) \mathrm{d}x$ 在 $[\alpha, \beta]$ 上收敛. 所以

$$I'(a) = -\int_0^{+\infty} x\mathrm{e}^{-ax^2} \mathrm{d}x = \frac{1}{2a}$$

或

$$I(a) = \int \frac{1}{2a} \mathrm{d}a = \frac{1}{2} \ln a + C.$$

令 $a = 1$ 与 $I(1) = 0$, 得 $C = 0$.

所以

$$I(a) = \frac{1}{2} \ln a, \quad a > 0.$$

解法二　利用**积分号下积分法**(即例 13.13 的方法). 由

$$\frac{\mathrm{e}^{-ax^2} - \mathrm{e}^{-x^2}}{x} = -\int_1^a x\mathrm{e}^{-tx^2} \mathrm{d}t.$$

记 $f(t, x) = x\mathrm{e}^{-tx^2}$, 则 $f(t, x)$ 在 $[1, a] \times [0, +\infty)$ 或 $[a, 1] \times [0, +\infty)$ 上连续, 且 $\displaystyle\int_0^{+\infty} x\mathrm{e}^{-tx^2} \mathrm{d}t$ 对一切 $t \in [1, a]$ 或 $t \in [a, 1]$ 上一致收敛, 所以

$$\int_0^{+\infty} \frac{\mathrm{e}^{-ax^2} - \mathrm{e}^{-x^2}}{x} \mathrm{d}x = -\int_0^{+\infty} \mathrm{d}x \int_1^a x\mathrm{e}^{-tx^2} \mathrm{d}t$$

$$= -\int_1^a \mathrm{d}t \int_0^{+\infty} x\mathrm{e}^{-tx^2} \mathrm{d}x = \int_1^a \frac{1}{2t} \mathrm{d}t = \frac{1}{2} \ln a.$$

例 13.15 求积分

$$I = \int_0^{+\infty} \frac{\arctan bx - \arctan ax}{x} \mathrm{d}x, \quad b > a > 0.$$

解 由于 $\lim\limits_{x \to 0} \frac{\arctan bx - \arctan ax}{x} = b - a$，故 $x = 0$ 不是瑕点．

解法一 令

$$I(t) = \int_0^{+\infty} \frac{\arctan tx - \arctan ax}{x} \mathrm{d}x.$$

记 $f(t,x) = \frac{\arctan tx - \arctan ax}{x}$，则 $f(t,x)$ 在 $a \leqslant t \leqslant b, x \geqslant 0$ 上连续. $f_t'(t,$

$x) = \frac{1}{1+t^2 x^2}$ 在 $a \leqslant t \leqslant b, x \geqslant 0$ 上也连续. 由

$$\lim_{x \to +\infty} x^2 \frac{\arctan tx - \arctan ax}{x}$$

$$= \lim_{x \to +\infty} \frac{\arctan tx - \arctan ax}{\dfrac{1}{x}}$$

$$= \lim_{x \to +\infty} \frac{\dfrac{t}{1+t^2 x^2} - \dfrac{a}{1+a^2 x^2}}{-\dfrac{1}{x^2}} = \frac{1}{a} - \frac{1}{t} > 0, \quad a < t \leqslant b.$$

所以积分 $\int_0^{+\infty} \frac{\arctan tx - \arctan ax}{x} \mathrm{d}x$ 在 $[a,b]$ 上收敛($t = a$ 时显然收敛).

又由

$$\frac{1}{1+t^2 x^2} \leqslant \frac{1}{1+a^2 x^2}$$

与 $\int_0^{+\infty} \frac{1}{1+a^2 x^2} \mathrm{d}x$ 上收敛，故 $\int_0^{+\infty} f_t'(t,x) \mathrm{d}x$ 关于 t 在 $[a,b]$ 上一致收敛. 所以

$$I'(t) = \int_0^{+\infty} \frac{\mathrm{d}x}{1+t^2 x^2} = \frac{\pi}{2t},$$

$$I(t) = \frac{\pi}{2} \ln t + C.$$

令 $t = a$ 和 $I(a) = 0$，定出常数 C 为

$$C = -\frac{\pi}{2} \ln a.$$

因此得

$$I = I(b) = \frac{\pi}{2} \ln \frac{b}{a}.$$

解法二　因

$$\frac{\arctan bx - \arctan ax}{x} = \int_a^b \frac{\mathrm{d}t}{1 + t^2 x^2},$$

所以

$$I = \int_0^{+\infty} \frac{\arctan bx - \arctan ax}{x} \mathrm{d}x = \int_0^{+\infty} \left(\int_a^b \frac{\mathrm{d}t}{1 + t^2 x^2} \right) \mathrm{d}x$$

$$= \int_a^b \left(\int_0^{+\infty} \frac{\mathrm{d}x}{1 + t^2 x^2} \right) \mathrm{d}t = \int_a^b \frac{\pi}{2t} \mathrm{d}t = \frac{\pi}{2} \ln \frac{b}{a}.$$

解法三　形式为

$$\int_0^{+\infty} \frac{f(bx) - f(ax)}{x} \mathrm{d}x, \quad b > a > 0$$

的积分称为 Froullani(弗罗兰尼)积分,还可用定积分方法来求其值.

$$I = \lim_{\substack{N \to +\infty \\ \varepsilon \to 0+0}} \int_\varepsilon^N \frac{\arctan bx - \arctan ax}{x} \mathrm{d}x$$

$$= \lim_{\substack{N \to +\infty \\ \varepsilon \to 0+0}} \left(\int_\varepsilon^N \frac{\arctan bx}{x} \mathrm{d}x - \int_\varepsilon^N \frac{\arctan ax}{x} \mathrm{d}x \right)$$

$$= \lim_{\substack{N \to +\infty \\ \varepsilon \to 0+0}} \left(\int_{b\varepsilon}^{bN} \frac{\arctan x}{x} \mathrm{d}x - \int_{a\varepsilon}^{aN} \frac{\arctan x}{x} \mathrm{d}x \right)$$

$$= \lim_{\substack{N \to +\infty \\ \varepsilon \to 0+0}} \left(\int_{aN}^{bN} \frac{\arctan x}{x} \mathrm{d}x - \int_{a\varepsilon}^{b\varepsilon} \frac{\arctan x}{x} \mathrm{d}x \right)$$

$$= \lim_{\substack{N \to +\infty \\ \varepsilon \to 0+0}} \left(\arctan\xi \ln \frac{b}{a} - \arctan\eta \ln \frac{b}{a} \right) = \frac{\pi}{2} \ln \frac{b}{a},$$

其中 $a\varepsilon < \eta < b\varepsilon$, $aN < \xi < bN$.

例 13.16　求证积分 $I(x) = \int_0^{+\infty} x\mathrm{e}^{-xy} \mathrm{d}y$ 在 $x > 0$ 上不一致收敛.

证明　直接计算,易得

$$I(x) = \begin{cases} 0, & x = 0, \\ 1, & x > 0. \end{cases}$$

由于 $I(x)$ 在 $0 \leqslant x < +\infty$ 上不连续,由定理 13.10 知,积分在 $x \geqslant 0$ 上不一致收敛.因而积分在 $x > 0$ 上不一致收敛.

例 13.17　求积分

$$I = \int_0^{+\infty} \frac{\sin ax}{x} \mathrm{d}x.$$

解　若直接在积分号下对 a 求导,得一发散积分.为此引入一个收敛因子 $\mathrm{e}^{-kx}(k > 0)$,先求积分

$$I(a) = \int_0^{+\infty} \mathrm{e}^{-kx} \frac{\sin ax}{x} \mathrm{d}x.$$

容易验证上述积分满足定理 13.12 的条件,则有

$$I'(a) = \int_0^{+\infty} e^{-kx} \cos ax \, dx = \frac{k}{a^2 + k^2}.$$

故

$$I(a) = I(0) + \int_0^a \frac{k}{t^2 + k^2} dt = \arctan \frac{a}{k}.$$

怎么回到原积分 I 呢? 方法是固定 a,而把 k 看成参量,考虑函数 $f(k,x) = e^{-kx} \frac{\sin ax}{x}$(补充定义 $f(k,0) = ae^{-kx}$),在 $x \geqslant 0, 0 \leqslant k \leqslant 1$ 上连续,由阿贝尔判别法易知 $\int_0^{+\infty} f(k,x) dx$ 关于 k 在 $[0,1]$ 上一致收敛,故作为 k 的函数

$$\int_0^{+\infty} e^{-kx} \frac{\sin ax}{x} dx$$

在 $[0,1]$ 上连续,特别在 $k=0$ 点连续,于是得

$$\int_0^{+\infty} \frac{\sin ax}{x} dx = \lim_{k \to 0+} \int_0^{+\infty} e^{-kx} \frac{\sin ax}{x} dx = \lim_{k \to 0+} \arctan \frac{a}{k} = \frac{\pi}{2} \operatorname{sgn} a.$$

定理 13.13 设

(1) $f(x,y)$ 在 $[a,+\infty) \times [c,+\infty)$ 上连续;

(2) 积分 $\int_c^{+\infty} f(x,y) dy$ 关于 x 在 $[a,+\infty)$ 上的任一有界闭区间 $[a,B]$ 上一致收敛(即积分关于 x 在 $[a,+\infty)$ 上**内闭一致收敛**);

(3) 积分 $\int_a^{+\infty} f(x,y) dx$ 关于 y 在 $[c,+\infty)$ 上内闭一致收敛;

(4) 积分

$$\int_a^{+\infty} \left[\int_c^{+\infty} |f(x,y)| dy \right] dx \ \ \text{与} \ \ \int_c^{+\infty} \left[\int_a^{+\infty} |f(x,y)| dx \right] dy$$

中有一个收敛,则有

$$\int_a^{+\infty} \left[\int_c^{+\infty} f(x,y) dy \right] dx = \int_c^{+\infty} \left[\int_a^{+\infty} f(x,y) dx \right] dy.$$

证明 不妨设 $\int_a^{+\infty} \left[\int_c^{+\infty} |f(x,y)| dy \right] dx$ 收敛,则 $\int_a^{+\infty} \left[\int_c^{+\infty} f(x,y) dy \right] dx$ 也收敛. 下面只需证明

$$\lim_{d \to +\infty} \int_c^d \left[\int_a^{+\infty} f(x,y) dx \right] dy = \int_a^{+\infty} \left[\int_c^{+\infty} f(x,y) dy \right] dx.$$

当 $d > c$ 时,

$$I(d) = \left| \int_c^d \left[\int_a^{+\infty} f(x,y) dx \right] dy - \int_a^{+\infty} \left[\int_c^{+\infty} f(x,y) dy \right] dx \right|$$

$$= \left| \int_c^d \left[\int_a^{+\infty} f(x,y) dx \right] dy - \int_a^{+\infty} \left[\int_c^d f(x,y) dy \right] dx \right|$$

$$-\int_a^{+\infty}\left[\int_d^{+\infty}f(x,y)\mathrm{d}y\right]\mathrm{d}x\Big|.$$

由条件(2)(或(3))与定理 13.11,可得

$$I_d=\left|\int_a^{+\infty}\left[\int_d^{+\infty}f(x,y)\mathrm{d}y\right]\mathrm{d}x\right|$$

$$\leqslant\left|\int_a^A\left[\int_d^{+\infty}f(x,y)\mathrm{d}y\right]\mathrm{d}x\right|+\int_A^{+\infty}\left[\int_d^{+\infty}|f(x,y)|\mathrm{d}y\right]\mathrm{d}x.$$

由条件(4),对 $\forall\varepsilon>0$,$\exists A_0>a$,当 $A>A_0$ 时,有

$$\int_A^{+\infty}\left[\int_d^{+\infty}|f(x,y)|\mathrm{d}y\right]\mathrm{d}x<\frac{\varepsilon}{2}.$$

选定 A 后,由 $\int_c^{+\infty}f(x,y)\mathrm{d}y$ 的一致收敛性,存在 $\exists A_1>c$,当 $d>A_1$ 时,有

$$\left|\int_d^{+\infty}f(x,y)\mathrm{d}y\right|<\frac{\varepsilon}{2(A-a)}.$$

所以

$$I_d<\frac{\varepsilon}{2}+\frac{\varepsilon}{2}=\varepsilon \ \text{或}\ \lim_{d\to+\infty}I_d=0.$$

习　题　13.2

1. 试证明下列积分在指定区间上一致收敛:

(1) $\int_0^{+\infty}\dfrac{\cos(xy)}{x^2+y^2}\mathrm{d}y(x\geqslant a>0)$;　　　　(2) $\int_1^{+\infty}x^\alpha\mathrm{e}^{-x}\mathrm{d}x(a\leqslant\alpha\leqslant b)$;

(3) $\int_0^{+\infty}\dfrac{\sin x^2}{1+x^p}\mathrm{d}x(p\geqslant0)$;　　　　(4) $\int_0^{+\infty}\mathrm{e}^{-ax}\dfrac{\sin x}{\sqrt{x}}\mathrm{d}x(a\geqslant0)$.

2. 利用积分 $\int_0^{+\infty}\dfrac{\mathrm{d}x}{x^2+a^2}=\dfrac{\pi}{2a}$,求积分 $\int_0^{+\infty}\dfrac{\mathrm{d}x}{(x^2+a^2)^n}(a>0)$.

3. 令 $f(t)=\int_1^{+\infty}\dfrac{\cos(xt)}{1+x^2}\mathrm{d}x$,试证明:

(1) 该积分在 $-\infty<t<\infty$ 上一致收敛;

(2) $f(t)$ 在 $(-\infty,+\infty)$ 上连续;

(3) $\int_0^\pi f(t)\sin t\mathrm{d}t\leqslant0$.

4. 应用 $\int_0^{+\infty}\mathrm{e}^{-at^2}\mathrm{d}t=\dfrac{\sqrt{\pi}}{2}a^{-\frac{1}{2}}(a>0)$,证明:

(1) $\int_0^{+\infty}t^2\mathrm{e}^{-at^2}\mathrm{d}t=\dfrac{\sqrt{\pi}}{4}a^{-\frac{3}{2}}$;

(2) $\int_0^{+\infty}t^{2n}\mathrm{e}^{-at^2}\mathrm{d}t=\dfrac{\sqrt{\pi}}{2}\dfrac{(2n-1)!!}{2^n}a^{-\left(n+\frac{1}{2}\right)}$.

5. 设 $f(x)$ 在 $[0,+\infty)$ 上内闭可积,且无穷积分 $\int_0^{+\infty}f(x)\mathrm{d}x$ 收敛. 证明:

$$\lim_{a \to 0} \int_0^{+\infty} e^{-ax} f(x) dx = \int_0^{+\infty} f(x) dx.$$

6. 设 $f(x,y)$ 在 $[a,b] \times [c,+\infty)$ 上连续且非负,且 $I(x) = \int_c^{+\infty} f(x,y) dy$ 在 $[a,b]$ 上连续,则 $\int_c^{+\infty} f(x,y) dy$ 在 $[a,b]$ 上一致收敛.

7. 计算 $f(y) = \int_0^{+\infty} e^{-x^2} \cos(2xy) dx (-\infty < y < +\infty)$.

8. 证明: $F(x) = \int_e^{+\infty} \frac{\cos t}{t^x} dt$ 在 $(1, +\infty)$ 上连续可微.

13.3 欧 拉 积 分

某些非初等函数可以用含参量积分表示. 本节讨论两个特殊函数——**B 函数**和 **Γ 函数**, 统称为**欧拉积分**, 其定义为

$$B(p,q) = \int_0^1 x^{p-1}(1-x)^{q-1} dx, \quad \Gamma(s) = \int_0^{+\infty} x^{s-1} e^{-x} dx.$$

由广义积分的知识, 可以得到 B 函数的定义域为: $p>0, q>0$; Γ 函数的定义域为: $s>0$. 下面讨论这两个函数的性质.

1. 欧拉积分的其他形式

(1) $B(p,q) = 2 \int_0^{\frac{\pi}{2}} \sin^{2p-1}\theta \cos^{2q-1}\theta d\theta$;

(2) $B(p,q) = \int_0^{+\infty} \frac{x^{p-1}}{(1+x)^{p+q}} dx$;

(3) $\Gamma(s) = 2 \int_0^{+\infty} x^{2s-1} e^{-x^2} dx$.

证明

(1) 令 $x = \sin^2\theta$, 得

$$B(p,q) = \int_0^1 x^{p-1}(1-x)^{q-1} dx = 2 \int_0^{\frac{\pi}{2}} \sin^{2p-1}\theta \cos^{2q-1}\theta d\theta.$$

(2) 令 $x = \frac{t}{1+t}$, 得

$$B(p,q) = \int_0^1 x^{p-1}(1-x)^{q-1} dx = \int_0^{+\infty} \frac{t^{p-1}}{(1+t)^{p+q}} dt.$$

(3) 令 $x = t^2$, 得

$$\Gamma(s) = \int_0^{+\infty} x^{s-1} e^{-x} dx = 2 \int_0^{+\infty} t^{2s-1} e^{-t^2} dt.$$

2. 递推公式($p>0,q>0,s>0$)

(1) $\mathrm{B}(p+1,q)=\dfrac{p}{p+q}\mathrm{B}(p,q)$；

(2) $\mathrm{B}(p,q+1)=\dfrac{q}{p+q}\mathrm{B}(p,q)$；

(3) $\mathrm{B}(p+1,q+1)=\dfrac{pq}{(p+q+1)(p+q)}\mathrm{B}(p,q)$；

(4) $\Gamma(s+1)=s\Gamma(s)$.

证明

$$(1)\ \mathrm{B}(p+1,q)=\int_0^1 x^p(1-x)^{q-1}\mathrm{d}x=\frac{p}{q}\int_0^1 x^{p-1}(1-x)^q\mathrm{d}x$$

$$=\frac{p}{q}\Big[\int_0^1 x^{p-1}(1-x)^{q-1}\mathrm{d}x-\int_0^1 x^p(1-x)^{q-1}\mathrm{d}x\Big]$$

$$=\frac{p}{q}\big[\mathrm{B}(p,q)-\mathrm{B}(p+1,q)\big].$$

所以有

$$\mathrm{B}(p+1,q)=\frac{q}{p+q}\mathrm{B}(p,q).$$

(2) 因

$$\mathrm{B}(p,q)=\int_0^1 x^{p-1}(1-x)^{q-1}\mathrm{d}x=\int_0^1(1-t)^{p-1}t^{q-1}\mathrm{d}t=\mathrm{B}(q,p).$$

这说明 B 函数具有对称性，所以

$$\mathrm{B}(p,q+1)=\mathrm{B}(q+1,p)=\frac{q}{q+p}\mathrm{B}(q,\ p)=\frac{q}{q+p}\mathrm{B}(p,q).$$

(3) 由(1)和(2)即得

$$\mathrm{B}(p+1,q+1)=\frac{p}{p+q+1}\mathrm{B}(p,q+1)=\frac{pq}{(p+q+1)(p+q)}\mathrm{B}(p,q).$$

(4) 由分部积分得

$$\Gamma(s+1)=\int_0^{+\infty}x^s\mathrm{e}^{-x}\mathrm{d}x=\big[-x^s\mathrm{e}^{-x}\big]\big|_0^{+\infty}+\int_0^{+\infty}sx^{s-1}\mathrm{e}^{-x}\mathrm{d}x=s\Gamma(s).$$

注 13.2　显然 $\mathrm{B}(1,1)=\int_0^1\mathrm{d}x=1,\Gamma(1)=\int_0^{+\infty}\mathrm{e}^{-x}\mathrm{d}x=1$, 故有

$$\Gamma(n)=(n-1)!,\quad \mathrm{B}(n,m)=\frac{(n-1)!(m-1)!}{(n+m-1)!},$$

其中 n,m 为正整数，并约定 $0!=1$,所以当 p,q 是正整数时,有

$$\mathrm{B}(p,q) = \frac{\Gamma(p)\Gamma(q)}{\Gamma(p+q)}.$$

实际上,上式对任何正实数 p,q,也有关系式:

$$\mathrm{B}(p,q) = \frac{\Gamma(p)\Gamma(q)}{\Gamma(p+q)}, \quad p>0, q>0.$$

注 13.3 上述公式表明 B 函数在其定义域上的值,可归结为 Γ 函数在其定义域上的值;由递推公式,只要知道 Γ 函数在 $(0,1)$ 区间上的值,即可确定它在正实轴上的值.

比如利用 $\mathrm{B}\left(\dfrac{1}{2},\dfrac{1}{2}\right) = \pi,\ \Gamma(1)=1$,可得

$$\Gamma\left(\frac{1}{2}\right) = \sqrt{\pi}.$$

又由 $\Gamma\left(\dfrac{1}{2}\right) = 2\displaystyle\int_0^\infty \mathrm{e}^{-x^2}\mathrm{d}x$,得到

$$\int_0^{+\infty} \mathrm{e}^{-x^2}\mathrm{d}x = \frac{\sqrt{\pi}}{2}.$$

3. 余元公式

(1) $\mathrm{B}(p,1-p) = \dfrac{\pi}{\sin p\pi}$;   (2) $\Gamma(p)\Gamma(1-p) = \dfrac{\pi}{\sin p\pi}$.

注 13.4 余元公式进一步缩小 Γ 函数未知值的范围,只要知道它在 $\left(0,\dfrac{1}{2}\right)$ 上的值,即可确定它在 $(0,1)$ 上的值.

4. 欧拉积分在其定义域上连续,并任意次可微

要说明 $\Gamma(s)$ 在 $s>0$ 上连续,并有任意阶连续导数,只需证明积分

$$\int_0^{+\infty} x^{s-1}(\ln x)^n \mathrm{e}^{-x}\mathrm{d}x, \quad n=1,2,\cdots$$

在 $[\delta,A]$ $(\delta<1)$ 上一致收敛,即在 $(0,+\infty)$ 上内闭一致收敛.

事实上,当 $s\geqslant\delta,0\leqslant x\leqslant 1$ 时,成立不等式

$$\left| x^{s-1}(\ln x)^n \mathrm{e}^{-x} \right| \leqslant x^{\delta-1}\left| \ln x \right|^n.$$

因

$$\lim_{x\to 0+} x^{1-\frac{\delta}{2}} \cdot x^{\delta-1}\left| \ln x \right|^n = \lim_{x\to 0+} x^{\frac{\delta}{2}}\left| \ln x \right|^n = 0,$$

则反常积分 $\displaystyle\int_0^1 x^{\delta-1}\left| \ln x \right|^n \mathrm{d}x$ 收敛,所以积分

$$\int_0^1 x^{s-1}(\ln x)^n \mathrm{e}^{-x}\mathrm{d}x$$

在 $s \geqslant \delta$ 上一致收敛.

又当 $0 < s \leqslant A, x \geqslant 1$ 时, 成立不等式:

$$| x^{s-1} (\ln x)^n \mathrm{e}^{-x} | \leqslant x^{A+n-1} \mathrm{e}^{-x}.$$

因积分

$$\int_1^{+\infty} x^{A+n-1} \mathrm{e}^{-x} \mathrm{d}x$$

收敛, 所以积分

$$\int_1^{+\infty} x^{s-1} (\ln x)^n \mathrm{e}^{-x} \mathrm{d}x$$

在 $0 \leqslant s \leqslant A$ 上一致收敛.

总之含参量积分 $\displaystyle\int_0^{+\infty} x^{s-1} (\ln x)^n \mathrm{e}^{-x} \mathrm{d}x$ 在 $\delta \leqslant s \leqslant A$ 上一致收敛.

应用连续性定理和积分号下求导定理, 知 $\Gamma(s)$ 在 $[\delta, A]$ 上连续和任意次可导, 且导数连续. 再由 δ, A 的任意性, 知 $\Gamma(s)$ 在 $(0, +\infty)$ 上连续和任意次连续可导.

由于 $\Gamma(s) > 0$, 通过 B 函数和 Γ 函数的关系式, 即得 B 函数在 $p > 0, q > 0$ 上连续和任意次连续可微.

例 13.18   计算积分 $(1) \displaystyle\int_0^{+\infty} \frac{\mathrm{d}x}{1+x^4}$; $(2) \displaystyle\int_0^{\frac{\pi}{2}} \sin^6 x \cdot \cos^4 x \mathrm{d}x$.

解   (1) 令 $x^4 = t$, 则

$$\int_0^{+\infty} \frac{\mathrm{d}x}{1+x^4} = \frac{1}{4} \int_0^{+\infty} \frac{t^{\frac{1}{4}-1} \mathrm{d}t}{1+t} = \frac{1}{4} \mathrm{B}\left(\frac{1}{4}, \frac{3}{4}\right) = \frac{1}{4} \frac{\pi}{\sin \frac{\pi}{4}} = \frac{\pi}{2\sqrt{2}}.$$

(2)

$$\int_0^{\frac{\pi}{2}} \sin^6 x \cdot \cos^4 x \mathrm{d}x = \frac{1}{2} \mathrm{B}\left(\frac{7}{2}, \frac{5}{2}\right) = \frac{1}{2} \frac{\Gamma\left(\frac{7}{2}\right) \cdot \Gamma\left(\frac{5}{2}\right)}{\Gamma(6)}$$

$$= \frac{1}{2} \frac{\dfrac{5}{2} \dfrac{3}{2} \dfrac{1}{2} \sqrt{\pi} \cdot \dfrac{3}{2} \dfrac{1}{2} \sqrt{\pi}}{5!} = \frac{3\pi}{512}.$$

习   题   13.3

1. 计算下列积分:

$(1) \displaystyle\int_0^1 \sqrt{x - x^2} \mathrm{d}x$;

$(2) \displaystyle\int_0^a x^2 \sqrt{a^2 - x^2} \mathrm{d}x \, (a > 0)$;

$(3) \displaystyle\int_0^1 \frac{\mathrm{d}x}{\sqrt{1 - x^{\frac{1}{4}}}}$;

$(4) \displaystyle\int_0^1 \frac{x^n}{\sqrt{1 - x^2}} \mathrm{d}x$;

$(5) \displaystyle\int_0^{\frac{\pi}{2}} \frac{\mathrm{d}x}{\sqrt{1 + \sin^2 x}}$;

$(6) \displaystyle\int_0^{\frac{\pi}{2}} \sqrt{\tan x} \mathrm{d}x$.

2. 证明等式 $(p>-1,q>-1)$

$$\int_{-1}^{1}(1+x)^{p}(1-x)^{q}\mathrm{d}x = 2^{p+q+1}\mathrm{B}(p+1,q+1).$$

3. 计算积分 $\int_{0}^{\frac{\pi}{2}}\sin^{n}x\,\mathrm{d}x = \int_{0}^{\frac{\pi}{2}}\cos^{n}x\,\mathrm{d}x$.

4. 试证明：

(1) $\int_{0}^{+\infty}\mathrm{e}^{-x^{n}}\mathrm{d}x = \dfrac{1}{n}\Gamma\left(\dfrac{1}{n}\right)(n>0)$;　　　　　　　(2) $\lim\limits_{n\to\infty}\int_{0}^{+\infty}\mathrm{e}^{-x^{n}}\mathrm{d}x = 1$.

5. 证明：$\Gamma(s)$ 在 $s>0$ 上有唯一正的最小值.

6. 证明：$\lim\limits_{\lambda\to+\infty}\int_{0}^{+\infty}\dfrac{\mathrm{d}x}{1+x^{\lambda}} = 1$.

7. 证明：$\Gamma(s)$ 和 $\ln\Gamma(s)$ 在 $s>0$ 上为凸函数.

第 13 章总练习题

1. 求 $F'(x)$，其中 $F(x) = \int_{0}^{x}\left[\int_{t^{2}}^{x^{2}}f(t,s)\mathrm{d}s\right]\mathrm{d}t$.

2. 设 $f(x)$ 为连续函数，$F(x) = \int_{0}^{h}\left[\int_{0}^{h}f(x+\xi+\eta)\mathrm{d}\eta\right]\mathrm{d}\xi$，求 $F''(x)$.

3. 设 f 为可微函数，试求下列函数的二阶导数：

(1) $F(x) = \int_{0}^{x}(x+y)f(y)\mathrm{d}y$;

(2) $F(x) = \int_{a}^{b}f(y)\,|\,x-y\,|\,\mathrm{d}y(a<b)$.

4. 设 $F(y) = \int_{0}^{1}\ln\sqrt{x^{2}+y^{2}}\mathrm{d}x$，问是否成立

$$F'(0) = \int_{0}^{1}\frac{\partial}{\partial y}\ln\sqrt{x^{2}+y^{2}}\,\bigg|_{y=0}\mathrm{d}x.$$

5. 研究函数

$$F(y) = \int_{0}^{1}\frac{yf(x)}{x^{2}+y^{2}}\mathrm{d}x$$

的连续性，其中 $f(x)$ 是 $[0,1]$ 上连续且为正的函数.

6. 证明下列积分在指定的区间内一致收敛：

(1) $\int_{1}^{+\infty}\mathrm{e}^{-xy}\dfrac{\cos y}{y^{p}}\mathrm{d}y\ (p>0,x\geqslant 0)$;

(2) $\int_{-\infty}^{+\infty}\mathrm{e}^{-(x-\alpha)^{2}}\mathrm{d}x$,(i)$a<\alpha<b$,(ii)$-\infty<\alpha<+\infty$.

7. 设 $f(t)$ 在 $t>0$ 连续，$\int_{0}^{+\infty}t^{\lambda}f(t)\mathrm{d}t$ 当 $\lambda=a$,$\lambda=b$ 皆收敛，且 $a<b$. 求证：$\int_{0}^{+\infty}t^{\lambda}f(t)\mathrm{d}t$ 关于 λ 在 $[a,b]$ 一致收敛.

8. 应用积分号下微分法计算下列积分：

(1) $\int_{0}^{\frac{\pi}{2}}\ln(a^{2}-\sin^{2}x)\mathrm{d}x(a>1)$;

(2) $\displaystyle\int_0^\pi \ln(1 - 2a\cos x + a^2)\mathrm{d}x(\,|\,a\,|\,< 1)$；

9. 利用积分号下微分法计算下列积分：

(1) $\displaystyle I_n(a) = \int_0^{+\infty} \frac{\mathrm{d}x}{(x^2 + a)^{n+1}}(n$ 为正整数$,a > 0)$；

(2) $\displaystyle\int_0^{+\infty} \frac{\mathrm{e}^{-ax} - \mathrm{e}^{-bx}}{x}\sin mx\,\mathrm{d}x(a > 0,b > 0)$；

(3) $\displaystyle\int_0^{+\infty} x\mathrm{e}^{-ax^2}\sin bx\,\mathrm{d}x(a > 0).$

10. 利用积分号下积分法计算下列积分：

(1) $\displaystyle\int_0^{+\infty} \frac{\mathrm{e}^{-ax^2} - \mathrm{e}^{-bx^2}}{x}\mathrm{d}x(a > 0,b > 0)$；

(2) $\displaystyle\int_0^{+\infty} \frac{\mathrm{e}^{-ax} - \mathrm{e}^{-bx}}{x}\sin mx\,\mathrm{d}x(a > 0,b > 0).$

附录 I 极 限 定 义

(1) $\lim\limits_{n\to\infty} a_n = a \Leftrightarrow$ 对 $\forall \varepsilon > 0$，$\exists N > 0$，当 $n > N$ 时，有 $|a_n - a| < \varepsilon$.

(2) $\lim\limits_{n\to\infty} a_n = +\infty \Leftrightarrow$ 对 $\forall G > 0$，$\exists N > 0$，当 $n > N$ 时，有 $a_n > G$.

(3) $\lim\limits_{n\to\infty} a_n = -\infty \Leftrightarrow$ 对 $\forall G > 0$，$\exists N > 0$，当 $n > N$ 时，有 $a_n < -G$.

(4) $\lim\limits_{n\to\infty} a_n = \infty \Leftrightarrow$ 对 $\forall G > 0$，$\exists N > 0$，当 $n > N$ 时，有 $|a_n| > G$.

(5) $\lim\limits_{x\to +\infty} f(x) = A \Leftrightarrow$ 对 $\forall \varepsilon > 0$，$\exists M > 0$，当 $x > M$ 时，有
$$|f(x) - A| < \varepsilon.$$

(6) $\lim\limits_{x\to -\infty} f(x) = A \Leftrightarrow$ 对 $\forall \varepsilon > 0$，$\exists M > 0$，当 $x < -M$ 时，有
$$|f(x) - A| < \varepsilon.$$

(7) $\lim\limits_{x\to \infty} f(x) = A \Leftrightarrow$ 对 $\forall \varepsilon > 0$，$\exists M > 0$，当 $|x| > M$ 时，有
$$|f(x) - A| < \varepsilon.$$

(8) $\lim\limits_{x\to x_0} f(x) = A \Leftrightarrow$ 对 $\forall \varepsilon > 0$，$\exists \delta > 0$，当 $|x - x_0| < \delta$ 时，有
$$|f(x) - A| < \varepsilon.$$

(9) $\lim\limits_{x\to x_0^+} f(x) = A \Leftrightarrow$ 对 $\forall \varepsilon > 0$，$\exists \delta > 0$，当 $x_0 < x < x_0 + \delta$ 时，有
$$|f(x) - A| < \varepsilon.$$

(10) $\lim\limits_{x\to x_0^-} f(x) = A \Leftrightarrow$ 对 $\forall \varepsilon > 0$，$\exists \delta > 0$，当 $x_0 - \delta < x < x_0$ 时，有
$$|f(x) - A| < \varepsilon.$$

(11) $\lim\limits_{x\to x_0} f(x) = +\infty \Leftrightarrow$ 对 $\forall G > 0$，$\exists \delta > 0$，当 $|x - x_0| < \delta$ 时，有
$$f(x) > G.$$

(12) $\lim\limits_{x\to x_0} f(x) = -\infty \Leftrightarrow$ 对 $\forall G > 0$，$\exists \delta > 0$，当 $|x - x_0| < \delta$ 时，有
$$f(x) < -G.$$

(13) $\lim\limits_{x\to x_0} f(x) = \infty \Leftrightarrow$ 对 $\forall G > 0$，$\exists \delta > 0$，当 $|x - x_0| < \delta$ 时，有
$$|f(x)| > G.$$

(14) $\lim\limits_{x\to x_0^+} f(x) = +\infty \Leftrightarrow$ 对 $\forall G > 0$，$\exists \delta > 0$，当 $x_0 < x < x_0 + \delta$ 时，有
$$f(x) > G.$$

(15) $\lim\limits_{x\to x_0^+} f(x) = -\infty \Leftrightarrow$ 对 $\forall G > 0$，$\exists \delta > 0$，当 $x_0 < x < x_0 + \delta$ 时，有
$$f(x) < -G.$$

(16) $\lim\limits_{x\to x_0^+} f(x) = \infty \Leftrightarrow$ 对 $\forall G > 0$，$\exists \delta > 0$，当 $x_0 < x < x_0 + \delta$ 时，有
$$|f(x)| > G.$$

(17) $\lim\limits_{x \to x_0^-} f(x) = +\infty \Leftrightarrow$ 对 $\forall G > 0, \exists \delta > 0$，当 $x_0 - \delta < x < x_0$ 时，有

$$f(x) > G.$$

(18) $\lim\limits_{x \to x_0^-} f(x) = -\infty \Leftrightarrow$ 对 $\forall G > 0, \exists \delta > 0$，当 $x_0 - \delta < x < x_0$ 时，有

$$f(x) < -G.$$

(19) $\lim\limits_{x \to x_0^-} f(x) = \infty \Leftrightarrow$ 对 $\forall G > 0, \exists \delta > 0$，当 $x_0 - \delta < x < x_0$ 时，有

$$|f(x)| > G.$$

(20) $\lim\limits_{x \to +\infty} f(x) = +\infty \Leftrightarrow$ 对 $\forall G > 0, \exists M > 0$，当 $x > M$ 时，有

$$f(x) > G.$$

(21) $\lim\limits_{x \to -\infty} f(x) = +\infty \Leftrightarrow$ 对 $\forall G > 0, \exists M > 0$，当 $x < -M$ 时，有

$$f(x) > G.$$

(22) $\lim\limits_{x \to \infty} f(x) = +\infty \Leftrightarrow$ 对 $\forall G > 0, \exists M > 0$，当 $|x| > M$ 时，有

$$f(x) > G.$$

(23) $\lim\limits_{x \to +\infty} f(x) = -\infty \Leftrightarrow$ 对 $\forall G > 0, \exists M > 0$，当 $x > M$ 时，有

$$f(x) < -G.$$

(24) $\lim\limits_{x \to -\infty} f(x) = -\infty \Leftrightarrow$ 对 $\forall G > 0, \exists M > 0$，当 $x < -M$ 时，有

$$f(x) < -G.$$

(25) $\lim\limits_{x \to \infty} f(x) = -\infty \Leftrightarrow$ 对 $\forall G > 0, \exists M > 0$，当 $|x| > M$ 时，有

$$f(x) < -G.$$

(26) $\lim\limits_{x \to +\infty} f(x) = \infty \Leftrightarrow$ 对 $\forall G > 0, \exists M > 0$，当 $x > M$ 时，有

$$|f(x)| > G.$$

(27) $\lim\limits_{x \to -\infty} f(x) = \infty \Leftrightarrow$ 对 $\forall G > 0, \exists M > 0$，当 $x < -M$ 时，有

$$|f(x)| > G.$$

(28) $\lim\limits_{x \to \infty} f(x) = \infty \Leftrightarrow$ 对 $\forall G > 0, \exists M > 0$，当 $|x| > M$ 时，有

$$|f(x)| > G.$$

附录Ⅱ　利用实数完备性定理的证题规律

实数完备性定理既然相互等价,在具体应用时,必然引起证明方法上的灵活性和多样性.对初学者来说,要掌握这些方法就显得有困难.尽管利用实数完备性定理证明问题的方法千变万化,但也是有其规律可循的.总体来说,可用实数完备性定理证明的问题可以分为两类:

第一类　寻求一个具有某种性质 P 的数;

第二类　证明一区间(一般是闭区间)上具有整体性质 P.

下面就实数完备性定理的证题规律分别来阐述.

1. 确界定理

应用确界定理证明第一类问题的证明思路是

(1) 从分析所求的数的邻近性质出发,构造非空有界数集 E;

(2) 由确界原理得到数集 E 的上(或下)确界 ξ;

(3) 证明 ξ 即为所求.

应用确界定理证明第二类问题的证明思路是

(1) 作数集 $E = \{x \mid [a,x]$ 具有性质 $P, a < x \leqslant b\}$;

(2) 证明 E 是非空有界数集;

(3) 由确界原理得到数集 E 的上确界 ξ;

(4) 用反证法证明 $\xi = b$.

2. 单调有界定理

应用单调有界定理证明第一类问题的证明思路是

(1) 设想所求的数是某数列的极限,由所具有的性质 P 构造一单调有界数列 $\{x_n\}$;

(2) 由单调有界定理得 $\xi = \lim\limits_{n \to \infty} x_n$;

(3) 证明数列 $\{x_n\}$ 得极限 ξ 具有性质 P.

应用单调有界定理证明第二类问题的证明思路是

(1) 将所讨论的区间 $[a,b]$ 上能使 $[a,r]$ 具有性质 P 的有理数 r 全体排成一个数列 $\{r_n\}$;

(2) 将数列 $\{r_n\}$ 单调化,即取

$$x_n = \max\{r_1, r_2, \cdots, r_n\} \text{ 或 } x_n = \min\{r_1, r_2, \cdots, r_n\};$$

(3) 由单调有界定理得 $\xi = \lim\limits_{n \to \infty} x_n$;

(4) 用反证法证明 $\xi = b$.

3. 闭区间套定理

应用闭区间套定理证明第一类问题的证明思路是

（1）根据题设找一闭区间 $[a,b]$，使它具有与性质 P 相对应的某性质 P^*；

（2）证明将 $[a,b]$ 等分为两个闭区间，则其中至少有一个闭区间 $[a_1,b_1]$ 也具有性质 P^*，依此类推得一闭区间列；

（3）由闭区间套定理得到数 ξ 属于所有的闭区间；

（4）证明 ξ 即为所求.

应用闭区间套定理证明第二类问题的证明思路是

（1）找一闭区间 $[a,b]$，使它具有与性质 P 相反的性质 P^{-1}；

（2）证明将 $[a,b]$ 等分为两个闭区间，则其中至少有一个闭区间 $[a_1,b_1]$ 也具有性质 P^{-1}，依此类推得一闭区间列；

（3）由闭区间套定理得到数 ξ 属于所有的闭区间；

（4）证明 ξ 处或 ξ 的某邻域内与已知局部性质矛盾.

4. 聚点定理（或致密性定理）

应用聚点定理（或致密性定理）证明第一类问题的证明思路是

（1）设想所求的数是某数集的聚点，根据性质 P 构造数集 E；

（2）证明数集 E 是有界无限点集；

（3）由聚点定理得数集 E 得聚点 ξ；

（4）证明 ξ 即为所求.

应用聚点定理（或致密性定理）证明第二类问题的证明思路是

（1）找一个使它具有与性质 P 相反的性质 P^{-1} 的数集 E；

（2）证明数集 E 是有界无限点集；

（3）由聚点定理得数集 E 得聚点 ξ；

（4）证明 ξ 附近产生矛盾.

5. 有限覆盖定理

应用有限覆盖定理证明第一类问题的证明思路是

（1）取具有与性质 P 相反的性质 P^{-1} 的邻域作为 H 中的开区间；

（2）由有限覆盖定理，得到有限个开区间覆盖闭区间 $[a,b]$；

（3）将有限个开区间的性质扩充到闭区间 $[a,b]$ 上，产生矛盾.

应用有限覆盖定理证明第二类问题的证明思路是

（1）取局部性质的邻域作为 H 中的开区间；

（2）由有限覆盖定理，得到有限个开区间覆盖闭区间 $[a,b]$；

（3）将有限个开区间的性质扩充到闭区间 $[a,b]$ 上.

6. 柯西收敛准则

应用柯西收敛准则证明第一类问题的证明思路是

（1）设想所求的数是某数列的极限，由所具有的性质 P 构造一数列 $\{x_n\}$；

（2）证明数列 $\{x_n\}$ 满足柯西收敛准则；

（3）由柯西收敛准则得：$\xi = \lim\limits_{n \to \infty} x_n$；

（4）证明 ξ 具有性质 P.

应用柯西收敛准则证明第二类问题的证明思路是

（1）在 $[a,b]$ 上选取一数列，使得 $\left[x_n - \dfrac{1}{n}, x_n - \dfrac{1}{n} \right] \bigcap [a,b]$ 具有与性质 P 相反的性质 P^{-1}；

（2）证明数列 $\{x_n\}$ 满足柯西收敛准则；

（3）由柯西收敛准则得：$\xi = \lim\limits_{n \to \infty} x_n$；

（4）证明 ξ 附近产生矛盾.

以上仅仅是应用 6 个实数完备性定理证明问题的一般规律，对于具体问题仍要具体分析，如在实数完备性定理中，有限覆盖定理的形式很特殊，它的着眼点是闭区间的整体性质，而其他几个等价定理着眼点是一点的性质. 由于它们在形式上有这种区别，所以在证明问题中也就具有不同的功用；凡是证明的结论涉及闭区间的问题，可考虑使用有限覆盖定理；凡是证明的结论涉及一点的问题，可考虑使用其他的几个等价定理. 但是应用反证法，整体（即闭区间）与局部（即一点）又可以相互转化. 只有在平时训练中逐渐积累，才能真正把握实数完备性定理的实质.